21世纪高等学校计算机类课程创新规划教材 ·

数据库原理及应用

微课视频版

◎ 李唯唯 主编　　尹静 黄丽丰 程勇军 副主编

清华大学出版社

北京

内 容 简 介

本书以 SQL Server 2012 为平台，以 PowerDesigner 等为辅助设计工具，深入浅出地介绍了数据库技术的相关知识，从理论到应用，环环相扣，紧密结合。全书共 9 章，内容包括数据库系统概述、关系数据库的基本概念、SQL 应用、Transact-SQL 编程、数据库管理与维护、关系数据库的规范化理论、数据库设计方法，最后结合一个校园超市案例介绍了数据库应用系统的整个设计、开发流程及 Visio、PowerDesigner 等辅助设计工具的使用。

本书可以作为高等院校计算机相关专业的本科教材，也可作为普通读者自学数据库知识的参考书。

图书在版编目(CIP)数据

数据库原理及应用：微课视频版/李唯唯主编.—北京：清华大学出版社，2020.9(2021.11重印)
21 世纪高等学校计算机类课程创新规划教材：微课版
ISBN 978-7-302-55510-0

Ⅰ．①数…　Ⅱ．①李…　Ⅲ．①数据库系统—高等学校—教材　Ⅳ．①TP311.13

中国版本图书馆 CIP 数据核字(2020)第 084263 号

责任编辑：付弘宇　薛　阳
封面设计：刘　键
责任校对：梁　毅
责任印制：刘海龙

出版发行：清华大学出版社
　　　　　网　　　址：http://www.tup.com.cn，http://www.wqbook.com
　　　　　地　　　址：北京清华大学学研大厦 A 座　　　　　　邮　　编：100084
　　　　　社 总 机：010-62770175　　　　　　　　　　　　　邮　　购：010-62786544
　　　　　投稿与读者服务：010-62776969，c-service@tup.tsinghua.edu.cn
　　　　　质量反馈：010-62772015，zhiliang@tup.tsinghua.edu.cn
　　　　　课件下载：http://www.tup.com.cn,010-83470236
印　刷　者：北京富博印刷有限公司
装　订　者：北京市密云县京文制本装订厂
经　　　销：全国新华书店
开　　　本：185mm×260mm　　印　张：19.5　　　　　字　　数：489 千字
版　　　次：2020 年 9 月第 1 版　　　　　　　　　　　印　　次：2021 年 11 月第 3 次印刷
印　　　数：3001～4500
定　　　价：49.00 元

产品编号：080355-01

前　言

　　数据库技术是计算机科学的重要分支，是现代信息科学与技术的重要组成部分，是计算机数据处理与信息管理系统的核心。

　　数据库技术诞生于 20 世纪 60 年代末至 70 年代初，其主要目标是有效地管理和存取大量的数据资源。从诞生到现在，在半个世纪的时间里，数据库技术形成了坚实的理论基础、成熟的商业产品和广泛的应用领域，目前已成为一个研究者众多且被广泛关注的研究领域。数据库技术的应用领域不是仅限于传统的事务处理，而是进一步与 AI 相结合，应用到情报检索、智能决策、专家系统、计算机辅助设计等领域。特别是当前正由 IT 时代进入 DT 时代，随着移动互联网、物联网的发展，企业正产生大量的数据，而数据的存储和组织离不开数据库技术，更多的公司意识到了数据能够为其带来商业利益，于是，如何管理和利用好数据已经变得越来越重要。虽然数据库技术的新理论、新应用不断涌现，但这些新技术都是建立在基本的数据库技术基础之上的。

　　本书有两大特色。第一个特色是采用案例贯穿的方法，结合实际的校园超市管理案例较为详细地介绍了数据库系统的基本概念、基础原理、分析设计方法、数据库管理和应用开发技术。对于校园超市案例，学生能有亲自体验后的认知，并且学生参与的难度低，有助于学生对知识点的理解；同时，该案例有效地贯穿全书的知识点，有助于学生系统地理解数据库的相关知识。

　　本书的另一特色是在每章知识点的讲解之后，配有相应的习题和实验指导，学生可以在学习每个知识点之后通过习题加以巩固，并通过实验指导进行实践环节的训练，从而使教学内容达到理论与实践的协调统一。

　　本书以 SQL Server 2012 为平台，以 PowerDesigner 等为辅助设计工具，深入浅出地介绍了数据库技术的相关知识，从理论到应用，环环相扣，紧密结合。全书共分为 9 章。

　　第 1 章介绍了数据库系统相关的基本概念、数据模型的概念以及数据库管理系统的体系结构，回顾了数据库技术的发展历程，并展望了数据管理技术的发展趋势。

　　第 2 章介绍了关系数据库的基本概念、关系完整性约束条件以及关系代数。

　　第 3 章介绍了关系数据库标准语言 SQL 的应用。

　　第 4 章介绍了扩展版的 SQL——Transact-SQL 编程。

　　第 5 章介绍了数据库管理与维护的知识，包括数据库的安全性、数据库的并发控制、数据库的备份及恢复管理。

　　第 6 章介绍了关系数据库的规范化理论，包括函数依赖、多值依赖的概念，以及各级范式的规范化步骤。

　　第 7 章介绍了数据库设计的步骤和方法，主要介绍需求分析、概念结构设计、逻辑结构设计及物理结构设计。

第 8 章针对前面数据库设计的步骤和方法,给出了一个校园超市数据库系统设计的综合案例,并结合了 Visio 和 PowerDesigner 等辅助设计工具的介绍和应用。

第 9 章结合校园超市案例介绍了数据库应用系统的开发方法和步骤。

本书可以作为计算机相关专业的本科教材,也可以作为非计算机专业的教材,在讲授时应根据需要对内容做适当取舍。

本书由重庆理工大学老师编写。其中,李唯唯负责内容的取材、组织和统稿,并编写第 1 章、第 2 章、第 6 章、第 7 章;第 3 章由程勇军编写;第 4 章、第 5 章由尹静编写;第 8 章、第 9 章由黄丽丰编写。

在本书的编写过程中,编者尽可能引入新的技术和方法,力求反映当前的技术水平和未来的发展方向,但由于编者水平有限,书中难免存在不妥之处,敬请读者和专家指正。

本书提供 650 分钟左右的视频资源,视频内容为针对重要知识点的详细讲解。读者先扫描封底"文泉云盘"二维码、绑定微信账号,再扫描书中的二维码,即可观看视频(扫描本书封面上的二维码,可查看视频目录)。

与本书配套的课件、教学大纲和案例源码等资源可以从微信公众号"书圈"(itshuquan)或清华大学出版社网站 www.tup.com.cn 上下载,如有问题请发邮件至 404905510@qq.com 与编辑联系。

编　者

2020 年 6 月

目　录

第 1 章　数据库系统概述

数据库技术是计算机应用领域中发展最快、应用最广的科学技术之一，它已成为计算机信息系统与应用系统的核心技术和重要基础。这是计算机在信息管理领域中得到广泛应用的必然结果。随着大数据管理时代的到来，数据管理是今后若干年内计算机数据处理活动的重要内容和研究课题，数据库系统也将日益广泛地得到应用，它的设计、实现和应用不仅是一个实践的问题，同时也是一个理论的问题。

本章作为本书的引导，将使读者对数据库系统产生一个初步的认识。首先，通过一些典型的数据库系统实例，读者能够形象地了解什么是数据库，它有什么样的作用。接着从理论上给出数据库系统相关概念的定义。然后对数据模型的概念进行了介绍。接下来，从数据库最终用户和数据库管理系统的不同角度对数据库管理系统的外部体系结构和内部体系结构进行介绍。最后对数据库技术的发展历程进行回顾，让读者了解数据管理技术的来龙去脉，更好地理解当前数据管理技术的现状和未来发展趋势。

1.1　数据库系统的应用实例

数据库系统在日常生活中的应用是无处不在的，以下通过几个数据库系统应用的实例，来带领读者认识数据库。

1. 超市管理业务系统

超市由于其商品种类繁多、价格较低、购物便利已经成为人们日常生活的一个重要组成部分。数据库技术是超市取得成功的重要技术基础。在超市的销售业务系统中，主要的数据项如下。

商品信息：商品名称、单价、进货数量、供应商、商品类型和商品布局等。

销售信息：连锁点、日期、时间、顾客、商品、数量和总价等。

供应商信息：供应商名称、地点、商品和信誉等。

员工信息：员工号、员工姓名、性别、年龄、电话等。

超市管理数据库主要对商品的进销存信息进行管理，记录每次进货、售货的信息，动态刷新库存数据，进行进货提示等；此外，对供货商以及员工信息提供基本的增删改查功能。这种系统能有效地对超市销售情况进行统计分析，对库存情况进行预警，对进货情况提供指导，为超市的管理提供了方便。

2. 学校学生管理信息系统

学校学生管理信息系统主要是对学生的人事、学籍、选课等信息进行管理。该系统包括的最典型的数据内容如下。

学生基本信息：学号、姓名、性别、年龄、系别等。

学生人事记录：家庭出身、籍贯、政治面貌等。

学生学籍记录：日期、地点、学历等。

学生选课记录：课程号、学号、学分等。

学生管理系统除了对以上的学生基本信息进行管理外，还要对考试、排课以及与学生相关联的教师信息进行管理。这种系统最主要的目的是要保证学生信息和教务数据处理的正确性。在当前的各大高校中，已经普遍采用了学生管理信息系统，为学生和教师都提供了方便、快捷的服务。

3. 银行业务系统

银行业务系统是最早使用数据库技术的系统之一，将业务人员从烦琐的手工记账中解放出来。特别是随着计算机、电子等新技术的发展，银行业务也变得丰富多彩，网上银行、信用卡都给人们带来了方便。比如在信用卡管理系统中，需要管理的典型数据如下。

客户基本信息：身份证号码、姓名、通讯地址、邮编、电话等。

信用卡基本信息：卡号、账号、账户余额、交易种类、交易金额、交易日期等。

客户和卡的关联：身份证号、账号等。

在以上所述的卡业务系统中，客户可以利用信用卡到营业网点、ATM 机提取现金，也可以在商家进行刷卡消费，同时还可以利用信用卡进行水电气及电话缴费等。该系统除了可以为客户提供以上业务服务外，还可以为客户提供查询业务，让客户及时掌握自己的账户信息。这种系统的关键在于保证数据的正确性和一致性。当前的银行已经离不开数据库系统，因为数据库系统不但为其处理了大量烦琐的业务数据，也大大提高了银行业务工作的效率，为客户提供了快捷、及时的服务。

4. 机票预订系统

机票预订系统是为航空公司和客户提供订票、退票等相关服务的管理系统。随着航空业的发展和人们生活水平的提高，机票预订系统能提高旅行社、酒店和航空公司的工作效率，协助处理机票预订事务，满足了人们日益增长的出行需求。数据库系统在机票预订系统应用中，包括的典型数据如下。

客户信息：客户身份证号、客户姓名、密码、电话、电子邮箱等。

航班信息：航班号、机型、始发地、目的地、时间、价格等。

订票信息：客户身份证号、航班号、时间、价格、折扣等。

客户可以查询、修改自己的个人信息，查询航班信息，预订和查询机票信息。机票预订系统实现了航空公司的机票销售自动化，为乘客出行提供了极大的方便。除了机票预订系统，对于网上的其他系统如电子商务系统等，数据库系统作为其后台支持也是必不可少的。

1.2 数据库系统的基本概念

1 数据库系统中的基本概念

数据、数据库、数据库管理系统和数据库系统是与数据库技术密切相关的四个基本概念。这里对这些基本概念给出定义。

1. 数据

数据（Data）是数据库中存储的基本对象，可以定义为：描述事物的符号记录。描述事物的符号很多,可以是数字、文字,也可以是图形、声音等信息,它们都可以经过数字化处理后存入计算机。

数据与其语义是不可分的,数据的语义也称数据的含义,就是指对数据的解释。例如,给定一个数字 70,如果不做任何解释,人们很难了解这个数字的意思。但给这个数字加上语义进行解释,则可一目了然。如语义为学生成绩,则 70 表示学生某门课程考试成绩为 70分;如语义为年龄,则 70 表示某人的年龄为 70 岁;如语义为车速,则 70 表示某车行驶速度为 70km/h。所以数据和关于数据的解释是不可分的。

2. 数据库

数据库(DataBase,DB)是指长期存储在计算机内的、有组织的、可共享的大量数据集合。数据库,顾名思义就是存放数据的仓库,只不过这个仓库是计算机的存储设备。数据库中的数据按一定的数据模型组织、描述和存储,并且可为各种用户共享。读者也可以通过数据管理技术发展的历史更加清晰地认识到这一点。

3. 数据库管理系统

数据库管理系统(DataBase Management System,DBMS)是位于用户与操作系统之间的一层数据管理软件。科学地组织和存储数据,高效地获取和维护数据,就是由数据库管理系统来完成的。它主要有以下四个方面的功能。

(1) 数据定义功能:用户可以通过它方便地对数据库中的数据对象进行定义。

(2) 数据操纵功能:用户可以通过它实现对数据库查询、插入、删除、修改等基本操作。

(3) 数据库的运行管理:用户可以通过它实现对数据库安全性、完整性、一致性的保障。

(4) 数据库的建立和维护功能:用户可以实现数据库的初始化、运行维护等。

4. 数据库系统

数据库系统(DataBase System,DBS)是指在计算机系统中引入数据库后的系统,是由软件和硬件组成的完整系统。一般由数据库、数据库管理系统、计算机硬件和软件支撑环境、应用系统、数据库管理员和用户构成。

图 1-1 表示数据库系统的构成。

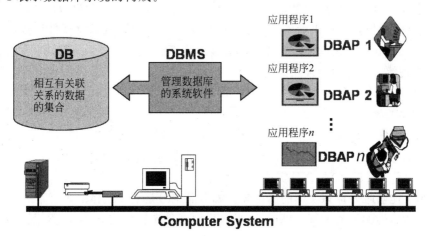

图 1-1　数据库系统的构成

1.3 数据模型

1.3.1 现实世界的信息化过程

1 现实世界
的信息化
过程

在现实世界中,常常用物理模型对某个对象进行抽象来实现模拟。在数字世界里,常常用数据模型对某个对象进行抽象来表示。很显然,在数据库中只能存储对象的数据模型。

数据模型是对现实世界的抽象,将现实世界中有应用价值的数据及其关联抽象出来,并为DBMS所支持,最终在机器上实现。一种数据模型既要适于描述现实世界,又要便于机器实现。由于这两个过程离不开人的参与,所以还要易于为人所理解。我们通常是从现实世界抽象出概念模型,然后转换为机器实现,如图1-2所示。

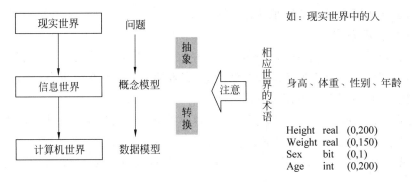

图1-2 现实世界的信息化过程及实例

1. 现实世界

用户为了某种需要,须将现实世界中的部分需求用数据库实现。现实世界设定了需求及边界条件,这为整个转换提供了客观基础与初始启动环境。

2. 信息世界

信息世界是现实世界在人脑中的反映,是对客观事物及其联系的一种抽象描述。信息世界由概念模型描述。概念模型是按用户的观点对数据建模。概念模型是对现实世界的抽象表示,是现实世界到计算机世界的一个中间层次。可以利用概念模型进行数据库的设计以及在设计人员和用户之间进行交流。因此概念模型应该具有较强的语义表达能力并且应该易于用户理解。概念模型涉及如下术语。

(1) 实体:客观存在的、可以相互区别的事物或概念。例如,作者、书是具体的事物,出版社则是抽象的概念。

(2) 属性:实体所具有的某一特性。例如,校园超市商品实体可以具有商品编号、商品名称、商品种类、价格、数量等属性。属性的具体取值称为属性值。例如,(GN5005,飘柔洗发水,日化用品,20.5,50)是商品实体的属性值。

(3) 码:能够唯一标识实体的属性集。如商品编号是商品实体的码。

(4) 域:属性的取值范围。例如,商品名称的域是字符串集合,商品数量的域是数值的集合。

(5) 实体型:具有相同属性的实体称为同型实体,用实体名及其属性名的集合来抽象和刻画同型实体,称为实体型。例如,"商品"实体型可以表示为:商品(商品编号,商品名称,商品种类,价格,数量)。

实体集:属于同一个实体型的实体集合。实体集是实体型的有限集合。例如,所有类型的商品即是一个实体集。

(6) 联系:包括实体内部的联系与实体之间的联系。实体内部的联系指实体的各属性之间的联系,实体之间的联系指不同实体集之间的联系。例如,"员工"实体的"职级"与"工资等级"之间就有一定的联系(约束),属于实体内部的联系。

3. 计算机世界

计算机世界是在信息世界中致力于在计算机物理结构上的描述。计算机世界将信息世界的概念模型数字化转换为数据模型,实现信息的数据化,便于计算机处理。

1.3.2 数据模型的组成要素

1 数据模型的组成要素

数据模型是数据库中用来对现实世界进行抽象的工具,是数据库系统的核心与基础。数据模型描述了数据的结构,以及定义在其上的操作和约束条件。

对数据模型的共性进行抽象、归纳,则数据模型可严格地定义为一组概念的集合,这些概念精确地描述了系统的静态特性、动态特性和完整性约束条件,这就是数据模型的组成要素:数据结构、数据操作和完整性约束条件。

1. 数据结构

数据结构主要描述数据类型、内容、性质的有关情况以及数据间的联系,是对系统静态特征的描述。数据结构描述数据模型最重要的方面,通常按数据结构的类型来命名数据模型。例如,层次结构的数据模型是层次模型,网状结构的数据模型是网状模型,关系结构的数据模型是关系模型。

2. 数据操作

数据操作主要描述在相应数据结构上的操作类型与操作方式,是对系统动态行为的描述。数据库主要有检索和更新(包括插入、删除、修改)两大类操作。数据模型必须定义这些操作的确切含义、操作符号、操作规则(如优先级)以及实现操作的语言。

3. 完整性约束条件

完整性约束条件主要描述数据结构内数据间的语法、语义联系,它们之间的制约与依存关系,以及数据动态变化的规则,以此来保证数据的正确、有效与相容。数据模型应该反映和规定本数据模型必须遵守的、基本的通用的完整性约束条件。如在关系模型中,任何关系必须满足实体完整性和参照完整性。此外,数据模型还应该提供定义完整性约束条件的机制,以反映具体应用所涉及的数据必须遵守的特定的语义约束条件。例如,在校园超市管理信息系统中要求学生性别的取值只能是"男"或"女"。

1 常用数据模型

1.3.3 常用的数据模型

数据库有类型之分,是根据数据模型划分的。在数据库中针对不同的使用对象和应用目的,采用不同的数据模型。数据库发展至今,有以下几种数据模型。

1. 层次模型

在现实世界中,有很多事物是按层次组织起来的,例如动植物的分类、图书的编号、机关的组织等都是层次型的。层次模型的提出首先是为了模拟这种按层次组织起来的事物。下面从层次模型的组成要素来进行描述。

1）数据结构

层次模型是用树状结构表示记录类型及其联系的。树状结构的基本特点如下。

（1）有且只有一个结点没有父结点，这个结点称为根结点。

（2）根以外的其他结点有且只有一个父结点。

（3）在层次模型中，树的结点是记录型。上一层记录型和下一层记录型的联系是$1:n$。

（4）层次模型就像一棵倒立的树，如图1-3所示。

2）数据操作

主要有查询、插入、删除和修改。

3）完整性约束

插入：如果没有相应的双亲结点值，就不能插入子女结点值。

删除：如果删除双亲结点值，则相应的子女结点值也被同时删除。

修改：应修改所有相应记录，以保证数据的一致性。

4）层次模型的优点

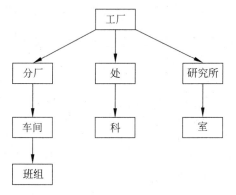

图1-3 工厂组织机构的层次模型实例

结构简单：数据模型比较简单，操作方便。

性能出色：对于实体间联系是固定的且预先定义好的应用系统，性能较好。

完整性好：提供良好的完整性支持。

5）层次模型的缺点

适用面不广：不适合于表示非层次性的联系。

操作限制多：对插入和删除操作的限制比较多，查询子女结点必须通过双亲结点。

命令程序化：由于结构严密，层次命令趋于程序化。

层次模型曾在20世纪60年代末至70年代初流行过，其中最有代表性的产品当属IBM公司的IMS(Information Management System)。对于层次数据，层次DBMS的效率是很高的；但对于非层次数据，使用层次数据库很不方便。随着数据库技术的发展，层次数据库已逐步退出历史舞台，但层次数据模型是数据库发展早期的数据模型之一，关系数据模型以及其他一些数据模型是在与这些数据模型的比较中发展起来的。因此对层次模型和下面讨论的网状模型的了解是必要的。

2. 网状模型

现实世界中事物之间的联系更多的是非层次关系的，用层次模型表示非层次关系很不直观，网状模型则能很好地克服这一缺点。

1）数据结构

网状模型中结点间的联系不受层次限制，可以任意发生联系，所以它是用有向图结构表示实体类型及实体间联系的数据模型。网状模型结构的特点如下。

（1）允许一个以上的结点无双亲。

（2）一个结点可以有多于一个双亲。

例如，三家供应商供应五种不同的零件，分别用于两个不同的项目，其网状模型如图1-4所示。

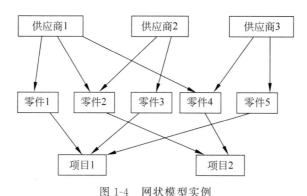

图 1-4　网状模型实例

2）数据操作

主要有查询、插入、删除和修改。

3）完整性约束

支持记录码的概念，码唯一标识记录的数据项的集合。

保证一个联系中双亲记录和子女记录之间是一对多的联系。

可以支持双亲记录和子女记录之间的某些约束条件。

4）网状模型的优点

直观：能够更为直接地描述现实世界。

效率高：具有良好的性能，存取效率较高。

5）网状模型的缺点

语言复杂：数据定义语言（DDL）极其复杂。

数据独立性较差：由于实体之间的联系本质上是通过存取路径指示的，因此应用程序在访问数据时要指定存取路径。

网状模型对于层次和非层次结构的事物都能比较自然地模拟，这一点要比层次数据模型强。在关系数据库出现以前，网状 DBMS 要比层次 DBMS 应用更广泛，其典型代表是 DBTG（DataBase Task Group）。在 20 世纪 70 年代，还出现过大量的网状 DBMS 产品，如 Cullinet 软件公司的 IDMS、Honeywell 公司的 IDS Ⅱ、HP 公司的 IMAGE 等。应该承认，在数据库发展史上，网状数据库曾起过重要的作用。

3. 关系模型

关系模型是以集合论中的关系概念为基础发展起来的数据模型。它是目前使用最广泛的数据模型，也是最重要的一种数据模型。

1）数据结构

关系模型是一种以二维表的形式表示实体数据和实体之间关系的数据模型，它由行和列组成。

在关系模型中，基本元素包括关系、元组、属性、主码、域、分量以及关系模式等。下面以超市商品表为例，介绍关系模型中的这些元素。

关系(Relation)：一个关系就是一张表，如表 1-1 所示。

表 1-1　校园超市商品表

商品编号	商品名称	商品种类	价　格	数　量
GN0001	优乐美奶茶	食品	3.5	100
GN5005	飘柔洗发水	日化用品	19.8	65
GN7002	小绵羊被套	床上用品	150	28
…	…	…	…	…

元组(Tuple)：表中的一行。

属性(Attribute)：表中的一列。

候选码(Key)：能够唯一确定一个元组的属性组，如商品编号。

主码(Primary Key)：关系中可能有多个候选码，选定其中一个作为主码。

域(Domain)：属性的取值范围。例如，商品名称的域是字符串集合，商品数量的域是数值的集合。

分量：元组中的一个属性值，如 GN0001、优乐美奶茶。

关系模式：对关系的描述。一般表示为：关系名(属性 1,属性 2,…,属性 n)。

表 1-1 的商品关系可描述为：商品(商品编号,商品名称,商品种类,价格,数量)。

关系模型的特点如下。

(1) 在关系模型中，实体及实体间的联系都是用关系来表示。

(2) 关系模型要求关系必须是规范的，最基本的条件是，关系的每一个分量必须是一个不可分的数据项，即不允许表中还有表。

2) 数据操作

主要有查询、插入、删除和修改操作。

3) 完整性约束

关系模型的完整性包括三大类：实体完整性、参照完整性和用户定义的完整性。其中，实体完整性和参照完整性是关系模型必须支持的两个完整性，是通用的完整性。不同的关系数据库系统根据其应用环境的不同，往往还需要一些特殊的约束条件。用户定义的完整性即是针对某个特定关系数据库的约束条件，它反映某一具体应用所涉及的数据必须满足的语义要求。用户定义的完整性是专用完整性。

4) 关系模型的优点

(1) 具有数学基础：关系模型是建立在严格的数学概念的基础上的。

(2) 概念单一：无论实体还是实体之间的联系都用关系来表示。对数据的检索结果也是关系(即表)，因此概念单一，其数据结构简单、清晰。

(3) 存取路径透明：关系模型的存取路径对用户透明，从而具有更高的数据独立性和更好的安全保密性，也简化了程序员的工作和数据库开发建立的工作。

5) 关系模型的缺点

由于存取路径对用户透明，关系模型的查询效率往往不如非关系数据模型。因此为了提高性能，必须对用户的查询请求进行优化，增加了开发数据库管理系统的负担。

关系模型是目前应用最为广泛的数据模型。它具有严格的理论体系，是许多数据库厂商推出的商品化关系型数据库系统的理论基础。在当今的数据库市场上,Oracle、Microsoft SQL Server、Sybase ASE、IBM DB2 以及 Microsoft Access 等商品化关系型数据库系统都占有大量的份额。由于关系模型的重要性,其始终保持主流数据模型的位置。

4. 面向对象模型

面向对象模型是一种新兴的数据模型,是面向对象程序设计方法与数据库技术相结合的产物,用以支持非传统应用领域对数据模型提出的新要求。

1) 数据结构

在面向对象模型中,基本结构是对象而不是记录,一切事物、概念都可以看作对象。一个对象不仅包括描述它的数据,还包括对其进行操作的方法的定义。此外,面向对象数据模型是一种可扩充的数据模型,用户可根据应用需要定义新的数据类型及相应的约束和操作,而且比传统数据模型有更丰富的语义。

2) 数据操作

面向对象模型的数据操作由对象与类中的方法构建对象数据模式上的数据操作,这种操作语义强于传统数据模型。例如,可以构造一个圆形类,它的操作除查询、修改外,还可以有图形的放大/缩小、图形的移动、图形的拼接等。面向对象数据操作分为两个部分:一部分封装在类中,称为方法;另一部分是类之间相互沟通的操作,称为消息。

3) 完整性约束

在面向对象模型中,完整性约束也是一种方法,即一种逻辑表示,可以用类中方法表示模式约束。面向对象数据一般使用方法或消息表示完整性约束条件,称为完整性约束方法与完整性约束消息,并在其之前标有特殊标识。

4) 面向对象模型的优点

(1) 适合处理各种各样的数据类型:与传统的数据库(如层次、网状或关系)不同,面向对象数据库适合存储不同类型的数据,例如图片、声音、视频,包括文本、数字等。

(2) 面向对象程序设计与数据库技术相结合:面向对象数据模型结合了面向对象程序设计与数据库技术,因而提供了一个集成应用开发系统。

(3) 提高开发效率:面向对象数据模型提供强大的特性,例如继承、多态和动态绑定,这样用户不用编写特定对象的代码就可以构成对象并提供解决方案。这些特性能有效地提高数据库应用程序开发人员的开发效率。

(4) 改善数据访问:面向对象数据模型明确地表示联系,支持导航式和关联式两种方式的信息访问。它比基于关系值的联系更能提高数据访问性能。

5) 面向对象模型的缺点

(1) 定义不准确:很难提供一个准确的定义来说明面向对象 DBMS 应建成什么样,这是因为该名称已经应用到很多不同的产品和原型中,而这些产品和原型考虑的方面可能各不相同。

(2) 维护困难:随着组织信息需求的改变,对象的定义也要求改变并且需要移植现有数据库,以完成新对象的定义。当改变对象的定义和移植数据库时,它可能面临真正的挑战。

(3) 不适合所有的应用:面向对象数据模型用于需要管理数据对象之间的复杂关系的应用,它特别适合于特定的应用,例如工程、电子商务、医疗等,但并不适合所有应用。当用于普通应用时,其性能会降低并要求很高的处理能力。

面向对象模型的直观描述就是面向对象方法中的类层次结构图。面向对象数据模型中的对象由一组变量、一组方法和一组消息组成,其中,描述对象自身特性的"属性"和描述对象间相互关联的"联系"也常常称为"状态",方法就是施加到对象的操作。一个对象的属性可以是另一个对象,另一个对象的属性还可以用其他对象描述,以此模拟现实世界中的复杂实体。在面向对象模型中,对象的操作通过调用自身包含的方法实现。面向对象模型的研究受到人们的广泛关注,有着十分广阔的应用前景。

1.4 数据库系统的体系结构

数据库系统体系结构可以从不同层次或不同角度来分析。从数据库管理系统角度看数据库系统内部的体系结构,通常采用三级模式结构;从数据库最终用户角度看数据库系统外部的体系结构,可以分为单用户结构、主从式结构、分布式结构和客户机/服务器结构等。

1.4.1 数据库系统的内部体系结构

从数据库系统内部来看,数据库系统通常采用三级模式结构:外模式、模式和内模式。其组成如图 1-5 所示。

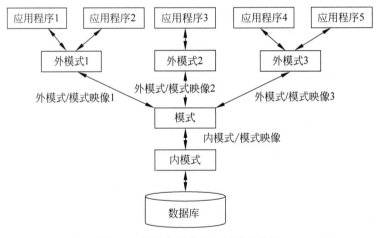

图 1-5 数据库系统的三级模式结构

1 数据库的三级模式结构

1. 数据库的三级模式结构

外模式又称子模式或用户模式,它是模式的子集,是数据的局部逻辑结构,也是数据库用户看到的数据视图。一个数据库可以有多个外模式,外模式是与某一应用有关的数据的逻辑表示,应用程序都是和外模式打交道。每个用户程序只能看见和访问所对应的外模式中的数据,数据库中的其余数据对它们是不可见的,从而对数据库的安全性起到了有力的保障。

模式又称逻辑模式或概念模式,它是数据库中全体数据的全局逻辑结构和特征的描述,也是所有用户的公共数据视图。模式实际上是数据库数据在逻辑级上的视图。一个数据库只有一个模式。定义模式时不仅要定义数据的逻辑结构,而且要定义数据之间的联系,定义与数据有关的安全性、完整性要求。

内模式又称存储模式,它是数据在数据库中的内部表示,即数据的物理结构和存储方式的描述。一个数据库只有一个内模式。

图 1-6 是三级模式结构的一个具体实例。

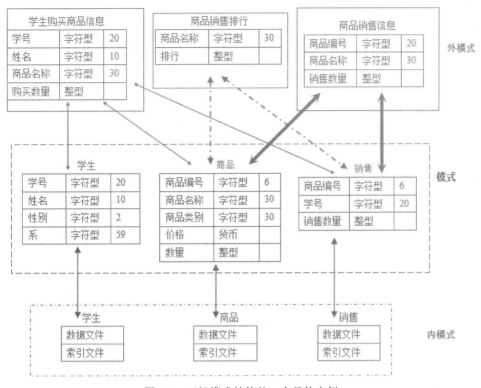

图 1-6 三级模式结构的一个具体实例

2. 数据库的二级映像功能

数据库系统的三级模式是对数据的三级抽象,为了能够在内部实现数据库的三个抽象层次的联系和转换,数据库管理系统在这三级模式之间提供了两层映像:外模式/模式映像,模式/内模式映像。

(1)外模式/模式映像:模式描述的是数据的全局逻辑结构,外模式描述的是数据的局部逻辑结构。对应于同一个模式可以有任意多个外模式。对于每一个外模式,数据库系统都有一个外模式/模式映像,它定义了该外模式与模式之间的对应关系。当模式改变时,由数据库管理员对各个外模式/模式映像做相应的改变,以使外模式保持不变。应用程序是依据数据的外模式编写的,从而应用程序可以不必修改,保证了数据与程序的逻辑独立性。

(2)模式/内模式映像:数据库中只有一个模式,也只有一个内模式,所以模式/内模式映像是唯一的,它定义了数据库的全局逻辑结构与存储结构之间的对应关系。当数据库的存储结构改变时,由数据库管理员对模式/内模式映像做相应改变,以使模式保持不变,使得外模式不变,从而应用程序也不必修改,保证了数据与程序的物理独立性。

1.4.2 数据库系统的外部体系结构

在一个数据库应用系统中,包括数据存储层、业务处理层和界面表示层三个层次。数据库系统体系结构就是指数据库应用系统中数据存储层、业务处理层、界面表示层之间的布局

1 数据库的二级映像功能

1 数据库系统的外部体系结构

和分布。下面从数据库最终用户角度来讨论数据库系统各种不同的体系结构。

1. 单用户结构的数据库系统

单用户结构的数据库系统是一种比较简单的数据库系统。在这种结构中,数据库系统安装在一台机器上,由一个用户独占,不同机器间不能共享数据,容易造成数据大量冗余,主要适合于个人计算机用户,其体系结构如图 1-7 所示。

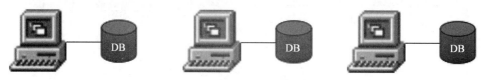

图 1-7　单用户结构的数据库体系结构

2. 主从式结构的数据库系统

主从式结构的数据库系统是一种采用大型主机和终端结合的系统,这种结构是将操作系统、应用程序和数据库系统等数据和资源放在主机上,事务由主机完成,终端只是作为一种输入输出设备,可以共享主机的数据。在这种主从式结构中,数据存储层和应用层都放在主机上,而用户界面层放在各个终端上。这种结构简单,数据易于管理和维护,但当终端用户增加到一定程度后,主机的任务会过于繁重,使性能大大下降,可靠性不够高。这种结构比较典型的是一些银行的业务系统,其业务数据存放在大型主机中,柜面业务人员通过终端实现对主机数据的共享,其体系结构如图 1-8 所示。

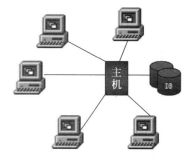

图 1-8　主从式结构的数据库体系结构

3. 分布式结构的数据库系统

分布式结构的数据库系统是指数据库中的数据在逻辑上是一个整体,但物理分布在计算机网络的不同结点上。分布式数据库系统由多台计算机组成,每台计算机都配有各自的本地数据库。在分布式数据库系统中,大多数处理任务由本地计算机访问本地数据库完成局部应用;对于少量本地计算机不能胜任的处理任务,通过网络存取和处理多个异地数据库中的数据,执行全局应用。这种结构适应了地理上分散的公司、团体和组织对数据库应用的需求,但是由于数据的分散存放,给数据的处理、管理与维护带来困难。分布式结构大量用于跨不同地区的公司、团体等,其体系结构如图 1-9 所示。

4. 客户机/服务器结构的数据库系统

客户机/服务器(Client/Server, C/S)结构是非常流行的一种结构。在这种结构中,客户机提出请求,服务器对客户机的请求做出回应。在客户机/服务器结构的数据库系统中,数据存储层处于服务器上,应用层和用户界面层处于客户机上。客户机支持用户应用,负责管理用户界面、接收用户数据、生成数据库服务请求等;服务器则接收客户机的请求,处理请求并返回执行的结果,而不需要将大量数据在网络上传输,这样减少了网络的数据传输量,提高了系统的性能、吞吐量和负载能力,更开放,可移植性高。客户机/服务器结构的数据库系统体系结构如图 1-10 所示。

客户机/服务器结构存在一些问题:系统安装复杂,工作量大;应用维护困难,难于保

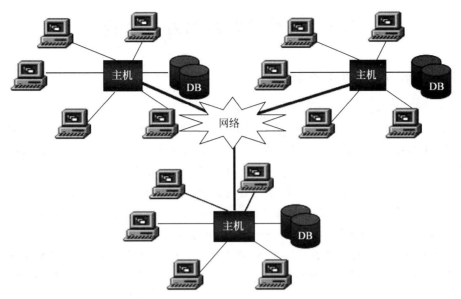

图 1-9 分布式结构的数据库体系结构

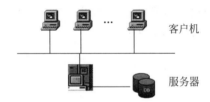

图 1-10 客户机/服务器结构的数据库体系结构

密,安全性差;相同的应用程序要重复安装在每一台客户机上,从系统总体来看,大大浪费了系统资源。因此,随着 Web 的兴起,出现了浏览器/服务器结构的数据库系统。

5. 浏览器/服务器结构的数据库系统

浏览器/服务器(Browser/Server,B/S)结构是随着 Internet 而兴起的,并在 Internet 上得到了极大的应用,是 C/S 结构的一种变化或者改进的结构,在很多方面已经取代了 C/S。在这种结构下,用户工作界面是通过浏览器来实现,浏览器只负责发送和接收数据,几乎不进行数据的处理,主要的任务在服务器端处理,因此极大地降低了系统开发、维护、升级和培训的成本。浏览器/服务器结构的数据库系统体系结构如图 1-11 所示。

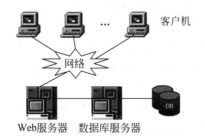

图 1-11 浏览器/服务器结构的数据库体系结构

1.5 数据库技术的发展历程

1.5.1 数据管理初级阶段

1. 人工管理阶段

在人工管理阶段(20世纪50年代中期以前),计算机主要用于科学计算。外部存储器只有磁带、卡片和纸带等,还没有磁盘等直接存取存储设备。软件只有汇编语言,尚无数据管理方面的软件。数据处理方式基本是批处理。这个阶段有如下几个特点。

(1)计算机系统不提供对用户数据的管理功能。用户编制程序时,必须全面考虑好相关的数据,包括数据的定义、存储结构以及存取方法等。程序和数据是一个不可分割的整体。数据脱离了程序就无任何存在的价值,数据无独立性。

(2)数据是面向具体应用的。一组数据只对应一个应用程序,因此数据不能共享。基于这种数据的不可共享性,必然导致程序与程序之间存在大量的冗余数据,浪费了存储空间。

(3)不单独保存数据。基于数据与程序是一个整体,数据只为本程序所使用,数据只有与相应的程序一起保存才有价值,否则就毫无用处。所以,所有程序的数据均不单独保存。这个阶段程序与数据的关系如图1-12所示。

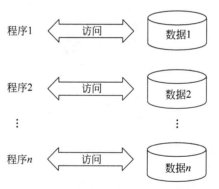

图1-12 人工管理阶段程序和数据的关系

2. 文件系统阶段

文件系统阶段(20世纪50年代后期至20世纪60年代中期)计算机不仅用于科学计算,还利用在信息管理方面。随着数据量的增加,数据的存储、检索和维护问题成为紧迫的需要。这时硬件方面已有了磁盘、磁鼓等直接存取的存储设备;软件方面已经有了操作系统和高级软件。操作系统中的文件系统是专门管理外存的数据管理软件,文件是操作系统管理的重要资源之一。数据处理方式有批处理,也有联机实时处理。这个阶段有如下几个特点。

(1)由于计算机大量用于数据处理等方面,数据以"文件"形式可长期保存在外部存储器的磁盘上,并要对文件进行大量的查询、修改和插入等操作。

(2)由于有专用软件即文件系统进行管理,程序与数据之间由文件系统提供存取方法进行转换,因此程序和数据之间具有一定的独立性,即程序只需用文件名就可与数据打交道,不必关心数据的物理位置。由操作系统的文件系统提供存取方法(读/写)。

(3) 文件组织已多样化。有索引文件、链接文件和直接存取文件等。但文件之间相互独立、缺乏联系。数据之间的联系要通过程序去构造。

但是,文件系统仍存在以下缺点。

(1) 数据虽然不再属于某个特定的程序,可以重复使用,但是文件结构的设计仍然是基于特定的用途,程序基于特定的物理结构和存取方法,因此程序与数据结构之间的依赖关系并未根本改变。

(2) 由于文件之间缺乏联系,造成每个应用程序都有对应的文件,有可能同样的数据在多个文件中重复存储,造成不必要的数据冗余。

(3) 数据独立性差。文件系统仍然是一个不具有弹性的无结构的数据集合,即文件之间是孤立的,不能反映现实世界事物之间的内在联系。这个阶段程序与数据之间的关系如图 1-13 所示。

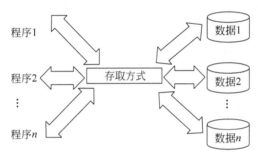

图 1-13　文件系统阶段程序与数据之间的关系

文件系统阶段是数据管理技术发展中的一个重要阶段。在这一阶段中,得到充分发展的数据结构和算法丰富了计算机科学,为数据管理技术的进一步发展打下了基础,现在仍是计算机软件科学的重要基础。

1.5.2　数据库系统阶段

1 数据库系统阶段

1. 数据库系统特点

数据库系统阶段(20 世纪 60 年代后期以来),数据管理技术进入数据库系统阶段。这个阶段计算机用于管理的规模越来越大,应用越来越广泛,数据量急剧增加。数据库系统克服了文件系统的缺陷,提供了对数据更高级、更有效的管理,这个阶段的程序和数据的关系通过数据库管理系统(DBMS)来实现,如图 1-14 所示。

数据库系统阶段的数据管理具有以下特点。

(1) 数据结构化。采用数据模型表示复杂的数据结构,数据模型不仅描述数据本身的特征,还要描述数据之间的联系,即从整体上看数据是有结构的,这是数据库的主要特征之一,也是数据库系统与文件系统的本质区别。数据库系统的这种联系是通过存取路径实现的。这样,数据不再面向特定的某个或多个应用,而是面向整个应用系统。

(2) 数据冗余度低,实现了数据共享。由于数据不再面向某个应用而是面向整个系统,数据可以被多个用户、多个应用共享使用,大大减少了数据冗余,提高了共享性。

(3) 数据独立性高。数据的独立性包括数据的逻辑独立性和数据的物理独立性,是指

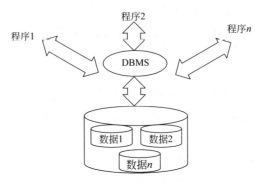

图 1-14　数据库系统阶段程序和数据之间的关系

用户的应用程序与数据的逻辑存储结构和物理存储结构之间的相互独立性。数据的逻辑结构与物理结构之间的差别可以很大。数据的独立性高意味着数据的逻辑结构或者物理结构发生改变,应用程序也可以保持不变。用户的应用程序和数据的逻辑结构和物理结构之间的转换由数据库管理系统实现。

(4) 数据由 DBMS 统一管理和控制。例如,为用户提供存储、检索、更新数据的手段;实现数据库的并发控制:对程序的并发操作加以控制,防止数据库被破坏,杜绝提供给用户不正确的数据;实现数据库的恢复:在数据库被破坏或数据不可靠时,系统有能力把数据库恢复到最近某个正确状态;保证数据完整性:保证数据库中数据始终是正确的;保障数据安全性:保证数据的安全,防止数据的丢失、破坏。

2. 第一代数据库系统

20 世纪 60 年代的层次和网状数据库为基础数据库,是第一代数据库系统,它们为统一管理与共享数据提供了有力的支撑。

在这一时期,数据库系统蓬勃发展,形成了历史上著名的"数据库时代"。但是这两种模型均脱胎于文件系统比较简单的数据结构,使得它们受到物理结构的影响较大,用户对数据库的使用需要对数据的物理结构有详细的了解,这使得数据库的应用和推广受到了限制。

层次数据库系统的典型代表是 IBM 公司的 IMS(Information Management System),这是 IBM 公司研制的最早的大型数据库系统程序产品。1966 年,IBM 公司与其客户合作开发新型数据库,用于帮助美国国家宇航局管理宏大的"阿波罗登月计划"中的烦琐资料,并在 1968 年由 IBM 工程师最终完成。该数据库在 1969 年发布时被命名为"IMS"。

网状数据库系统的典型代表是 DBTG 系统,也称 CODASYL 系统。这是 20 世纪 70 年代数据系统语言研究会 CODASYL(Conference On Data System Language)下属的数据库任务组(Data Base Task Group,DBTG)提出的一个系统方案。DBTG 系统虽然不是实际的软件系统,但是它提出的基本概念、方法和技术具有普遍意义。它对于网状数据库系统的研制和发展起了重大的影响。

3. 第二代数据库系统

关系数据库系统形成于 20 世纪 70 年代中期,并在 20 世纪 80 年代得到了充分的发展,它具有简单的结构方式并且极为方便,因此 20 世纪 80 年代它逐步取代了层次和网状数据库,成为占主导地位的数据库,并发展为第二代数据库系统。第二代数据库的主要特征是支持关系数据模型。

1970 年,IBM 的研究员,有"关系数据库之父"之称的埃德加·弗兰克·科德(E. F. Codd)博士发表了题为"A Relational Model of Data for Large Shared Data Banks(大型共享数据库的关系模型)"的论文,文中首次提出了数据库的关系模型的概念,为关系数据库技术奠定了理论基础。20 世纪 70 年代末,关系方法的理论研究和软件系统的研制均取得了很大成果,IBM 公司的 San Jose 实验室在 IBM370 系列机上研制的关系数据库实验系统 System R 历时 6 年获得成功。1981 年,IBM 公司又宣布了具有 System R 全部特征的新的数据库产品 SQL/DS 问世。由于关系模型简单明了,具有坚实的数学理论基础,所以一经推出就受到了学术界和产业界的高度重视和广泛响应,并很快成为数据库市场的主流。20 世纪 80 年代以来,计算机厂商推出的数据库管理系统几乎都支持关系模型,如 Oracle、Sybase、Informix、DB2 等。数据库领域的研究工作大都以关系模型为基础。

1.5.3 新一代数据库系统

1 新一代数据库系统

1. 新一代数据库系统特征

20 世纪 80 年代,数据库技术在商业领域的巨大成功刺激了其他领域对数据库技术需求的迅速增长。随着科学技术的不断进步,各个行业领域对数据库技术提出了更多的需求,关系数据库已经不能完全满足需求,以关系数据库为代表的传统数据库已经很难胜任新领域的要求。为了支持现代工程的应用,需要发展新的数据库技术,这就必须将数据库技术与其他现代信息、数据处理技术,如面向对象技术、时序和实时处理技术、人工智能技术、多媒体技术"完善"地集成,以形成"新一代数据库技术"。

1990 年,美国的高级 DBMS 功能委员会发表了《第三代数据库系统宣言》,提出了第三代数据库管理系统应具有的基本特征如下。

(1) 第三代数据库系统应支持数据管理、对象管理和知识管理。第三代数据库系统应集数据管理、对象管理和知识管理为一体,支持丰富的对象结构和规则。

(2) 第三代数据库系统必须保持或继承第二代数据库系统的基础。必须保持第二代数据库系统的非过程化数据存取方式和数据独立性。

(3) 第三代数据库系统必须对其他系统开放。能支持数据库语言标准,支持标准网络协议,有良好的可移植性、可连续性、可扩展性和互操作性等。

新一代数据库技术融合多种技术,面向对象成为其主要特征。由于新一代数据库没有像第二代数据库那样具有统一的数据模型,所以其数据模型仍是以关系模型为基础,支持多种数据模型的复杂数据模型。

在现代数据库研究和应用中,往往需要与诸多新技术相结合,如网络通信技术、人工智能技术、多媒体技术等,从而使数据库技术产生了质的飞跃。这些数据库新技术的研究和发展,导致了许多新型数据库的涌现,如面向对象数据库、多媒体数据库、知识数据库、分布式数据库、移动数据库、Web 数据库等,这些统称为新一代数据库或高级数据库,构成了当今数据库系统的大家族。

2. 面向对象数据库

面向对象数据库(Object Oriented Data Base,OODB)是面向对象的方法与数据库技术相结合的产物,应满足两个标准:首先它是数据库系统,其次它也是面向对象系统。第一个标准即作为数据库系统应具备的能力(持久性、事务管理、并发控制、恢复、查询、版本管理、完整性、安全性)。第二个标准就是要求面向对象数据库充分支持完整的面向对象(OO)概念和控制机制。

与传统数据模型相比,面向对象数据库的数据模型以类为基本单元,以继承和组合作为结构方式,从而组成图结构形式,具有丰富语义,能够表达客观世界复杂的结构形式;而且,由于面向对象数据模型的封装性,使得它的类是具有独立运作能力的实体,扩大了传统数据模型中实体集仅仅是单一数据集的不足;同时,面向对象数据模型具有构造多种复杂抽象数据类型的能力。

面向对象数据库的研究内容主要包括:面向对象数据模型,面向对象数据库的理论支持基础,模型的实现复杂度问题等。

3. 多媒体数据库

多媒体数据库(MultiMedia Database,MDB)是数据库技术与多媒体技术相结合的产物。传统的数据库管理系统在处理结构化数据、文字和数值信息等方面是很成功的。但是处理大量的存在于各种媒体的非结构化数据(如图形、图像和声音等),传统的数据库信息系统就难以胜任了,因此需要研究和建立能处理非结构化数据的新型数据库。多媒体数据库的产生就是为了实现对多媒体对象的存储、处理、检索和输出等。

多媒体数据库的研究内容主要包括:多媒体数据模型,MDBMS的体系结构,多媒体在数据库中的表示、存储、组织、访问、时空合成与同步,查询与索引机制,版本控制,用户接口等内容。

4. 主动数据库

主动数据库(Active Data Base,ADB)是在传统数据库基础上,结合人工智能技术和面向对象技术产生的数据库新技术。主动数据库的一个突出的思想是让数据库系统具有各种主动进行服务的功能,并以一种统一而方便的机制来实现各种主动性需求。主动数据库相对于传统的被动数据库而言,要想提供对紧急情况及时主动的反应能力,它需要在传统数据库系统的基础上,添加一个事件驱动的 ECA(Event-Condition-Action)规则库和事件监视器来实现。

主动数据库的研究内容主要包括:主动数据库的数据模型和知识模型,执行模型,条件检测,事务调度,体系结构,系统效率等。

5. 知识数据库

知识数据库(Knowledge Database,KDB)是人工智能和数据库技术相结合的产物,是一种智能数据库技术。知识数据库把知识从应用程序中分离出来,交由知识系统程序处理。其主要目标是对知识的存储与管理。

知识数据库的研究内容主要包括:知识的表示和利用,数据语义智能表示系统,知识库管理系统等。此外,演绎数据库方面查询优化、自然语言接口等问题,对演绎和推理能力的扩充、把演绎数据库与面向对象数据库以及可扩充的数据库结合起来都是研究的热门课题。

6. 分布式数据库

分布式数据库(Distributed Database,DDB)是数据库技术与网络技术相结合的产物。它是由一组数据库组成,这些数据库分散在计算机网络的不同计算实体之中,网络中的每个结点都具有独立处理数据的能力,即使站点是自治的,可以执行局部应用,同时也可以通过网络通信系统执行全局应用。分布式数据库本质上是一种虚拟的数据库,它的各个组成部分都物理地存储在不同地理位置的不同数据库中。这也使得它适应了地理上分散的公司、团体和组织对于数据库应用的需求。

分布式数据库的研究内容主要包括：分布式数据存储，分布式数据查询，分布式事务处理，分布式数据库体系结构等。

7. 移动数据库

移动数据库(Mobile Database)是指在移动计算环境中的分布式数据库，其数据在物理上分散而在逻辑上集中，它涉及数据库技术、分布式计算技术、移动通信技术等多个学科领域。从数据库技术发展过程来看，计算环境和数据库技术基本保持着一种同步发展的态势，互相影响、互相促进。移动计算是建立在移动环境上的一种新型计算技术，其作用在于将有用、准确、及时的信息与中央信息系统相互作用，分担中央信息系统的计算压力，使信息能够提供给在任何时间、任何地点都需要它的用户。因此移动计算需要数据库具有移动性和位置相关性、频繁断接性、网络条件多样性等特点，这正是移动数据库相对于传统数据库所具有的优势。

移动数据库的研究内容主要包括：复制与缓存技术，数据广播，移动查询技术，移动事务的处理，移动代理技术，数据同步与发布的管理以及移动对象管理技术等。

8. Web 数据库

Web 数据库(Web Database, WDB)是 Web 技术与数据库相结合的产物。它使数据库系统成为 Web 的重要有机组成部分，从而实现数据库与网络技术的无缝结合。这一结合不仅把 Web 与数据库的所有优势集合在了一起，而且充分利用了大量已有数据库的信息资源。在众多新技术应用中，推动数据库研究进入新纪元的无疑是 Internet 的发展。信息的本质和来源在不断变化，每个人都意识到 Internet、Web、自然科学和电子商务是信息和信息处理的巨大源泉，因此这也成为 Web 数据库在应用领域发展的主要驱动力。Web 数据库由数据库服务器(Database Server)、中间件(Middle Ware)、Web 服务器(Web Server)、浏览器(Browser)4 部分组成。Web 数据库的体系结构有 C/S 结构，B/S 结构以及多层体系结构。

Web 数据库的研究内容主要包括：Web 数据库的访问，Web 信息检索，动态 Web 数据库，Internet 中的数据管理的深度和广度两方面等都是研究的热点。

本节介绍了数据库技术的发展历程。数据库技术是当代计算机科学的重要分支，也一直是计算机科学的一个重点热门研究领域。数据库技术从诞生到现在，在不到半个世纪的时间里，形成了坚实的理论基础、成熟的商业产品和广泛的应用领域。

小　　结

本章对数据库的基本概念、数据模型、数据库系统的体系结构以及数据管理技术的发展阶段和发展趋势进行了阐述。

数据是描述事物的符号记录。数据库是指长期存储在计算机内、有组织、可共享的数据集合。数据库管理系统是位于用户与操作系统之间的一层数据管理软件。数据库系统是指在计算机系统中引入数据库后的系统。

数据模型是对现实世界的抽象。数据模型的组成要素有数据结构、数据操作以及完整性约束条件。概念模型是以用户的观点来对数据和信息建模。最常用的数据模型主要有层次模型、网状模型、关系模型等。

数据库系统体系结构从数据库管理系统角度看数据库系统内部的模式结构,通常采用三级模式结构:外模式、模式和内模式。三级模式之间的两级映像:外模式/模式映像、模式/内模式映像保证了数据库系统中的数据能够具有较高的逻辑独立性和物理独立性。从数据库最终用户角度看数据库系统外部的体系结构,可以分为单用户结构、主从式结构、分布式结构、客户机/服务器结构和浏览器/服务器结构等。

数据管理技术发展大致经历了人工管理阶段、文件系统阶段和数据库系统阶段。数据库技术已从最早的第一代数据库系统、第二代数据库系统发展到新一代数据库系统。新一代数据库很多都是数据库技术与新技术相结合的产物。最后对数据库发展趋势进行了展望。

通过对本章的学习,读者应该对数据库系统有一个大致的了解,为后面的学习打下一个良好的基础。

习　　题

一、单项选择题

1. 下面关于数据库的基本概念的描述中,(　　)是不正确的。

　　A. 数据是数据库中存储的基本对象

　　B. 数据库是指长期存储在计算机内的、有组织的、不可共享的数据集合

　　C. DBMS 是位于用户与操作系统之间的一层数据管理软件

　　D. 数据库系统是指在计算机系统中引入数据库后的系统

2. 下面关于数据模型的组成要素的描述中,(　　)是不正确的。

　　A. 数据结构是对系统静态特性的描述

　　B. 数据操作是对系统动态特性的描述

　　C. 数据操作是所研究的对象类型的集合

　　D. 数据的约束条件是一组完整性规则的集合

3. 下列关于数据库管理系统所包含的主要功能的描述中,(　　)是不正确的。

　　A. 数据定义功能　　　　　　　　　　B. 数据操纵功能

　　C. 数据库的运行管理　　　　　　　　D. 数据控制功能

4. 关系模型的数据结构是(　　)。

　　A. 树　　　　　　　B. 二维表　　　　　C. 队列　　　　　　D. 图

5. 模式实际上是数据库数据在逻辑级上的视图,一个数据库有(　　)模式。

　　A. 1个　　　　　　B. 2个　　　　　　C. 3个　　　　　　D. 多个

6. 要保证数据库的数据独立性,需要修改的是(　　)。

　　A. 模式与内模式　　　　　　　　　　B. 模式与外模式

　　C. 三层模式之间的二级映像　　　　　D. 三层模式

7. 在关系数据库系统中,当关系的型改变时,用户程序也可以不变,这是(　　)。

　　A. 数据的物理独立性　　　　　　　　B. 数据的逻辑独立性

    C. 数据的位置独立性   D. 数据的存储独立性

8. 在 DBS 中,最接近于物理存储设备一级的结构,称为(   )。

    A. 外模式   B. 概念模式   C. 用户模式   D. 内模式

9. 下列关于数据库特点的描述错误的是(   )。

    A. 共享性高   B. 冗余度大

    C. 数据结构化   D. 数据独立性高

10. 数据库系统与文件系统的本质区别是(   )。

    A. 数据的共享性   B. 数据的冗余度低

    C. 数据的结构化   D. 数据的独立性

二、简答题

1. 结合实际,谈谈身边应用到数据库技术的地方。

2. 什么是数据、数据库、数据库管理系统以及数据库系统?

3. 什么是数据模型?数据模型的组成要素是什么?

4. 试述层次模型、网状模型以及关系模型的特点,并各举出一个实例。

5. 试述数据库系统的三级模式结构,并分别解释外模式、模式和内模式。

6. 简述数据库系统数据与程序的逻辑独立性和物理独立性。

7. 试述数据库系统的两级映像的功能和作用。

8. 从数据库最终用户角度看,数据库系统的外部体系结构主要分为哪几类结构?其各自的特点是什么?

9. 数据管理技术经历了哪几个阶段?各个阶段的特点是什么?

10. 新一代数据库技术有哪些?试述数据库技术的发展趋势。

第2章 关系数据库

目前关系数据库是数据库应用的主流,许多数据库管理系统的数据模型都是基于关系数据模型开发的,因此,本章为读者介绍关系数据库的基本知识和理论。

2.1 关系数据库概述

关系数据库,是建立在关系数据模型基础上的数据库,借助于集合代数等概念和方法来处理数据库中的数据。从20世纪70年代末第一款关系数据库实验系统 System R 推出之后,关系数据库很快成为数据库市场的主流。20世纪80年代以来,计算机厂商推出的数据库管理系统几乎都支持关系模型。关系数据库系统的研究和开发取得了辉煌的成就,成为最重要、应用最广泛的数据库系统。这也促进了数据库领域的研究工作大都以关系模型为基础。

第1章初步介绍了关系模型及其基本术语,本章将深入地介绍关系模型。按照数据模型的三个要素,关系模型由关系数据结构、关系操作和关系完整性约束三部分组成。下面将对这三部分内容分别进行介绍。

2.2 关系数据结构

从数据库的演变进程来看,关系型数据库获得了巨大成功。从当前数据库应用来看,关系型数据库产品居于主导地位。它获得成功的一个非常重要的原因,是由于关系代数理论作为其坚实的基础。关系模型的数据结构就是关系,现实世界的实体以及实体间的各种联系均用关系来表示。下面就从集合论角度给出关系数据结构的形式化定义。

2.2.1 关系

1. 域

定义 2.1 域是一组具有相同数据类型的值的集合,可以理解为表格中的一个列的取值范围。

例如,可以定义学历域和年龄域如下。

学历:〈小学,初中,高中,中专,大专,本科,硕士,博士〉。

年龄:大于0小于150的整数。

以上两个例子都是域,其中,学历和年龄都是域名。

2 域和笛卡儿积

2. 笛卡儿积

定义 2.2 给定一组域 $D_1, D_2, \cdots, D_n$，这些域中可以有相同的，也可完全不同，则 $D_1, D_2, \cdots, D_n$ 的笛卡儿积为：

$$D_1 \times D_2 \times \cdots \times D_n = \{(d_1, d_2, \cdots, d_n) \mid d_i \in D_i, i = 1, 2, \cdots, n\}$$

说明：

每一个元素 $(d_1, d_2, \cdots, d_n)$ 叫作一个 n 元组，或简称为元组。

元素中的每一个值 d_i 叫作一个分量。

若 $D_i(i=1, 2, \cdots, n)$ 为有限集，其基数为 $m_i(i=1, 2, \cdots, n)$，则 $D_1 \times D_2 \times \cdots \times D_n$ 的基数 M 为：

$$M = m_1 \times m_2 \times \cdots \times m_n$$

【例 2-1】 设域 $D_1 = \{1, 2, 3\}$，域 $D_2 = \{A, B\}$，求 D_1 与 D_2 的笛卡儿积并求出笛卡儿积的基数。

$D_1 \times D_2 = \{(1, A), (1, B), (2, A), (2, B), (3, A), (3, B)\}$，笛卡儿积的基数为 $3 \times 2 = 6$，写成二维表的形式如图 2-1 所示。

3. 关系

笛卡儿积中许多元组无实际意义，从中取出有实际意义的元组便构成关系。

定义 2.3 $D_1 \times D_2 \times \cdots \times D_n$ 的子集叫作在域 D_1、D_2、$\cdots$、D_n 上的关系，表示为：
$R(D_1, D_2, \cdots, D_n)$。

这里 R 表示关系的名字，n 是关系的目或度（Degree），例如：

当 $n=1$ 时，称该关系为一元关系。

当 $n=2$ 时，称该关系为二元关系。

例如，在图 2-1 中 $D_1 \times D_2$ 的笛卡儿积中抽出一个子集如图 2-2 所示，这个子集就是 $D_1 \times D_2$ 上的一个关系。

2 关系及其性质

$$D_1 \times D_2 = \begin{pmatrix} 1 \\ 2 \\ 3 \end{pmatrix} \times \begin{pmatrix} A \\ B \end{pmatrix} = $$

D_1	D_2
1	A
1	B
2	A
2	B
3	A
3	B

图 2-1 笛卡儿积

D_1	D_2
1	A
1	B
2	A

图 2-2 $D_1 \times D_2$ 上的一个关系

说明：

关系是笛卡儿积的子集，所以关系也是一个二维表，表的每行对应一个元组，表的每列对应一个域。

由于域可以相同，为了加以区分，必须对每列起一个名字，称为属性（Attribute），n 目关系必有 n 个属性。

关系中的每行是关系中的元组，通常用 t 表示。

能唯一标识关系中一个元组的某一属性组，称为候选码（candidate key）。

候选码可能不止一个，选定其中一个作为主码（primary key）。候选码的诸属性称为主属性,不存在于任何候选码中的属性称为非主属性。

在最简单的情况下,候选码只包含一个属性。在最极端的情况下,关系模式的所有属性是这个关系模式的候选码,称为全码(all-key)。

一般来说,D_1、D_2、$\cdots$、D_n 的笛卡儿积是没有实际意义的,只有它的某个真子集才有实际意义。

【例 2-2】 设有以下三个域:

D_1＝顾客的集合｛张丽,万欣,陈浩｝

D_2＝供应商的集合｛蒙牛,伊利,雀巢｝

D_3＝商品的集合｛牛奶,咖啡｝

其中,张丽购买了蒙牛的牛奶,万欣购买了伊利的牛奶,陈浩购买了雀巢的咖啡。

(1) 求 D_1、D_2、D_3 的笛卡儿积。

(2) 构造一个"销售"关系。

首先求出笛卡儿积 $D_1 \times D_2 \times D_3$,见表 2-1。

表 2-1　$D_1 \times D_2 \times D_3$

顾　客	供 应 商	商　品
张丽	蒙牛	牛奶
张丽	蒙牛	咖啡
张丽	伊利	牛奶
张丽	伊利	咖啡
张丽	雀巢	牛奶
张丽	雀巢	咖啡
万欣	蒙牛	牛奶
万欣	蒙牛	咖啡
万欣	伊利	牛奶
万欣	伊利	咖啡
万欣	雀巢	牛奶
万欣	雀巢	咖啡
陈浩	蒙牛	牛奶
陈浩	蒙牛	咖啡
陈浩	伊利	牛奶
陈浩	伊利	咖啡
陈浩	雀巢	牛奶
陈浩	雀巢	咖啡

然后按照销售的含义在 $D_1 \times D_2 \times D_3$ 中取出有意义的子集构成了销售关系,见表 2-2,可表示为:销售(顾客,供应商,商品)。

表 2-2　销售关系

顾　客	供 应 商	商　品
张丽	蒙牛	牛奶
万欣	伊利	牛奶
陈浩	雀巢	咖啡

4. 关系的性质

由于关系可以表现为二维表,可以通过二维表来理解关系的性质。

(1) 关系中每个属性值是不可分解的。也就是表中元组分量必须是原子的,不存在表中有表的情况。例如,如表 2-3 所示的这张表就不是关系,因为表中存在元组的“价格”分量不是原子。

表 2-3　非关系的表

商　品	供　应　商	价　格	
		原价	折后价
纯牛奶	蒙牛	65	50
飘柔洗发水	宝洁	20	18
奶茶	优乐美	3.5	3

这个性质也是关系模型对关系的最基本的要求,即关系的分量必须是不可分的数据项,换言之,不允许表中有表。

(2) 表中各列取自同一个域,因此一列中的各个分量具有相同性质。

(3) 不同的列可以来自同一个域,其中的每一列为一个属性,不同的属性要给予不同的属性名。

(4) 列的次序可以任意交换,不改变关系的实际意义。由于此性质,在很多实际关系数据库产品中增加新属性时,永远是插入到最后一列。

(5) 表中的行叫元组,代表一个实体,实体应该是可以区分的,因此表中不允许出现完全相同的两行。

(6) 行的次序无关紧要,可以任意交换,不会改变关系的意义。

2.2.2　关系模式

在数据库中要区分型和值。关系数据库中,关系模式是型,关系是值。关系模式是对关系的描述,那么一个关系需要描述哪些方面呢?

2 关系模式

关系是元组的集合,因此关系模式必须指出这个元组集合的结构,即它由哪些属性构成,这些属性来自哪些域,以及属性与域之间的映像关系。

现实世界随着时间在不断地变化,因而在不同的时刻关系模式的关系也会有所变化。但是,现实世界的许多已有事实和规则限定了关系模式所有可能的关系必须满足一定的完整性约束条件。这些约束或者通过对属性取值范围的限定,或者通过属性值间的相互关联反映出来。例如,如果两个元组的主码相等,那么元组的其他值也一定相等,因为主码唯一标识一个元组,主码相等就标识这是同一个元组。关系模式应当刻画出这些完整性约束条件。

定义 2.4　关系的描述称为关系模式。它可以形式化地表示为

$$R(U, D, \mathrm{DOM}, F)$$

其中,R 为关系名,U 为组成该关系的属性名集合,D 为属性组 U 中属性所来自的域,DOM 为属性向域的映像集合,F 为属性间数据的依赖关系集合。

属性间的依赖将在第 6 章讨论,而域名及属性向域的映像常常直接说明为属性的类型、长度。因此,在本章只关心关系名(R)和属性名集合(U),将关系模式简记为:

$$R(U)$$

或

$$R(A_1, A_2, \cdots, A_n)$$

其中,R 为关系名,$A_1, A_2, \cdots, A_n$ 为属性名。

关系实际上是关系模式在某一时刻的状态或内容。也就是说,关系模式是型,关系是它的值。关系模式是静态的、稳定的,而关系是动态的、随时间不断变化的,因为关系操作在不断地更新着数据库中的数据。但实际工作中,人们常常把关系模式和关系统称为关系。读者可以从上下文中加以区别。

2.2.3 关系数据库

关系数据库是基于关系模型的数据库。在关系模型中,实体及实体间的联系都是用关系来表示。在一个给定的现实世界应用领域中,所有实体及实体之间联系所形成关系的集合就构成了一个关系数据库。

对丁关系数据库也要分清型和值的概念。关系数据库的型即数据库的描述(关系模式)。它包括若干域的定义以及在这些域上定义的若干关系模式。关系数据库的值是这些关系模式在某一时刻对应的关系集合。数据库的型也称为数据库的内容。数据库的值也称为数据库的外延。关系模式是稳定的,而关系是随时间不断变化的,因为数据库中的数据在不断更新。因此,在数据库中,关系模式是型,关系是值,二者通常统称为关系数据库。

2.3 关系数据操作

关系数据操作是描述在关系数据结构上的操作类型与操作方式,是对系统动态行为的描述。一般分为数据查询和数据操纵(更新)两大类。数据查询操作是对数据库进行各种检索,包括选择、投影、连接、除、并、差、交、笛卡儿积等查询操作。其中,基本操作有:选择、投影、并、差、笛卡儿积。数据操纵操作也称为数据更新,分为数据删除、数据插入和数据修改三种基本操作。

关系操作的特点是集合操作方式,即操作的对象和结果都是集合,这种方式也称为一次一集合的方式。而非关系数据模型的数据操作方式则为一次一记录的方式。

数据库的操作是通过语言来实现的。关系数据库抽象层次上的关系查询语言可分为三类:关系代数、关系演算和SQL,它们都是非过程化的查询语言。关系代数用对关系的运算来表达查询要求,关系演算则用谓词来表达查询要求。而SQL则是具有关系代数和关系演算双重特点的语言。它不仅具有丰富的查询功能,而且具有数据定义和数据控制功能,是集查询、数据定义语言、数据操纵语言和数据控制语言(DCL)于一体的关系数据语言。它是关系数据库的标准语言。

2.4 关系的完整性

关系模型的完整性规则是对关系的某种约束条件。关系模型中有三类完整性约束:实体完整性、参照完整性和用户定义的完整性。其中,实体完整性和参照完整性是关系的两个不变性,是关系模型必须满足的完整性约束条件,应该由关系系统自动支持。用户定义的完整性是某一具体应用领域中要遵循的完整性约束条件。

2.4.1 实体完整性

2 实体完整性

实体完整性规则:若属性(指一个或一组属性)A 是基本关系 R 的主属性,则 A 不能取空值。

所谓空值就是"不知道"或"不存在"或"无意义"的值。现实世界中的一个实体集就是一个基本关系,如商品的集合就是一个实体,对应商品关系。实体是可区分的,因此关系数据库中每个元组应该是可区分的,是唯一的。相应地,关系模型以主码作为唯一性标识。主码中的属性即主属性不能取空值。如果主属性取空值,就说明存在某个不可标识的实体,即存在不可区分的实体。所以,如果主码由若干属性组成,则所有这些主属性不能取空值,从而实体完整性保证了实体的可区分性。另外,现实世界中实体的可区分性在关系中是以主码的唯一性来保障的,所以主属性不能取空值。因此实体完整性能够保证实体的唯一性。

2.4.2 参照完整性

2 参照完整性

现实世界中,实体与实体之间往往存在某种联系,在关系模型中实体与实体间的联系都是用关系来描述的,这就存在着关系与关系之间的引用。先看以下例子。

【例 2-3】 校园超市中的商品实体和供应商实体可以用下面的关系来表示,其中,主码用下画线标识。

商品(<u>商品编码</u>,供应商编码,商品分类,商品名,条形码,进价,售价,数量,单位,备注)
供应商(<u>供应商编码</u>,供应商名,地址,联系人,电话)

这两个关系之间存在着属性的引用,即商品关系引用了供应商关系的主码"供应商编码"。显然,商品关系中的"供应商编码"值必须是确实存在的供应商的编码,即供应商关系中有该供应商的记录。换言之,商品关系中的某个属性的取值需要参照供应商关系的属性取值。

【例 2-4】 学生、商品、学生与商品之间的多对多联系可以用下面的三个关系表示。
学生(<u>学号</u>,姓名,出生年份,性别,学院,专业,微信号)
商品(<u>商品编码</u>,供应商编码,商品分类,商品名,条形码,进价,售价,数量,单位,备注)
销售(<u>商品编码</u>,<u>学号</u>,销售时间,数量)

这三个关系之间也存在着属性的引用,即销售关系引用了学生关系的主码"学号"和商品关系的主码"商品编码"。同样,销售关系中的"学号"值必须是确实存在的学生的学号,即学生关系中有该学生的记录;销售关系中的"商品编码"值也必须是确实存在的商品的商品编码,即商品关系中有该商品的记录。换言之,销售关系中某些属性的取值需要参照其他关系的属性取值。

上面的例子说明关系与关系之间存在着相互引用,相互约束的情况。下面先引入外码的概念,然后给出表达关系之间相互引用约束的参照完整性的定义。

定义 2.5 设 F 是基本关系 R 的一个或一组属性,但不是关系 R 的码,K 是基本关系 S 的主码。如果 F 与 K 相对应,则称 F 是 R 的外码,并称基本关系 R 为参照关系,基本关系 S 为被参照关系或目标关系。R 和 S 不一定是不同的关系。这里,目标关系 S 的主码 K

和参照关系 R 的外码 F 必须定义在同一个(或同一组)域上。

在例 2-3 中,商品关系的"供应商编码"属性与供应商关系的主码"供应商编码"相对应,因此"供应商编码"属性是商品关系的外码。这里供应商关系是被参照关系,商品关系为参照关系。

在例 2-4 中,销售关系的"商品编码"属性与商品关系的主码"商品编码"相对应,销售关系的"学号"与学生关系的"学号"相对应,因此"商品编码"和"学号"属性是销售关系的外码。这里商品关系和学生关系均为被参照关系,销售关系为参照关系。

外码并不一定要与相应的主码同名。不过在实际应用中,为了便于识别,当外码与相应的主码属于不同关系时,往往给它们取相同的名字。参照完整性规则就是定义外码与主码之间的引用规则。

参照完整性规则:若属性(或属性组)F 是基本关系 R 的外码,它与基本关系 S 的主码 K 相对应(基本关系 R 和 S 不一定是不同的关系),则对于 R 中每个元组在 F 上的值必须为:或者取空值(F 的每个属性值均为空值),或者等于 S 中某个元组的主码值。

例如,对于例 2-3,商品关系中每个元组的"供应商编码"属性只能取下面两类值。

(1) 空值,表示该商品的供应商还未确定。

(2) 非空值,这时该值必须是供应商关系中某个元组的"供应商编码"值,表示该商品不可能由一个不存在的供应商供货。即被参照关系"供应商"中一定存在一个元组,它的主码值等于该参照关系"商品"中的外码值。

然而,并不是所有的外码都可以取空值。例如对于例 2-4,按照参照完整性规则,"商品编码"和"学号"属性也可以取两类值:空值或目标关系已经存在的值。但由于"商品编码"和"学号"是销售关系中的主属性,按照实体完整性规则,它们均不能取空值,所以销售关系中的"商品编码"和"学号"属性实际上只能取相应被参照关系中已经存在的主码值。

2.4.3 用户定义的完整性

2 用户定义
的完整性

实体完整性和参照完整性分别定义了对主码的约束和对外码的约束,适用于任何关系数据库系统。此外,不同的关系数据库系统根据其应用环境不同,往往还需要一些特殊的约束条件,体现具体领域中的语义约束,被称为用户定义的完整性。

用户定义的完整性:针对某一具体应用环境,给出关系数据库的约束条件,这些约束条件就是反映某一具体应用所涉及的数据必须满足的语义要求。

例如,某个属性必须取唯一值,某个非主属性不能取空值,学生的性别属性取值只能是"男"或者"女"等。

对于这类完整性,关系模型只提供定义和检验这类完整性的机制,以使用户能够满足自己的需求,而关系模型自身并不去定义任何这类完整性规则。

2.5 关 系 代 数

关系代数是一种抽象的查询语言,它包括一个运算集合,这些运算的输入是一个或两个关系,得到的输出结果是一个新关系。

关系代数的运算按运算符的不同可分为传统的集合运算和专门的关系运算两类。

其中,传统的集合运算将关系看成元组的集合,其运算是从关系的"水平"方向即行的角度来进行。而专门的关系运算不仅涉及行而且涉及列。

2.5.1 传统的集合运算

传统的集合运算主要包括并、交、差、广义笛卡儿积这四种运算。

1. 并

如果 R 和 S 都是关系,具有相同的目 n,且相应的属性取自同一个域,则 R 与 S 的并是由属于 R 或属于 S 的元组组成,其结果仍为 n 目关系,用 $R \cup S$ 表示集合并运算。记作:

$$R \cup S = \{t \mid t \in R \lor t \in S\}$$

集合并运算就是把两个关系中所有的元组集中在一起,形成一个新的关系。图 2-3 的深色部分表示了 $R \cup S$ 的运算结果。

【例 2-5】 有关系 R 和 S,如表 2-4 和表 2-5 所示,求 $R \cup S$。

$R \cup S$ 如表 2-6 所示。

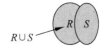

图 2-3　$R \cup S$ 的运算结果

表 2-4　关系 R

X	Y
x_1	y_1
x_2	y_2

表 2-5　关系 S

X	Y
x_3	y_4
x_2	y_2

表 2-6　$R \cup S$

X	Y
x_1	y_1
x_2	y_2
x_3	y_4

2. 交

如果 R 和 S 都是关系,具有相同的目 n,且相应的属性取自同一个域,则 R 与 S 的交是由既属于 R 又属于 S 的元组组成,其结果仍为 n 目关系,用 $R \cap S$ 表示集合交运算。记作:

$$R \cap S = \{t \mid t \in R \land t \in S\}$$

集合交运算就是在最后的关系中,包含两个集合中共同的元组。图 2-4 的阴影部分表示了 $R \cap S$ 的运算结果。

【例 2-6】 如表 2-4 和表 2-5 所示的关系 R 和 S,求 $R \cap S$。

$R \cap S$ 如表 2-7 所示。

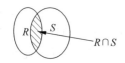

图 2-4　$R \cap S$ 的运算结果

表 2-7　$R \cap S$

X	Y
x_2	y_2

3. 差

如果 R 和 S 都是关系,具有相同的目 n,且相应的属性取自同一个域,则 R 与 S 的差表示由属于 R 但不属于 S 的元组组成,其结果仍为 n 目关系,用 R-S 表示关系 R 和 S 的差。记作:

$$R\text{-}S = \{t \mid t \in R \land t \notin S\}$$

图 2-5 的深色部分表示了 R-S 的运算结果。

【例 2-7】 如表 2-4 和表 2-5 所示的关系 R 和 S,求 R-S。

R-S 如表 2-8 所示。

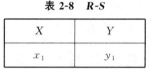

表 2-8　*R-S*

X	Y
x_1	y_1

图 2-5　*R-S* 的运算结果

4. 广义笛卡儿积

如果 R 和 S 都是关系,分别是 n 目和 m 目,则 R 和 S 的广义笛卡儿积是一个($n+m$)列的元组的集合。元组的前 n 列是关系 R 的一个元组,后 m 列是关系 S 的一个元组。如果 R 有 k_1 个元组,S 有 k_2 个元组,则关系 R 和关系 S 的广义笛卡儿积有 $k_1 \times k_2$ 个元组。记作:

$$R \times S = \{ \mathrm{tr} \frown \mathrm{ts} \mid \mathrm{tr} \in R \wedge \mathrm{ts} \in S \}$$

【例 2-8】　如表 2-4 和表 2-5 所示的关系 R 和 S,求 R 与 S 的广义笛卡儿积。

R 与 S 的广义笛卡儿积如表 2-9 所示。

表 2-9　**R 与 S 的广义笛卡儿积**

R.X	R.Y	S.X	S.Y
x_1	y_1	x_3	y_4
x_1	y_1	x_2	y_2
x_2	y_2	x_3	y_4
x_2	y_2	x_2	y_2

2.5.2　专门的关系运算

2 关系运算的几个记号

专门的关系运算包括选择、投影、连接、除等。为便于叙述,下面先引入几个记号。

(1) 设关系模式为 $R(A_1, A_2, \cdots A_n)$,它的一个关系设为 R。$t \in R$ 表示 t 是 R 的一个元组,$t[A_i]$ 则表示元组 t 中相应于属性 A_i 的一个分量。

(2) 若 $A = \{A_{i1}, A_{i2}, \cdots, A_{ik}\}$,其中,$A_{i1}, A_{i2}, \cdots, A_{ik}$ 是 $A_1, A_2, \cdots, A_n$ 中的一部分,则 A 称为属性列或域列。则 $t[A] = (t[A_{i1}], t[A_{i2}], \cdots, t[A_{ik}])$ 表示元组 t 在属性列 A 上诸分量的集合。$\tilde{A}$ 则表示 $\{A_1, A_2, \cdots, A_n\}$ 中去掉 $\{A_{i1}, A_{i2}, \cdots, A_{ik}\}$ 后剩下的属性组。

(3) R 为 n 目的关系,S 为 m 目关系。$\mathrm{tr} \in R$,$\mathrm{ts} \in S$,$\mathrm{tr} \frown \mathrm{ts}$ 称为元组的连串。它是一个 $n+m$ 列的元组,前 n 个分量为 R 中的一个 n 元组,后 m 个分量为 S 中的一个 m 元组。

(4) 给定一个关系 $R(X, Z)$,X 和 Z 为属性组,定义,当 $t[X] = x$ 时,x 在 R 中的像集为:$Z_x = \{t[Z] \mid t \in R, t[X] = x\}$,表示 R 中属性组 X 上的值为 x 的诸元组在 Z 上分量的集合。

例如,关系 R 如表 2-10 所示。

表 2-10　**关系 R**

X	Z
x_1	z_1
x_2	z_2
x_1	z_3
x_1	z_5
x_2	z_6
x_3	z_4

x_1 在 R 中的像集 $Z_{x1} = \{z_1, z_3, z_5\}$。

x_2 在 R 中的像集 $Z_{x2} = \{z_2, z_6\}$。

x_3 在 R 中的像集 $Z_{x3} = \{z_4\}$。

下面给出这些专门的关系运算的定义。

1. 选择运算

选择运算又称为限制运算。它是在关系 R 中选择满足条件的元组,记作:

$$\sigma_C(R) = \{t \mid t \in R \land C(t) = '真'\}$$

选择运算是对单个关系 R 进行的运算,它将产生一个包含关系 R 中部分元组的新关系。新关系中的元组部分满足指定的条件 C,该条件与关系 R 的属性有关。其中,C 是一个逻辑表达式,取逻辑值"真"或"假"。

设有一个校园超市数据库,包括商品关系 Goods,学生关系 Student,销售关系 SaleBill,如图 2-6 所示,以下多个例子将基于这三个关系。

Goods

商品编码 GoodsNO	供应商编码 SupplierNO	商品分类 CategoryNO	商品名 GoodsName	进价 InPrice	售价 SalePrice	数量 Number	单位 Unit
GN0001	Sup001	CN001	优乐美奶茶	2.5	3.5	100	杯
GN0002	Sup002	CN001	雀巢咖啡	4	5.8	50	瓶
GN0005	Sup003	CN005	飘柔洗发水	15	19.8	65	瓶
GN0007	Sup005	CN007	小绵羊被套	120	150	28	套

Student

学号 SNO	姓名 SName	出生年份 BirthYear	性别 Gender	学院 College	专业 Major	微信号 WeiXin
S01	李明	1999	男	CS	IT	wx001
S02	徐好	1998	女	CS	MIS	wx002
S03	伍民	1996	男	CS	MIS	wx003
S04	闵红	1997	女	ACC	AC	wx004
S05	张小红	1997	女	ACC	AC	wx005

SaleBill

商品编码 GoodsNO	学号 SNO	销售时间 HappenTime	数量 Number
GN0001	S01	2018-06-09	3
GN0001	S02	2018-05-03	1
GN0001	S03	2018-04-07	1
GN0002	S02	2018-05-08	2
GN0002	S05	2018-06-26	2
GN0003	S05	2018-06-01	1

图 2-6　校园超市数据库

【例 2-9】　查询计算机学院(CS)的学生。

$$\sigma_{College = 'CS'}(Student)$$

其结果如表 2-11 所示。

表 2-11　来自 CS 学院学生的信息

SNO	SName	BirthYear	Gender	College	Major	WeiXin
S01	李明	1999	男	CS	IT	wx001
S02	徐好	1998	女	CS	MIS	wx002
S03	伍民	1996	男	CS	MIS	wx003

关系数据库

【例 2-10】 查询信息管理专业的女学生信息。

$$\sigma_{\text{Major}='\text{MIS}' \wedge \text{Gender}='女'}(\text{Student})$$

其结果如表 2-12 所示。

表 2-12 来自信息管理专业的女学生信息

SNO	SName	BirthYear	Gender	College	Major	WeiXin
S02	徐好	1998	女	CS	MIS	wx002

选择运算实际上是从关系 R 中选取使逻辑表达式 C 为真的元组。这是从行的角度进行的运算。这种运算方式示意图如图 2-7 所示。

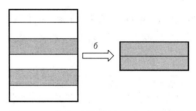

图 2-7 选择运算的运算方式示意图

2. 投影运算

2 投影运算

投影运算也是对单个关系 R 进行的运算,它将产生一个只有某些列的新关系。也就是说,投影是从 R 中选择出若干属性列组成新的关系。记作:

$$\pi_A(R) = \{t[A] \mid t \in R\}$$

其中,A 为 R 中的属性列。

【例 2-11】 查询商品的名称和售价。

$$\pi_{\text{GoodsName,SalePrice}}(\text{Goods})$$

结果如表 2-13 所示。

【例 2-12】 查询现有专业。

$$\pi_{\text{Major}}(\text{Student})$$

结果如表 2-14 所示。

表 2-13 商品名和售价

GoodsName	SalePrice
优乐美奶茶	3.5
雀巢咖啡	5.8
飘柔洗发水	19.8
小绵羊被套	150

表 2-14 专业

Major
IT
MIS
AC

投影操作是从列的角度进行的运算。它不仅涉及列,还涉及行。这种运算方式示意图如图 2-8 所示。

3. 连接运算

2 连接运算

选择和投影运算都是对单个关系进行的运算。在通常情况下,需要从两个关系中选择满足条件的元组数据。连接运算就是这样一种运算形式。

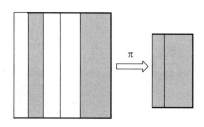

图 2-8　投影运算的运算方式示意图

连接可以分为 θ 连接、等值连接和自然连接。

1）θ 连接运算

如果 $A_1, A_2, \cdots, A_n$ 和 $B_1, B_2, \cdots, B_n$ 分别是在 R 和 S 关系上的可比属性，那么当且仅当 R 中的元组 r 在属性 $A_1, A_2, \cdots, A_n$ 上和 S 中的元组 s 在属性 $B_1, B_2, \cdots, B_n$ 上满足给定条件时，R 中的元组 r 和 S 中的元组 s 才能组合在一起，形成一个新的关系。这种运算形式称作 θ 连接，记作：

$$R \underset{A\theta B}{\bowtie} S = \{\widehat{\text{tr ts}} \mid \text{tr} \in R \wedge \text{ts} \in S \wedge \text{tr}[A]\theta\text{ts}[B]\}$$

其中，A 和 B 分别是关系 R 和 S 中度数相等且可比的属性组，θ 是比较运算符，可以为 $>$、$<$、$\geqslant$、$\leqslant$、$\neq$。

θ 连接运算步骤可分为以下两步。

（1）求 $R \times S$。

（2）选择 R 中属性 A 和 S 中属性 B 满足条件的元组组成新关系即为连接运算的结果。

【例 2-13】 设有关系 R 和 S 如表 2-15 和表 2-16 所示，求 $R \underset{R.Y > S.Y}{\bowtie} S$。

表 2-15　关系 R

X	Y
x_1	1
x_1	3
x_2	5
x_3	7

表 2-16　关系 S

Y	Z
2	z_1
3	z_2
7	z_5

结果如表 2-17 所示。

表 2-17　例 2-13 的运算结果

X	$R.Y$	$S.Y$	Z
x_1	3	2	z_1
x_2	5	2	z_1
x_2	5	3	z_2
x_3	7	2	z_1
x_3	7	3	z_2

θ 连接操作是从行的角度进行运算，其运算方式示意图如图 2-9 所示。

2）等值连接运算

θ 为"="的连接运算称为等值连接。关系 R 与 S 的等值连接是从 R 和 S 的广义笛卡

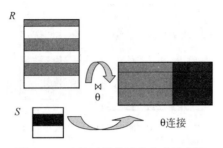

图 2-9   θ 连接运算的运算方式示意图

儿积 $R \times S$ 中选取 A 与 B 等值的那些元组形成的关系。

3）自然连接运算

如果 $A_1, A_2, \cdots, A_n$ 是在 R 和 S 关系上都有公共属性，那么当且仅当 R 中的元组 r 和 S 中的元组 s 在属性 $A_1, A_2, \cdots, A_n$ 上都完全一致时，R 中的元组 r 和 S 中的元组 s 才能组合在一起，形成一个新的关系。这种运算形式称为自然连接运算。

自然连接运算也可以说是一种特殊的等值连接，它要求两个关系中进行比较的分量必须是相同的属性组，并且在结果中把重复的属性列去掉。即若 R 和 S 具有相同的属性组 A，则自然连接可记作：

$$R \bowtie S = \{\widehat{\text{tr ts}} \mid \text{tr} \in R \wedge \text{ts} \in S \wedge \text{tr}[A] = \text{ts}[A]\}$$

如果自然连接中元组 r 和元组 s 成功地匹配，那么成对的结果元组称为连接元组。在连接元组中，每一个分量都对应着关系 R 和 S 的并集中的一个属性。连接元组在关系 R 的每一个属性上和元组 r 一致，而在关系 S 的每一个属性上和元组 s 一致。

自然连接运算步骤可分为以下三步。

（1）求 $R \times S$。

（2）选择公共属性 A 相等的元组组成新关系。

（3）在新关系中去掉重复的属性即为所求。

【例 2-14】 求例 2-13 中关系 R 和 S 的等值连接和自然连接。

例 2-14 运算结果如表 2-18 和表 2-19 所示。

表 2-18 $R \underset{R.Y=S.Y}{\bowtie} S$

X	$R.Y$	$S.Y$	Z
x_1	3	3	z_2
x_3	7	7	z_5

表 2-19 $R \bowtie S$

X	Y	Z
x_1	3	z_2
x_3	7	z_5

自然连接需要取消重复列，所以是同时从行和列的角度进行运算，其运算方式示意图如图 2-10 所示。

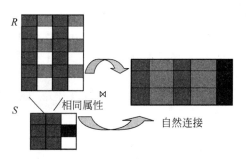

图 2-10　自然连接运算的运算方式示意图

4. 除运算

除运算也是两个关系之间的运算。设有关系 $R(X,Y)$ 和 $S(Y,Z)$，其中，X、Y、Z 可以是单个属性或属性集，则 $R \div S$ 得到一个新的关系 $P(X)$，$P(X)$ 由 R 中某些 X 属性值构成，这些属性值满足：元组在 X 上分量值 x 的像集 Y_x 包含 S 在 Y 上投影的集合。记作：

2 除运算

$$R \div S = \{r \cdot X \mid r \in R \wedge Y_x \supseteq S\}$$

【例 2-15】　设有两个关系 R 和 S 如表 2-20 和表 2-21 所示，求 $R \div S$。

根据表 2-20 中数据，R 中的 SNO 可以取四个值 $\{S01, S02, S03, S05\}$。其中：

S01 的像集为：$\{GN0001\}$

S02 的像集为：$\{GN0001, GN0002\}$

S03 的像集为：$\{GN0001\}$

S05 的像集为：$\{GN0002, GN0005\}$

而 S 在 GoodsNO 上的投影为：$\{GN0001, GN0002\}$

显然，只有 S02 的像集 $(GoodsNO)_{S02}$ 包含 S 在 $(GoodsNO)$ 上的投影，所以 $R \div S = \{S02\}$，其结果如表 2-22 所示。

表 2-20　关系 R

GoodsNO	SNO
GN0001	S01
GN0001	S02
GN0001	S03
GN0002	S02
GN0002	S05
GN0003	S05

表 2-21　关系 S

GoodsNO
GN0001
GN0002

表 2-22　例 2-15 的运算结果

SNO
S02

例 2-15 中 $R \div S$ 的含义表示至少购买了 GN0001 和 GN0002 号商品的学生学号。

2.5.3　关系代数检索实例

以下再以校园超市数据库为例，介绍关系代数检索的实例。

【例 2-16】　查询购买了 GN0001 商品的学生学号。

$$\Pi_{SNo}(\sigma_{GoodsNo='GN0001'}(SaleBill)) = \{S01, S02, S03\}$$

本例先对销售关系做选择运算，选出购买了 GN0001 的销售信息，然后再做投影运算得到学生学号。

【例 2-17】 查询购买了 GN0001 商品的学生姓名。

$$\Pi_{SName}(\sigma_{GoodsNo='GN0001'}(SaleBill) \bowtie Student) = \{李明,徐好,伍民\}$$

本例首先求出购买了 GN0001 的销售信息,然后与学生关系进行自然连接,得到了一个新关系,再对该新关系进行投影,得到学生的姓名。

例 2-17 也可以先对销售关系和学生关系进行自然连接,然后进行选择运算,最后再投影得到结果。这说明利用关系代数进行检索的表达式并不是唯一的,可以选择一种最优的方式,这是查询优化讨论的内容。

【例 2-18】 查询购买了优乐美奶茶或雀巢咖啡的学生姓名。

$$\Pi_{SName}(\sigma_{GoodsName='优乐美奶茶' \vee GoodsName='雀巢咖啡'}(Goods \bowtie SaleBill) \bowtie Student)$$
$$= \{李明,徐好,伍民,张小红\}$$

本例是首先将商品关系和销售关系进行自然连接,并做选择运算,得到一个新关系,包括商品名为"优乐美奶茶"或者"雀巢咖啡"的商品信息和相应的销售信息。然后再将新关系与学生关系做自然连接,可以求得购买了这两种产品的学生基本信息,最后做投影运算得到这些学生的姓名。

【例 2-19】 查询没有购买任何商品的学生信息。

$$Student \bowtie (\Pi_{SNo}(Student) - \Pi_{SNo}(SaleBill))$$
$$= \{(S04,闵红,1997,女,ACC,AC,wx004)\}$$

本例先分别对学生关系和销售关系的学号进行投影,再通过一个差运算得到没有购买任何商品的学号,最后将这些学号所构成的新关系与学生关系进行自然连接,即得到了没有购买任何商品的学生的信息。

【例 2-20】 查询购买了所有类别为 CN001 的商品的学生信息。

$$Student \bowtie (\Pi_{GoodsNO,SNo}(SaleBill) \div \Pi_{GoodsNO}(\sigma_{CategoryNO='CN001'}(Goods)))$$

本例首先对商品关系进行选择运算得到所有类别为 CN001 的商品的信息,并通过投影运算得到这些商品的商品编码,然后对销售关系在商品编码和学号上进行投影后,对这个由 CN001 类别的商品编码组成的新关系进行除运算,表示求购买了所有这些产品的学号,最后将其与学生关系进行自然连接运算,即得到了购买了所有类别为 CN001 的商品的学生信息。

本节介绍了关系代数中传统的集合并、交、差、广义笛卡儿积运算和专门的选择、投影、连接和除的关系运算。关系代数中,这些运算经有限次复合后可以形成关系代数表达式。其中,并、差、广义笛卡儿积、选择和投影这五种运算为基本运算,其他三种运算均可以用这五种运算来表达。关系代数为后续课程 SQL 语句的介绍打下了理论基础。

小　结

本章主要对关系数据库进行了概述,详细介绍了关系数据模型的组成要素,这也是本章的重点。关系数据模型的数据结构是关系,本章给出了关系的形式化定义,即关系是笛卡儿积的有限子集。关系数据模型的数据操作主要有查询、插入、删除、修改操作。关系数据模型的完整性约束主要有实体完整性约束、参照完整性约束、用户定义的完整性约束。其中,实体完整性和参照完整性是所有关系数据库都必须遵循的完整性约束条件,称为关系的两个不变性。用户定义的完整性则是根据具体应用领域的需求而必须满足的完整性约束条件。

关系代数是本章的另一个重点,主要包括传统的集合运算:并、交、差、广义笛卡儿积,以及专门的关系运算:选择、投影、连接和除运算。本章对关系代数的各种运算进行了讲解,并通过实例一一详细介绍。

本章内容是关系数据库的最基本理论,是学习其他相关理论的基础。

习　　题

一、单项选择题

1. 设关系 R 和 S 的元组个数分别为 50 和 100,关系 T 是 R 与 S 的笛卡儿积,则 T 的元组个数是(　　)。

  A. 150   B. 10000   C. 5000   D. 2500

2. 下面对于关系的叙述中,(　　)是不正确的。

  A. 关系中的每个属性是不可分解的

  B. 在关系中行的顺序是无关紧要的

  C. 在关系中列的顺序无所谓

  D. 两个元组可以完全相同

3. 下面关于关系和关系模式的叙述中,(　　)是正确的。

  A. 关系数据库中,关系是型,关系模式是值

  B. 关系模式是随时间不断变化的

  C. 关系是稳定的

  D. 关系是关系模式在某一时刻的状态或内容

4. 若属性 A 是基本关系 R 的主属性,则属性 A 不能取空值,这是(　　)。

  A. 实体完整性规则   B. 参照完整性规则

  C. 用户完整性规则   D. 自定义完整性规则

5. 关系数据库中,实现实体之间的联系是通过表与表之间的(　　)。

  A. 公共索引   B. 公共存储

  C. 公共元组   D. 公共属性

6. 根据外码的定义,外码必须为一个表的(　　)。

  A. 任意属性   B. 任意属性组

  C. 主码   D. 全部属性

7. 唯一值约束是属于关系完整性约束条件中的(　　)。

  A. 实体完整性   B. 参照完整性

  C. 用户定义的完整性   D. 引用完整性

8. 在关系代数中,从两个关系的笛卡儿积中选取它们属性间满足一定条件的元组的操作,称为(　　)。

  A. 投影   B. 选择

  C. 自然连接   D. θ 连接

9. 关系代数操作中有五种基本操作,它们是(　　　)。

    A. 并、差、交、连接和除

    B. 并、差、笛卡儿积、投影和选择

    C. 并、交、连接、投影和选择

    D. 并、差、交、投影和选择

10. 如果用其他运算来重新定义自然连接,应该使用(　　　)。

    A. 选择、投影   B. 选择、笛卡儿积

    C. 投影、笛卡儿积   D. 选择、投影、笛卡儿积

二、简答题

1. 试述关系模型的三个组成部分。

2. 简述笛卡儿积和关系的联系与区别。

3. 简述关系、关系模式、关系数据库的联系与区别。

4. 关系模型的完整性规则有哪些?

5. 在参照完整性规则中,什么情况下外码的取值可以为空?

6. 两个关系的并、交、差运算有什么约束?

7. 选择运算是一种什么运算?它主要是从关系的什么角度进行的运算?

8. 投影运算是一种什么运算?它主要是从关系的什么角度进行的运算?

9. 简述各种 θ 连接的含义和用途。

10. 传统的集合运算与专门的关系运算有哪些?哪些是基本运算?哪些运算可以由其他运算推导出来?

三、综合题

1. 有关系 R 和 S 如表 2-23 所示,求 $R \cup S$,$R \cap S$ 和 $R\text{-}S$。

表 2-23　R 和 S 的关系表

R	
A	B
a_1	b_1
a_1	b_3
a_2	b_3
a_3	b_2

S	
A	B
a_1	b_1
a_1	b_2
a_2	b_3

2. 设职工参加社会团体关系如表 2-24～表 2-26 所示。其中,关系 R 表示职工信息表,关系 S 表示社团信息表,关系 RS 表示职工参加社团关系表。请用关系代数完成如下查询。

表 2-24　R 关系表

职 工 号	姓 名	年 龄	性 别
1001	张晓	35	女
1002	周勇	28	男
1003	王飞	33	男
1004	孙易	30	男
1005	李佳	40	男

表 2-25　S 关系表

编　　　号	名　　称	负　责　人
S01	唱歌队	1001
S02	篮球队	1002
S03	排球队	1004
S04	桥牌队	1005

表 2-26　RS 关系表

职　工　号	编　　　号	参　加　日　期
1001	S01	20050215
1002	S02	20050721
1003	S02	20051010
1003	S01	20050612
1004	S03	20050325
1003	S03	20050819
1005	S04	20060112

（1）查询所有职工的职工号和年龄。

（2）查询年龄小于 30 岁的职工姓名。

（3）查询所有社团的名称和负责人。

（4）查询至少参加了两个社团的职工号。

（5）查询参加了唱歌队或篮球队的职工号和姓名。

（6）查询参加了唱歌队和篮球队的职工号和姓名。

（7）查询 2006 年以前参加社团的职工编号。

（8）查询没有参加任何团体的职工情况。

（9）查询参加了全部社会团体的职工情况。

（10）查询参加了职工号为"1001"的职工所参加的全部社会团体的职工号。

第3章 SQL

SQL(Structed Query Language,结构化查询语言)是操作关系数据库的通用语言。虽然 SQL 名为查询语言,但不只支持数据库查询操作,其功能还包括数据定义、数据操纵、数据控制等。

SQL 成为国际标准语言以来,各数据库厂商纷纷推出各自的 SQL 软件或与 SQL 的接口软件。虽然各个数据库厂商附带的 SQL 软件产品对 SQL 的支持很相似,但也存在一定的差异。本章主要介绍 Microsoft SQL Server 支持的 SQL。

3.1 SQL 概述

3.1.1 SQL 的产生与发展

IBM 研究人员在 20 世纪 70 年代研究出 SQL 原型,命名为 SEQUEL(Structured English Query Language),并在 IBM 公司研制的关系数据库管理系统原型 System R 上应用成功。由于 SQL 简单易学、功能强大,被数据库厂商广泛采用,SQL 也因此发展迅速。1986 年 10 月,美国国家标准局(American National Standard Institute,ANSI)采用 SQL 作为关系数据库管理系统的标准语言,其标准随后被国际标准化组织(International Organization for Standardization,ISO)采纳为国际标准。

在不断的发展中,SQL 经历了 SQL/86、SQL/89、SQL/92、SQL/99、SQL/2003、SQL/2008、SQL/2011 等版本。SQL 标准的内容越来越多,也越来越复杂,现在的 SQL 标准已经包括 SQL 框架、SQL 调用接口、SQL 永久存储模块、SQL 宿主语言绑定、SQL 外部数据管理、XML 相关规范等内容。

3.1.2 SQL 的特点

SQL 是一个综合、功能强大又简单易学的语言,从数据库定义到数据库维护都提供了相应功能。其主要特点如下。

1. 一体化

不论使用 SQL 完成何种功能,其语法结构统一,这为数据库应用系统的开发提供了良好的使用环境。用户还可以在数据库系统投入使用后,根据需要修改模式而不影响数据库运行,从而使数据库系统具有良好的可扩展性。

2. 高度非过程化

用户只需要使用 SQL 语句提出"做什么",而不需要知道"怎么做"。中间的执行过程由数据库管理系统自动完成。这不但减轻了用户负担,而且提高了数据独立性。

3. 语言简洁

SQL 使用为数不多的命令,就能完成所有功能。SQL 的语法简单,接近英语语法,简单易学。

4. 多种使用方式

SQL 可以直接以命令形式使用,也可以嵌套在多种程序开发语言中使用。现在很多高级语言(例如 Java,C++,C♯)均提供了使用 SQL 的模块,可以方便地在程序开发语言中使用 SQL 操作数据库数据。

3.1.3 SQL 功能概述

SQL 的功能主要包括:数据定义、数据查询、数据操纵、数据控制。各功能对应的命令如表 3-1 所示。

表 3-1　SQL 包含的主要命令

SQL 功能	对 应 命 令
数据定义	CREATE、DROP、ALTER
数据查询	SELECT
数据操纵	INSERT、UPDATE、DELETE
数据控制	GRANT、REVOKE、DENY

数据定义功能用于定义、修改、删除数据库中的对象,这些对象包括表、视图、索引等。数据查询功能用于从数据库中获取满足查询条件的数据。数据操纵功能包括添加、修改、删除数据等功能。数据控制用于管理数据库用户的操作权限,保证数据库的完整性与安全性。

3.2　数 据 定 义

数据库中存在多种数据对象,SQL Server 就包含数据库、表、视图、索引、触发器、存储过程、函数等对象。

3.2.1 数据库定义及维护

从存储的角度看,SQL Server 数据库中的所有数据、对象和事务日志均以文件的形式保存。根据作用不同,这些文件可分为数据文件与事务日志文件。数据文件可根据数据存储需要进行组织,除了必需的一个主数据文件,还可以包括一个或多个次数据文件。

主数据文件用于存储数据库的系统表,数据库对象启动信息和数据库数据。所有数据库只能有一个主数据文件,其文件扩展名为 mdf。

次数据文件用于存储主数据文件中未存储的数据和数据对象。一个数据可有一个或多个次数据文件,其文件扩展名为 ndf。

事务日志文件用于记录对数据库的操作情况。对数据库执行的插入、删除、更新等操作都会记录在文件中。必要时可以根据日志文件恢复数据库。每个数据库至少有一个事务日志文件,其文件扩展名为 ldf。

一旦建立数据库文件,则在 SQL Server 资源管理器目录菜单中就会显示该数据库对象及其包含的数据表、视图等子项。在 SQL Sever 2012 环境中,已建好的数据库 supermarket 如图 3-1 所示。

创建数据库时,SQL Server 首先将系统数据库 model 的内容复制到新数据库,然后使用空页填充新数据库剩余部分。model 数据库中的对象均被复制到新数据库中,其数据库选项也被新数据库继承。在 SQL Server 2012 中,可以使用 SQL Server Management Studio 管理平台和 SQL 语句来建立数据库对象。下面介绍使用 SQL 语句建立数据库对象。

1. 数据库定义

数据库使用 CREATE DATABASE 语句实现,其一般格式如下。

```
CREATE DATABASE database_name
[ ON
    (NAME = logical_file_name,
[, FILENAME = {'os_file_name'|'filestream_path'} ]
[, SIZE = size [ KB | MB | GB | TB] ] ]
[, MAXSIZE = { maxsize [ KB | MB | GB | TB ] | UNLIMITED  }]
[,FILEGROWTH = growth_increment[KB | MB | GB | TB | % ]
) ]
[ LOG ON
(NAME = logical_file_name,
[, FILENAME = {'os_file_name'|'filestream_path'} ]
[, SIZE = size [ KB | MB | GB | TB] ] ]
[, MAXSIZE = { maxsize [ KB | MB | GB | TB ] | UNLIMITED  }]
[,FILEGROWTH = growth_increment[KB | MB | GB | TB | % ]
) ]
```

图 3-1　数据库 supermarket 示意图

其中,database_name 表示新建数据库的名称,其命名遵循 SQL Server 标识符命名标准。如果在新建数据库时没有指定日志文件逻辑名,则 database_name 后加"-log"作为日志文件的逻辑名和物理名。

ON 后的语句是用来定义数据库数据文件的列表,LOG ON 后的语句为定义日志文件的列表。两个列表均包含文件逻辑名称 NAME,物理文件名称 FILENAME,文件初始大小 SIZE,最大文件大小 MAXSIZE,文件自动增量 FILEGROWTH。表示文件大小的单位默认为 MB。方括号([ ])中的内容表示可选,如果不选,则系统会使用默认值建立数据库。

下面举例说明。

【例 3-1】 创建一个只设置名称的数据库,数据库名称为 dbtest。

```
CREATE DATABASE  dbtest
```

在 SQL Server 2012 中,执行该命令后,会建立逻辑名称为 dbtest,初始大小为 5MB、增量 1MB 且增长无限制的数据文件,其物理文件名为 dbtest.mdf。也会建立逻辑名称为 dbtest_log,初始大小为 2MB、增量 10% 且最大为 2 097 152MB 的日志文件,其物理文件名为 dbtest_log.ldf。

【例 3-2】 创建一个包含数据文件和日志文件的数据库 sjkDB。已创建路径 E:\teaching。命名数据文件的逻辑名称为 sjkDB_data,物理文件名为 sjkDB_data.mdf,存放在上述已建立路径下，初始大小为 6MB，最大 60MB，自动增长增量为 2MB。命名数据库逻辑文件的逻辑名称为 sjkDB_log，物理文件名为 sjkDB_data.ldf，存放在上述已建立路径下，初始大小为 3MB，最大 30MB，自动增长增量为 1MB。

创建此数据库的 SQL 代码如下。

```
CREATE DATABASE sjkDB
ON
(NAME = sjkDB_data,
  FILENAME = 'E:\teaching\sjkDB_data.mdf',
  SIZE = 6,
  MAXSIZE = 60,
  FILEGROWTH = 2)
LOG ON
(NAME = sjkDB_log,
  FILENAME = 'E:\teaching\sjkDB_log.ldf',
  SIZE = 3,
  MAXSIZE = 30,
  FILEGROWTH = 1
  )
```

2. 数据库维护

数据库建立好后，可以使用 ALTER DATABASE 语句对其进行维护。下面简单举例说明，更多应用可以参考 SQL Server 2012 联机丛书。

【例 3-3】 修改数据库 sjkDB 中数据文件的初始大小，将其初始大小改为 9MB，最大为 120MB。

```
ALTER DATABASE sjkDB
MODIFY FILE
(NAME = sjkDB_data,
  SIZE = 9,
  MAXSIZE = 120
)
```

【例 3-4】 为数据库 sjkDB 添加新的日志文件，逻辑名称为 sjkDBlog1，存储路径为 E:\teaching，物理文件名为 sjkDBlog1.ldf，初始大小 3MB，增量 1MB，最大 20MB。

```
ALTER DATABASE sjkDB
ADD LOG FILE
(NAME = sjkDBlog1,
  FILENAME = 'E:\teaching\sjkDBlog1.ldf',
  SIZE = 3,
  MAXSIZE = 20,
  FILEGROWTH = 1
  )
```

【例 3-5】 将数据库 test 更名为 test_1。

```
ALTER DATABASE test
modify name = test_1
```

【例 3-6】 使用 DROP DATABASE 语句删除数据库 dbtest。

```
DROP DATABASE dbtest
```

3.2.2 表定义及维护

表是关系数据库中的基本对象,关系数据库的数据均存储在表中。在关系数据库中,每个关系都对应一个表,一个数据库包含一个或多个表。其他的对象,如视图、索引等均依附于表存在。

3 数据定义——基本表定义、删除

1. 表定义

SQL 使用 CREATE TABLE 语句定义基本表,其基本格式如下。

```
CREATE TABLE < table_name >
( < column_name > < data_type > [column_constraint]
[,< column_name > < data_type > [column_constraint]]
...
[,table constraint]
)
```

其中,table_name 是要定义的表名,column_name 是列名,每个表可以包含一列或多列。在定义表的时候可以定义列级完整性约束(column_constraint)。如果完整性约束涉及该表的多个列,则必须定义为表级完整性约束(table constraint)。

例 3-7～例 3-11 展示了定义一个校园超市数据库各表的较完整的 SQL 语句。该数据库的应用情景为校园超市,其会员用户假定为学生。为便于查询,设每个学生购买某种商品最多一次。该数据库包含学生表、商品表、销售表、商品种类和供应商表。本章后续例子也基于此数据库操作。

【例 3-7】 校园超市的顾客群体主要是学生,如下 SQL 代码实现了"学生"表的建立,字段含义依次是学号、姓名、出生年份、性别、学校、专业、微信号。

```
CREATE TABLE   Student (
    SNO                         varchar(20)   primary key,
    SName                       varchar(20),
    BirthYear                   int,
    Ssex                        varchar(2),
    College                     varchar(100),
    Major                       varchar(100),
    WeiXin                      varchar(100)
)
```

【例 3-8】 建立校园超市的"商品"表,字段含义依次是商品编号、供应商编号、商品种类编号、商品名、商品进价、售价、库存量、生产日期、保质期(月)。

```
CREATE TABLE Goods (
GoodsNO                         varchar(20)        primary key,
SupplierNO                      varchar(20),
CategoryNO                      varchar(20),
GoodsName                       varchar(100),
Barcode                         varchar(100),
InPrice                         decimal(18,2),
```

```
SalePrice                        decimal(18,2),
Number                           int,
ProductTime                      smalldatetime,
QGPeriod                         tinyint,
foreign key (CategoryNO)         references Category (CategoryNO),
foreign key (SupplierNO)         references Supplier (SupplierNO)
)
```

【例 3-9】 建立校园超市的"商品种类"表,字段含义依次为商品种类编号、商品名、商品描述。

```
CREATE TABLE Category (
    CategoryNO                   varchar(20)    primary key,
    CategoryName                 varchar(100),
    Description                  varchar(500)
    )
```

【例 3-10】 建立校园超市的"供应商"表,字段含义依次是供应商编号、供应商名、供应商地址、联系电话。

```
CREATE   TABLE Supplier (
    SupplierNO                   varchar(20)    primary key,
    SupplierName                 varchar(100),
    Address                      varchar(200),
    Telephone                    varchar(20)
)
```

【例 3-11】 建立校园超市的"销售"表,字段含义依次是商品编码、学号、销售时间、销售数量。

```
CREATE TABLE SaleBill (
    GoodsNO                      varchar(20),
    SNO                          varchar(20),
    HappenTime                   datetime,
    Number                       int,
 primary key (GoodsNO, SNO),
foreign key (GoodsNO)   references Goods (GoodsNO),
foreign key (SNO)   references Student (SNO)
)
```

2. 数据类型

在定义表结构时,需要指明每个列的数据类型。每种数据库产品支持的数据类型并不相同,与标准 SQL 也存在差异。

数据的类型决定了数据表中存储数据的存储空间和对这些数据能进行的运算,存储空间决定了数据的存储范围和精度。在 SQL Server 中,凡是具有值的数据对象,如表中的列、变量、函数的参数等,均应该给其定义数据类型。

SQL Server 定义了丰富的基本数据类型,包括字符数据类型、日期时间数据类型、数值数据类型和逻辑数据类型等。

表 3-2 列出了 SQL Server 的常用数据类型。

46

表 3-2　SQL Server 常用数据类型

数 据 类 型	说　　　明
char(n)	固定长度字符串类型，n 表示字符串最大长度，n 字节
nchar(n)	固定长度字符串类型，Unicode 编码，n 字节
varchar(n)	可变长度字符串类型，n 表示字符串最大长度，2n 字节
nvarchar(n)	可变长度字符串类型，Unicode 编码，2×实际字符数字节
text	最多 $2^{31}-1$ 字符，每个字符一个字节
date	0001-1-1～9999-12-31，3 字节
time(n)	小时：分钟：秒.小数秒，n(0～7)指定小数秒位数。3～5 字节
datetime	1753-1-1～9999-12-31，精确到 3.33ms，8 字节
smalldatetime	1900-1-1～2079-6-6，精确到分钟，4 字节
int	-2^{31}～$2^{31}-1$ 的整数，4 字节
smallint	-2^{15}～$2^{15}-1$ 的整数，2 字节
tinyint	0～255 的整数，1 字节
bigint	-2^{63}～$2^{63}-1$ 的整数，8 字节
float(n)	-1.79×10^{308}～1.79×10^{38}，n 为 1～24 时，显示 7 位数字的小数，4 字节；n 为 25～53 时，显示 15 位数字的小数，8 字节
decimal(p,q)	$-10^{38}+1$～$10^{38}-1$ 的数值，p 为数字个数，q 为小数位数。最多 17 字节
numeric(p,q)	$-10^{38}+1$～$10^{38}-1$ 的数值，p 为数字个数，q 为小数位数。最多 17 字节
money	$-922\ 337\ 203\ 685\ 477.5808$～$922\ 337\ 203\ 685\ 477.5807$，8 字节
smallmoney	$-214\ 748.3648$～$214\ 748.3647$，4 字节

3 数据定义——基本表修改

3. 表维护

建立表后，根据需求变化进行表的维护，主要包括对表结构的修改和完整性约束的修改，本节先阐述表的修改与删除。SQL 使用 ALTER TABLE 语句修改表，其基本格式如下。

```
ALTER TABLE < table_name >
[ADD   < column_name >< data_type >[constaint]]          /* 增加列 */
[DROP COLUMN < column_name >]                            /* 删除列 */
[ALTER COLUMN < column_name >< data_type >[constaint]]   /* 修改列 */
```

SQL 使用 DROP TABLE 删除表，其基本格式如下。

```
DROP TABLE < table_name > [,< table_name >][ … ]         /* 删除表 */
```

【例 3-12】 将例 3-9 的"商品种类"表添加一列，用以存放描述商品大类的数据，例如牙刷属于日用品类。

```
ALTER TABLE Category
ADD Cat_CategoryNO  varchar(20)
```

【例 3-13】 将例 3-8 中 Goods 表的 Barcode 列删除。

```
ALTER TABLE  Goods
DROP COLUMN Barcode
```

【例 3-14】 将例 3-10 的 Supplier 表 SupplierName 列的数据类型修改为 nvarchar(200)，且不允许为空。

```
ALTER TABLE   Supplier
ALTER COLUMN SupplierName  nvarchar(200)  not null
```

对于已经建立好的表,如果要对某列添加非空约束,也使用上述语句形式完成。

【例 3-15】 假设 sjkDB 数据库有表 sjktable,使用 DROP TABLE 删除表的语句如下。

```
DROP TABLE sjktable
```

3.2.3 完整性定义及维护

数据库完整性是指数据的正确性与相容性。前者要求数据符合现实语义、反映实际情况,后者要求在不同的关系中的相关数据符合逻辑。本节介绍使用 SQL 来定义及维护数据库完整性。

1. 完整性约束定义

如前所述,完整性约束包括实体完整性、参照完整性与用户自定义完整性。使用 SQL 定义的完整性约束的作用范围可以是列级约束、元组约束和关系约束。列级约束是指某列的约束,例如该列的取值范围;元组约束是指元组中各字段之间联系的约束,例如最低工资要小于最高工资等;关系约束是指关系之间联系的约束,例如供货商数据表里没有的商家就不能提供货品。

使用 SQL 定义完整性可以在定义表的时候进行。也可以使用 ALTER TABLE 语句定义完整性,其 SQL 代码如下。

```
ALTER TABLE < table_name >
[ADD  [< constraint > < constraint_name >] < constraint >]       / * 增加约束 * /
```

下面举例说明常见完整性约束定义。先定义两张表,然后添加约束。其表结构如表 3-3 和表 3-4 所示。其后为分别定义表的 SQL 语句。

表 3-3　员工表

列　　名	数 据 类 型	约　　束
员工编号	char(7)	非空、主码
姓名	nchar(5)	非空
入职日期	smalldatetime	非空
转正日期	smalldatetime	
手机号码	char(11)	每一位都为数字,11 位,不重复
薪级编号	char(3)	外码

表 3-4　薪资表

列　　名	数 据 类 型	约　　束
薪级编号	char(3)	非空、主码
基础薪资	numeric(8,2)	默认 1200
薪级名称	nchar(10)	取值不重复
应发薪资	numeric(8,2)	非空
实发薪资	numeric(8,2)	非空 小于应发薪资

```
CREATE TABLE 员工表 (
    员工编号        char(7)  not null,
    姓名           nchar(5) ,
    入职日期        smalldatetime not null,
    转正日期        smalldatetime,
    手机号码        char(11),
    薪级编号        char(3)
)
CREATE TABLE 薪资表 (
    薪级编号        char(3)  not null,
    薪级名称        nchar(10) ,
    基础薪资        numeric(8,2) not null,
    应发薪资        numeric(8,2) not null,
    实发薪资        numeric(8,2) not null
)
```

1) 实体完整性

实体完整性要求表中每条记录必须唯一,也不能为空。为保证实体完整性,每个表需指定一个属性或属性组合作为它的主码。主码能够保证数据表中没有重复记录。一个表只能设置一个主码。也可以通过索引、UNIQUE 约束等实现实体完整性。

【例 3-16】 为员工表添加主码。

```
ALTER  TABLE 员工表
ADD CONSTRAINT pk_yg PRIMARY KEY(员工编号)
```

上述语句可以省略 CONSTRAINT pk_yg 语句,只不过约束名就会由数据库系统自动生成,在删除约束的时候需要先查看该约束的名称。定义员工编号为主码以后,该列值就不允许重复或者为空了。还可以在多个列上定义主码,形如 PRIMARY KEY(薪级名称,应发薪资)。

【例 3-17】 为薪资表的薪级名称列添加 UNIQUE 约束。

```
ALTER  TABLE 薪资表
ADD CONSTRAINT U_xinzname  UNIQUE(薪级名称)
```

UNIQUE 约束限制薪级名称列不能出现重复的值,在一个表中可以定义多个 UNIQUE 约束。还可以在多个列上定义 UNIQUE 约束,形如 UNIQUE(薪级名称,应发薪资)。

2) 用户自定义完整性

用户自定义完整性指用户根据业务逻辑定义约束规则,防止数据库出现不符合逻辑的数据。用户自定义完整性通过 DEFAULT、CHECK 等实现,也可以使用存储过程、触发器等实现。

【例 3-18】 为薪资表的基础薪资列定义 DEFAULT 约束。

```
ALTER  TABLE 薪资表
ADD CONSTRAINT DF_jichu  DEFAULT 1200 FOR 基础薪资
```

一个列只能有一个 DEFAULT 约束,该约束也只能定义在一个列上。在插入数据时,数据库系统会检查 DEFAULT 约束,不输入新值的情况下,系统会用默认值填充。

【例 3-19】 对薪资表的实发薪资列添加 CHECK 约束,使其值小于应发薪资列。

```
ALTER  TABLE 薪资表
ADD CONSTRAINT CK_shifa  CHECK (实发薪资<应发薪资)
```

数据库系统在插入数据和更新数据时会检查 CHECK 约束,不满足条件会拒绝执行。CHECK 约束也可以对多列的取值关系做约束。

【例 3-20】 对员工表的手机号码列添加 CHECK 约束,使其值符合手机号码规定。

```
ALTER  TABLE 员工表
ADD CONSTRAINT CK_phone
CHECK (手机号码 LIKE'[0-9][0-9][0-9][0-9][0-9][0-9][0-9][0-9][0-9][0-9][0-9]')
```

上述代码使用到的 LIKE 运算符常用于模糊查询,具体用法参照 3.3.1 节。

如果表原来的数据不满足新添加的约束,只对新插入的数据实现约束,则可以在语句中加入 WITH NOCHECK 语句。

【例 3-21】 假设新进员工的薪水要求实发薪资<应发薪资,对原来员工的数据不做要求。则可以添加 WITH NOCHECK 语句来实现这一设定。

```
ALTER  TABLE 薪资表
WITH  NOCHECK
ADD CONSTRAINT CK_nock  CHECK (实发薪资<应发薪资)
```

3)参照完整性

参照完整性属于表间规则,定义了数据库中一个表中的主码与另一个表外码之间的关系,保证两个表的相容性。若主码与外码来自同一个表,则称为自参照完整性。只要依赖于某主码的外码值存在,该表中该主码的值就不能任意修改与删除,除非设置了级联删除与修改。

SQL Server 2012 使用 FOREIGN KEY、触发器等来实现参照完整性。这里介绍使用 FOREIGN KEY 实现参照完整性。

【例 3-22】 为员工表的薪级编码列添加外码约束,引用薪资表的薪级编号。

```
ALTER  TABLE 员工表
ADD CONSTRAINT FK_xinji
FOREIGN KEY(薪级编号) REFERENCES 薪资表(薪级编号)
```

外码约束是参照完整性的具体执行方式,在此例中,参照表是员工表,被参照表是薪资表。在 SQL Server 中,前者被称为外码表,后者被称为主码表,主码表被引用的属性必须是候选码或主码。

对于参照表员工表,如果插入的数据或者修改的数据会破坏参照完整性,则系统会拒绝执行。对于被参照表薪资表,如果删除元组或修改主码值会破坏参照完整性的话,可以有三种违约处理方式,分别是拒绝、级联删除(修改)和设置为空值,其中,拒绝是默认策略。

在例 3-22 中,存在的可能破坏参照完整性的情况有如下 4 种。

(1)在员工表中添加一个元组,其薪级编号属性值在薪级表中无相等的薪级编号属性值。

（2）修改员工表中的薪级编号属性值，修改后的值在薪级表中无相等的薪级编号属性值。

（3）删除薪级表中的某一元组，但其薪级编号属性值与员工表的某一元组薪级编号属性值相等。

（4）修改薪级表中某一元组的薪级编号属性值，但其薪级编号属性值与员工表的某一元组薪级编号属性值相等。

【例 3-23】 为员工表的薪级编码列添加外码约束，引用薪资表的薪级编号。定义该完整性约束可以级联删除或修改。

```
ALTER   TABLE 员工表
ADD CONSTRAINT FK_xinji
FOREIGN KEY(薪级编号) REFERENCES 薪资表(薪级编号)
ON DELETE CASCADE                /* 级联删除 */
ON UPDATE CASCADE                /* 级联修改 */
```

定义为级联删除后，如果删除薪级表中的某 一个元组，则会删除员工表中与该元组的薪级编号属性值相等的元组。定义为级联修改后，修改薪级表中的某一元组薪级编号属性值，则员工表中的薪级编号属性值会做相应修改。这样就保证了数据库完整性。

上述约束也可以在定义表的时候一并定义，SQL 语句如下。

```
CREATE TABLE 员工表 (
    员工编号        char(7)  primary key,
    姓名           nchar(5)  not null,
    入职日期        smalldatetime  not null,
    转正日期        smalldatetime,
    手机号码        char(11) unique   CHECK (手机号码 LIKE
'[0-9][0-9][0-9][0-9][0-9][0-9][0-9][0-9][0-9][0-9][0-9]'),
    薪级编号        char(3) ,
    FOREIGN KEY(薪级编号) REFERENCES 薪资表(薪级编号)
    ON DELETE CASCADE
    ON UPDATE CASCADE
)
CREATE TABLE 薪资表 (
    薪级编号        char(3)  primary key,
    薪级名称        nchar(10)  unique,
    基础薪资        numeric(8,2) default 1200,
    应发薪资        numeric(8,2) not null,
    实发薪资        numeric(8,2) ,
    CONSTRAINT CH1 CHECK (实发薪资<应发薪资)   /* 约束取名为 CH1 */
    )
```

2. 完整性约束维护

对完整性约束的维护主要是修改和删除约束。修改约束可以先删除约束，再添加同名约束。删除约束的语句如下。

```
ALTER TABLE < table_name >
[DROP < constraint_name >]                /* 删除约束 */
```

【例 3-24】 删除员工表外码约束 FK_xinji。

```
ALTER  TABLE 员工表
DROP CONSTRAINT FK_xinji
```

3.2.4 索引定义及维护

通常在数据库中会存储大量的数据,索引是提高查询速度的重要手段。索引与图书目录类似,查找书本内容,可以在目录中直接查看该内容在书本中的页数,而不需要查阅整本书。数据库索引包含来自基本表的属性组成的索引关键字和对应各行数据的存储位置。如果对学生表建立 Sno 列上的索引,属性 Sno 就是索引关键字,其后存储的是该 Sno 值对应元组的存储地址,如图 3-2 所示,箭头表示指针。

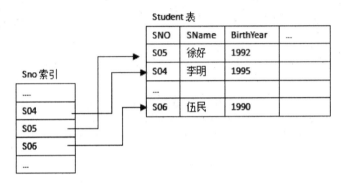

图 3-2 索引表与数据对应关系示意图

索引虽然会加快查询速度,但索引表本身会占用用户数据库空间,在对数据进行插入、更新、删除时,维护索引也会增加时间成本。因此,是否建立索引需要综合考虑。

根据不同观察的角度,索引有聚集索引、非聚集索引、唯一索引等种类。

(1) **聚集索引**是指数据表中的数据按照索引关键字顺序存储。建立聚集索引时,数据库系统会将数据表中的数据按照索引关键字的顺序在磁盘上重新存储。如果在 Student 表上建立聚集索引,则数据表的数据顺序与索引关键字顺序一致。SQL Server 为表设置主码后,就会建立一个主码上的聚集索引。因为一个表的数据只能按照一种物理顺序存储,所以一个表上只能有一个聚集索引。

(2) **非聚集索引**则不要求数据表的数据按照索引关键字顺序排序,表的物理顺序与索引关键字顺序不同。一个表上可以有多个非聚集索引。

(3) **唯一索引**的索引关键字不允许重复。如果在 Student 表的 SName 字段上建立了唯一索引,则 SName 的值不允许重复。

聚集索引与非聚集索引都可以是唯一索引。

SQL 使用 CREATE INDEX 语句建立索引,基本格式如下。

```
CREATE
    [UNIQUE][CLUSTERED|NONCLUSTERED]        /*定义索引类型*/
    INDEX   index_name                      /*定义索引名称*/
    ON table_name(column[ASC|DESC][,…n])    /*定义索引属性列及次序,默认为升序*/
```

【例 3-25】 假设已建立不加约束的如表 3-4 所示的薪资表。为属性薪级名称建立唯一非聚集升序索引。

```
CREATE
    UNIQUE NONCLUSTERED
    INDEX   index_xinz
    ON 薪资表(薪级名称 ASC)
```

【例 3-26】 按应发薪资升序和实发薪资降序建立唯一索引。

```
CREATE
UNIQUE
INDEX   index_yfsf
ON 薪资表(应发薪资 ASC,实发薪资 DESC)
```

可以使用系统存储过程 Sp_helpindex 查看所建立的索引,查看薪资表索引语句为:

Sp_helpindex 薪资表

结果如图 3-3 所示。

	index_name	index_description	index_keys
1	PK_薪资表_58A53C9411A7D634	clustered, unique, primary key located on PRIMARY	薪级编号
2	UQ_薪资表_5A4820B8F8D9BA45	nonclustered, unique, unique key located on PRI...	薪级名称

图 3-3   薪资表索引示意图

使用该存储过程查看建立好约束的员工表上的索引会发现,主码约束其实是一种索引,在数据库系统中描述为"clustered,unique,primary key…",UNIQUE 约束默认为非聚集唯一索引,描述为"nonclustered,unique,unique key…"。

索引一经建立,就由数据库系统维护,无须用户参与。但是在建立索引前,应根据需要设计索引,常见准则如下。

(1)避免在经常更新的表上建立过多索引,如果建立聚集索引,应设置较短的索引长度。

(2)对经常用于查询中的谓词和连接条件的列建立非聚集索引。

(3)在经常用作查询过滤的列建立索引。

(4)在查询中经常进行 GROUP BY、ORDER BY 的列上建立索引。

(5)在不同值较少的列上不必要建立索引,如性别字段。

(6)对于经常存取的列避免建立索引。

(7)在经常存取的多个列上建立复合索引,但要注意复合索引的建立顺序要按照使用的频度来确定。

(8)考虑对计算列建立索引。

在维护数据库时,随着需求的变化,可能会删除一些索引,减少维护的开销。

SQL Server 2012 删除索引的基本格式如下。

```
DROP   INDEX   table_name.index_name
```

或者

```
DROP   INDEX   index_name   ON   table_name
```

【例 3-27】 删除薪资表上的所有索引。

```
DROP   INDEX 薪资表.index_yfsf, 薪资表.index_xinz
```

或者

```
DROP   INDEX index_yfsf on 薪资表, index_xinz   on 薪资表
```

3.3 数 据 查 询

数据存储到数据库中以后,使用最多的操作就是数据查询。SQL 使用 SELECT 语句进行数据查询,该语句结构简单、使用灵活、功能丰富。其一般格式为:

```
SELECT  [ALL |DISTINCT] < Target Column | Expression >
[, < Target Column | Expression >]…
FROM < TABLE_name | VIEW_name > [, < TABLE_name | VIEW_name >…]
|  (< SELECT …>)  [AS]  < Alias Name >
[WHERE  < Conditional Expression > ]
[GROUP BY  < COLUMN_name > [, COLUMN_name …]  HAVING
< Conditional Expression >]]
[ORDER BY < COLUMN_name >[ASC |DESC]];
```

SELECT 语句是根据 WHERE 子句的条件表达式从 FROM 子句指定的对象中筛选出满足条件的元组,再按 SELECT 子句指定的列名、表达式选出属性值形成结果集。FROM 子句指定的对象可以是表、视图或派生表。GROUP BY 子句会根据其后的属性或属性组对查询结果进行分组,HAVING 子句用于筛选满足条件的组予以显示。ORDER BY 子句对查询结果按照其后的属性或属性组进行升序或降序排序。

本节的查询均基于 3.2.2 节定义的校园超市数据库。其设计功能还不能达到实际需要,数据不完全符合实际情况,仅作示例用。

本节的数据部分取自重庆某超市数据库。示例数据如图 3-4～图 3-8 所示。各表字段含义见 3.2.2 节数据表定义。

	GoodsNO	SupplierNO	CategoryNO	GoodsName	InPrice	SalePrice	Number	ProductTime	QGPeriod
1	GN0001	Sup001	CN001	麦氏威尔冰咖啡	5.79	7.80	20	2016-02-08 00:00:00	18
2	GN0002	Sup002	CN001	捷荣三合一咖啡	12.30	17.30	15	2017-10-08 00:00:00	18
3	GN0003	Sup002	CN001	力神咖啡	1.81	2.70	30	2018-05-06 00:00:00	18
4	GN0004	Sup001	CN001	麦氏威尔小三合一咖啡	8.12	10.80	20	2017-05-06 00:00:00	18
5	GN0005	Sup003	CN001	雀巢香滑咖啡饮料	1.99	2.70	3	2018-01-01 00:00:00	18
6	GN0006	Sup003	CN001	雀巢听装咖啡	84.21	113.70	6	2018-05-06 00:00:00	18
7	GN0007	Sup004	CN002	夏士莲丝质柔顺洗发水	25.85	35.70	30	2018-03-08 00:00:00	36
8	GN0008	Sup005	CN002	飞逸清新爽洁洗发水	20.47	30.00	50	2018-03-09 00:00:00	36
9	GN0009	Sup005	CN002	力士柔亮洗发水(中/干)	22.65	32.30	20	2017-12-08 00:00:00	36
10	GN0010	Sup005	CN002	风影去屑洗发水(清爽)	22.98	34.20	6	2017-10-07 00:00:00	36

图 3-4 Goods 表数据

	SNO	SName	BirthYear	Ssex	college	Major	WeiXin
1	S01	李明	2001	男	CS	IT	wx001
2	S02	徐好	2000	女	CS	IT	wx002
3	S03	伍民	1998	男	CS	MIS	wx003
4	S04	闵红	1999	女	ACC	AC	wx004
5	S05	张小红	1999	女	ACC	AC	wx005
6	S06	张舒	2001	男	CS	MIS	wx006
7	S07	王民为	1999	男	CS	MIS	wx007
8	S08	李士任	2001	男	ACC	AC	wx008

图 3-5　Student 表数据

	CategoryNO	CategoryName	Description
1	CN001	咖啡	速溶咖啡、咖啡粉、罐装咖啡
2	CN002	洗发水	袋装、瓶装洗发水
3	CN003	方便面	袋装、碗装方便面

图 3-6　Category 表数据

	GoodsNO	SNO	HappenTime	Number
1	GN0001	S01	2018-06-09 00:00:00	3
2	GN0001	S02	2018-05-03 00:00:00	1
3	GN0001	S03	2018-04-07 00:00:00	1
4	GN0001	S06	2018-06-12 00:00:00	2
5	GN0002	S02	2018-05-08 00:00:00	1
6	GN0002	S05	2018-06-26 00:00:00	3
7	GN0002	S06	2018-06-16 00:00:00	2
8	GN0003	S01	2018-07-10 00:00:00	2
9	GN0003	S02	2018-07-08 00:00:00	2
10	GN0003	S05	2018-06-01 00:00:00	2
11	GN0003	S06	2018-07-01 00:00:00	2
12	GN0005	S05	2018-06-11 00:00:00	1
13	GN0006	S03	2018-05-07 00:00:00	1
14	GN0007	S01	2018-06-09 00:00:00	1
15	GN0007	S04	2018-06-08 00:00:00	1
16	GN0007	S05	2018-06-09 00:00:00	1
17	GN0008	S02	2018-06-04 00:00:00	1
18	GN0008	S06	2018-06-26 00:00:00	1

图 3-7　SaleBill 表数据

	SupplierNO	SupplierName	Address	Telephone
1	Sup001	卡夫食品(中国)有限公司广州分公司	广州佛山	12348768900
2	Sup002	东莞市南城久润食品贸易部	广州东莞	13248768901
3	Sup003	重庆飞鹤食品贸易公司	重庆解放碑	12648768901
4	Sup004	重庆南山日化品贸易公司	重庆南坪	11648768903
5	Sup005	重庆缙云日化品贸易公司	重庆北碚	19648768903

图 3-8　Supplier 表数据

3.3.1　单表查询

单表查询是指 From 子句后面的数据表只有一张的查询。下面分别从列筛选和行筛选角度叙述。

1. 选择表中的列

选择列即关系代数中的投影运算。SELECT 子句可以查询指定列、表达式。

1）查询指定列

查询指定列可以是部分列，也可以是全部列，列的显示顺序由 SELECT 子句目标列顺序决定。

【例 3-28】 查询全体学生姓名、学号、专业。

SELECT SName,SNO,Major FROM Student

查询结果如图 3-9 所示，列排序遵照目标列顺序，与 Student 表中列顺序不同。

【例 3-29】 查询全体学生的详细信息。

SELECT SNO,SName,BirthYear,Ssex,college,Major,WeiXin   FROM Student

查询结果如图 3-10 所示，如果列的显示顺序与表中的列顺序一致，可以将目标列用 *代替。

SELECT   *   FROM   Student

	SName	SNO	Major
1	李明	S01	IT
2	徐好	S02	MIS
3	伍民	S03	MIS
4	闵红	S04	AC
5	张小红	S05	AC
6	张舒	S06	MIS
7	王民为	S07	MIS
8	李士任	S08	AC

图 3-9　例 3-28 查询结果

	SNO	SName	BirthYear	Ssex	college	Major	WeiXin
1	S01	李明	2001	男	CS	IT	wx001
2	S02	徐好	2000	女	CS	IT	wx002
3	S03	伍民	1998	男	CS	MIS	wx003
4	S04	闵红	1999	女	ACC	AC	wx004
5	S05	张小红	1999	女	ACC	AC	wx005
6	S06	张舒	2001	男	CS	MIS	wx006
7	S07	王民为	1999	男	CS	MIS	wx007
8	S08	李士任	2001	男	ACC	AC	wx008

图 3-10　例 3-29 查询结果

查询结果同例 3-29。

2）查询表达式的值

SELECT 子句中的表达式可以是包含列的计算表达式，也可以是常量或函数。

【例 3-30】 查询全体学生的学号、姓名、年龄。

SELECT SNO, SName,2020 − BirthYear FROM Student

查询结果如图 3-11 所示，Student 表中只记录了学生出生年份，用当前年份 2020 减去出生年份就是学生年龄。

Student 表中学生出生年固定，当前时间却在不断变化，可以使用系统函数 GETDATE（）读取当前时间，再用函数 YEAR（）读取年份，就可以固定表达式。SQL 语句如下，结果同图 3-11。

SELECT SNO, SName,YEAR(GETDATE()) − BirthYear FROM Student

表达式的计算值被记录在结果集中，但没有列名，如图 3-11中显示为"无列名"，可以使用 AS 子句为其添加别名记录其语义，AS 也可以省略。

SELECT SNO, SName,YEAR(GETDATE()) − BirthYear AS Age FROM Student

	SNO	SName	(无列名)
1	S01	李明	19
2	S02	徐好	20
3	S03	伍民	22
4	S04	闵红	21
5	S05	张小红	21
6	S06	张舒	19
7	S07	王民为	21
8	S08	李士任	19

图 3-11　例 3-30 查询结果

查询结果如图 3-12 所示。

也可以使用常量来表示其语义。结果如图 3-13 所示,SQL 语句如下。

`SELECT SNO, SName,'Age',YEAR(GETDATE())－BirthYear AS Age FROM Student`

	SNO	SName	Age
1	S01	李明	19
2	S02	徐好	20
3	S03	伍民	22
4	S04	闵红	21
5	S05	张小红	21
6	S06	张舒	19
7	S07	王民为	21
8	S08	李士任	19

图 3-12 添加别名示意图

	SNO	SName	(无列名)	Age
1	S01	李明	Age	19
2	S02	徐好	Age	20
3	S03	伍民	Age	22
4	S04	闵红	Age	21
5	S05	张小红	Age	21
6	S06	张舒	Age	19
7	S07	王民为	Age	21
8	S08	李士任	Age	19

图 3-13 添加常量示意图

3）去掉重复列

【例 3-31】 查询购买了商品的学生学号。

`SELECT SNO FROM SaleBill`

查询部分结果如图 3-14 所示,包含重复的行。使用 DISTINCT 关键字可以去掉结果集中重复的行。例 3-31 可以改写为:

`SELECT DISTINCT SNO FROM SaleBill`

查询结果如图 3-15 所示。

3 单表查询——行操作(一)

	SNO
1	S01
2	S02
3	S03
4	S06
2	S02
5	S05
7	S06

图 3-14 例 3-31 查询结果

	SNO
1	S01
2	S02
3	S03
4	S04
5	S05
6	S06

图 3-15 去掉重复值

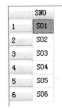

3 单表查询——行操作(二)

2. 选择表中的元组

在前面选择列的例子中,都是查询表的全部元组。SQL 可以使用 WHERE 子句对元组进行筛选。WHERE 使用查询条件筛选元组,常用查询条件运算符如表 3-5 所示。

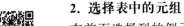
表 3-5 常用查询条件运算符

查 询 条 件	谓　　词
比较	=, >, <, >=, <=, !=, <>, ！>, ！<; NOT＋上述比较运算符
确定范围	BETWEEN AND, NOT BETWEEN AND
确定集合	IN, NOT IN
字符匹配	LIKE, NOT LIKE
空值	IS NULL, IS NOT NULL
多重条件(逻辑运算)	AND, OR, NOT

1）比较大小

比较大小的谓词包括＝（等于）、＞（大于）、＜（小于）、＞＝（大于等于）、＜＝（小于等于）、
！＝（不等于）、＜＞（不等于）、！＞（不大于）、！＜（不小于）。

【例 3-32】 查询管理信息系统专业学生名单。

SELECT * FROM Student WHERE Major = 'MIS'

查询结果如图 3-16 所示。

	SNO	SName	BirthYear	Ssex	college	Major	WeiXin
1	S03	伍民	1998	男	CS	MIS	wx003
2	S06	张舒	2001	男	CS	MIS	wx006
3	S07	王民为	1999	男	CS	MIS	wx007

图 3-16　例 3-32 查询结果

【例 3-33】 查询年龄不大于 20 的学生名单。

SELECT * FROM Student WHERE YEAR(GETDATE()) − BirthYear!> 20

查询结果如图 3-17 所示。学生的年龄由表达式 YEAR(GETDATE())-BirthYear 求出。

	SNO	SName	BirthYear	Ssex	college	Major	WeiXin
1	S01	李明	2001	男	CS	IT	wx001
2	S02	徐好	2000	女	CS	IT	wx002
3	S06	张舒	2001	男	CS	MIS	wx006
4	S08	李士任	2001	男	ACC	AC	wx008

图 3-17　例 3-33 查询结果

2）确定范围

谓词 BETWEEN AND 可以确定取值范围，BETWEEN 后跟范围下限，AND 后跟上
限。NOT BETWEEN AND 确定取值范围以外的值。

【例 3-34】 查询现货存量为 3～10 的商品信息。

SELECT * FROM Goods WHERE Number BETWEEN 3 AND 10

查询结果如图 3-18 所示。

	GoodsNO	SupplierNO	CategoryNO	GoodsName	InPrice	SalePrice	Number	ProductTime	QGPeriod
1	GN0005	Sup003	CN001	雀巢香滑咖啡饮料	1.99	2.70	3	2018-01-01 00:00:00	18
2	GN0006	Sup003	CN001	雀巢听装咖啡	84.21	113.70	6	2018-05-06 00:00:00	18
3	GN0010	Sup005	CN002	风影去屑洗发水(清爽)	22.98	34.20	6	2017-10-07 00:00:00	36

图 3-18　例 3-34 查询结果

【例 3-35】 查询 2017 年生产的商品信息。

SELECT * FROM GOODS
WHERE ProductTime BETWEEN '2017 − 1 − 1 'AND'2017 − 12 − 31'

查询结果如图 3-19 所示，日期也是有序数据类型，可以基于范围查询。

【例 3-36】 查询姓名在"李明"和"闵红"之间的学生信息。

SELECT * FROM Student WHERE SName BETWEEN'李明'AND'闵红'

	GoodsNO	SupplierNO	CategoryNO	GoodsName	InPrice	SalePrice	Number	ProductTime	QGPeriod
1	GN0002	Sup002	CN001	捷荣三合一咖啡	12.30	17.30	15	2017-10-08 00:00:00	18
2	GN0004	Sup001	CN001	麦氏威尔小三合一咖啡	8.12	10.80	20	2017-05-06 00:00:00	18
3	GN0009	Sup005	CN002	力士柔亮洗发水（中/干）	22.65	32.30	20	2017-12-08 00:00:00	36
4	GN0010	Sup005	CN002	风影去屑洗发水(清爽)	22.98	34.20	6	2017-10-07 00:00:00	36

图 3-19　例 3-35 查询结果

查询结果如图 3-20 所示。中文字符串按字符拼音字母先后排序，如果拼音第一个字母相同，则比较第二个字母，以此类推。

	SNO	SName	BirthYear	Ssex	college	Major	WeiXin
1	S01	李明	2001	男	CS	IT	wx001
2	S04	闵红	1999	女	ACC	AC	wx004
3	S08	李士任	2001	男	ACC	AC	wx008

图 3-20　例 3-36 查询结果

3) 确定集合

谓词 IN 用来查找属性值属于指定集合的元组。NOT IN 运算符的含义相反，用来查找属性值不属于指定集合的元组。

【例 3-37】　查询商品编号分别为 GN0001、GN0002 的销售信息。

SELECT * FROM SaleBill WHERE GoodsNO IN ('GN0001','GN0002')

查询结果如图 3-21 所示。

	GoodsNO	SNO	HappenTime	Number
1	GN0001	S01	2018-06-09 00:00:00	3
2	GN0001	S02	2018-05-03 00:00:00	1
3	GN0001	S03	2018-04-07 00:00:00	1
4	GN0001	S06	2018-06-12 00:00:00	2
5	GN0002	S02	2018-05-08 00:00:00	2
6	GN0002	S05	2018-06-26 00:00:00	3
7	GN0002	S06	2018-06-16 00:00:00	2

图 3-21　例 3-37 查询结果

【例 3-38】　查询不是 MIS 专业的学生信息。

SELECT * FROM Student WHERE Major NOT IN ('MIS')

运行结果如图 3-22 所示，等价于

SELECT * FROM Student WHERE Major!= 'MIS'

	SNO	SName	BirthYear	Ssex	college	Major	WeiXin
1	S01	李明	2001	男	CS	IT	wx001
2	S02	徐好	2000	女	CS	IT	wx002
3	S04	闵红	1999	女	ACC	AC	wx004
4	S05	张小红	1999	女	ACC	AC	wx005
5	S08	李士任	2001	男	ACC	AC	wx008

图 3-22　例 3-38 查询结果

4）字符匹配

在字符查询条件不确定时，可以使用 LIKE 运算符进行模糊查询。LIKE 运算符通过匹配部分字符达到查询目的，其一般格式如下。

```
[NOT] LIKE  '<匹配串>'  [ESCAPE '<转义字符>']
```

匹配串可以是完整的字符串，也可以是含有通配符的字符串。通配符包括如下四种。

（1）_（下画线）：匹配任一字符。

（2）%（百分号）：匹配任一长度字符串，可以是 0 个，也可以是多个。

（3）[ ]：数据表列值匹配[ ]中任一字符成功，该 LIKE 运算符结果均为 TRUE。如果[ ]中的字符是连续的，可以使用"-"代表中间部分。例如 a、b、c、d，记为[a-d]。

（4）[^]：表示不匹配[ ]中的任意字符。例如不匹配 a～d 的字符，记为[^a-d]。

【例 3-39】 查询商品名称中包含"咖啡"的商品信息。

```
SELECT *  FROM  Goods  WHERE  GoodsName  LIKE  '%咖啡%'
```

查询结果如图 3-23 所示，不管字符串"咖啡"在元组 GoodsName 列的开头、结尾还是中间，该元组都会被筛选出来。

	GoodsNO	SupplierNO	CategoryNO	GoodsName	InPrice	SalePrice	Number	ProductTime	QGPeriod
1	GN0001	Sup001	CN001	麦氏威尔冰咖啡	5.79	7.80	20	2016-02-08 00:00:00	18
2	GN0002	Sup002	CN001	捷荣三合一咖啡	12.30	17.30	15	2017-10-08 00:00:00	18
3	GN0003	Sup002	CN001	力神咖啡	1.81	2.70	30	2018-05-06 00:00:00	18
4	GN0004	Sup001	CN001	麦氏威尔小三合一咖啡	8.12	10.80	20	2017-05-06 00:00:00	18
5	GN0005	Sup003	CN001	雀巢香滑咖啡饮料	1.99	2.70	3	2018-01-01 00:00:00	18
6	GN0006	Sup003	CN001	雀巢听装咖啡	84.21	113.70	6	2018-05-06 00:00:00	18

图 3-23　例 3-39 查询结果

【例 3-40】 查询学生姓名第二个字为"民"的学生信息。

```
SELECT * FROM Student WHERE SName LIKE'_民%'
```

查询结果如图 3-24 所示，如果去掉后面的%，则查询姓名为两个字，第二个字为"民"的学生信息。

	SNO	SName	BirthYear	Ssex	college	Major	WeiXin
1	S03	伍民	1996	男	CS	MIS	wx003
2	S07	王民为	1997	男	CS	MIS	wx007

图 3-24　例 3-40 查询结果

【例 3-41】 查询商品编号最后一位不是 1、4、7 的商品信息。

```
SELECT *  FROM Goods WHERE GoodsNO NOT  LIKE'%[147]'
```

等同于

```
SELECT *  FROM Goods WHERE GoodsNO  LIKE'%[^147]'
```

查询结果如图 3-25 所示。

如果查询的字符串含有通配符，为了与通配符区分开，需要使用 ESCAPE 关键字对通

	GoodsNO	SupplierNO	CategoryNO	GoodsName	InPrice	SalePrice	Number	ProductTime	QGPeriod
1	GN0002	Sup002	CN001	捷荣三合一咖啡	12.30	17.30	15	2017-10-08 00:00:00	18
2	GN0003	Sup002	CN001	力神咖啡	1.81	2.70	30	2018-05-06 00:00:00	18
3	GN0005	Sup003	CN001	雀巢香滑咖啡饮料	1.99	2.70	3	2018-01-01 00:00:00	18
4	GN0006	Sup003	CN001	雀巢听装咖啡	84.21	113.70	6	2018-05-06 00:00:00	18
5	GN0008	Sup005	CN002	飞逸清新爽洁洗发水	20.47	30.00	50	2018-03-09 00:00:00	36
6	GN0009	Sup005	CN002	力士柔亮洗发水（中/干）	22.65	32.30	20	2017-12-08 00:00:00	36
7	GN0010	Sup005	CN002	风影去屑洗发水（清爽）	22.98	34.20	6	2017-10-07 00:00:00	36

图 3-25　例 3-41 查询结果

配符进行转义，告诉数据库系统该字符不是通配符，而是字符本身。ESCAPE 关键字后所跟的一个字符为转义字符，转义字符后所跟字符不再为通配符，而是代表其本来的含义。

例如，要查找包含 5% 的元组，则其 WHERE 子句部分可以写为：

```
WHERE  column_name  LIKE  '%5a%%'  ESCAPE  'a'
```

其中，字符"a"即为转义字符，表明其后的"%"不是通配符，而是百分号。查询包含"[ ]"元组的 WHERE 子句部分可以写为：

```
WHERE  column_name  LIKE  '%![%!]%'  ESCAPE'!'
```

5）空值查询

空值（NULL）在数据库中表示不确定值，即在字符集中没有确定值与之对应。未对某元组的某个列输入值，就会形成空值（NULL）。涉及空值的判断，不能用前述运算符，只能使用 IS 或 NOT　IS 来判断。

查询还没有输入供应商编号的商品信息可以用如下语句：

```
SELECT * FROM Goods WHERE  SupplierNO  IS  NULL
```

6）多重条件查询

使用运算符 AND 和 OR 可以连接多个查询条件。多个运算符的执行顺序是从左至右，AND 的运算级别高于 OR，用户可以使用小括号改变优先级。AND 连接的条件只有所有子表达式为 TRUE 时，整个表达式的结果才为 TRUE。OR 连接的条件只有所有的子表达式为 FALSE 时，整个表达式的结果才为 FALSE。

【例 3-42】　查询 AC 专业的学生和 MIS 专业男生的信息。

```
SELECT * FROM Student
WHERE Major = 'AC'OR Major = 'MIS'AND Ssex = '男'
```

查询结果如图 3-26 所示，如果用括号改变上述代码执行顺序：

```
SELECT * FROM Student
WHERE (Major = 'AC'OR Major = 'MIS')AND Ssex = '男'
```

3 排序、聚合函数

则其语义变为：查询 AC 专业和 MIS 专业的男生信息，即查询两个专业的男生信息。括号改变了优先级别。查询结果如图 3-27 所示。

3. 对查询结果排序

查询结果可以按照 ORDER BY 子句指定升序（ASC）或降序（DESC）排列，默认为升序。

图 3-26　例 3-42 查询结果

图 3-27　查询 AC 专业与 MIS 专业男生信息的结果

【例 3-43】　查询学生信息，按出生年升序排列。

```
SELECT  *  FROM Student ORDER BY BirthYear
```

查询结果如图 3-28 所示。ORDER BY 子句后也可以跟多个字段。先按第一个字段的顺序排列，如果第一个字段的排序结果相同，则按第二个字段顺序排列，以此类推。

图 3-28　例 3-43 查询结果

【例 3-44】　查询商品名含"咖啡"的商品的商品编号、商品名、现货存量和生产时间。按现货存量升序、生产日期降序排列。

```
SELECT GoodsNO,GoodsName,Number,ProductTime
FROM Goods WHERE GoodsName LIKE  '％咖啡％'
ORDER BY NUMBER  ASC , ProductTime  DESC
```

查询结果如图 3-29 所示。对于第 4、5 条记录，Number 值均为 20，则按生产日期降序排列。

图 3-29　例 3-44 查询结果

ORDER BY 子句后也可以跟表达式、函数等。

【例 3-45】 查询商品表的商品编号、商品名称、现货存量、生产日期、保质期剩余天数，按保质期剩余天数升序排列。

```
SELECT GoodsNO,GoodsName,Number,ProductTime,
QGPeriod * 30 - DATEDIFF ( day ,ProductTime ,GETDATE( ) ) 保质期剩余天数
FROM Goods ORDER BY
QGPeriod * 30 - DATEDIFF ( day ,ProductTime ,GETDATE( ) )
```

查询结果如图 3-30 所示，剩余天数为负数表明已经过期。函数 DATEDIFF 计算生产日期 ProductTime 与当前日期的相隔天数，函数 GETDATE 提取系统当前日期。

	GoodsNO	GoodsName	Number	ProductTime	保质期剩余天数
1	GN0001	麦氏威尔冰咖啡	20	2016-02-08 00:00:00	-337
2	GN0004	麦氏威尔小三合一咖啡	20	2017-05-06 00:00:00	116
3	GN0002	捷荣三合一咖啡	15	2017-10-08 00:00:00	271
4	GN0005	雀巢香滑咖啡饮料	3	2018-01-01 00:00:00	356
5	GN0011	我的[5-6]啊	6	2018-02-01 00:00:00	447
6	GN0006	雀巢听装咖啡	6	2018-05-06 00:00:00	481
7	GN0003	力神咖啡	30	2018-05-06 00:00:00	481
8	GN0010	风影去屑洗发水(清爽)	6	2017-10-07 00:00:00	810
9	GN0009	力士柔亮洗发水（中/干）	20	2017-12-08 00:00:00	872
10	GN0007	夏士莲丝质柔顺洗发水	30	2018-03-08 00:00:00	962
11	GN0008	飞逸清新爽洁洗发水	50	2018-03-09 00:00:00	963

图 3-30　例 3-45 查询结果

4. 聚合函数

SQL 使用聚合函数提供了一些统计功能，常见聚合函数及功能如表 3-6 所示。

表 3-6　常见聚合函数及功能

聚合函数名及参数	功　　能
COUNT(* |<列名>)	统计元组个数
COUNT([DISTINCT|ALL] <列名>)	统计一列中值的个数
SUM([DISTINCT|ALL] <列名>)	计算一列值的总和(此列必须为数值型)
AVG([DISTINCT|ALL] <列名>)	计算一列值的平均值(此列必须为数值型)
MAX([DISTINCT|ALL] <列名>)	求一列中的最大值
MIN([DISTINCT|ALL] <列名>)	求一列中的最小值

上述函数除了 COUNT(*)外，其余函数均忽略 NULL 值。聚合函数计算时默认为 ALL，如果指定为 DISTINCT，则会忽略重复值。聚合函数是对确认的组或结果集进行计算。

【例 3-46】 查询商品个数。

```
SELECT COUNT( * ) FROM Goods
```

【例 3-47】 查询售出商品种类。

```
SELECT COUNT(DISTINCT GoodsNO) FROM SaleBill
```

这里的 DISTINCT 是必需的，因为 GoodsNO 列有重复值。如果去掉，则统计的是该表

有多少条元组。

【例 3-48】 统计销售表中最多、最少和平均销售量。

```
SELECT MAX(Number)最大销售量 , MIN(Number) 最小销售量,
AVG(Number)平均销售量 FROM SaleBill
```

查询结果如图 3-31 所示。

5. 分组统计

如果查询每个学生购买了几种商品,则需要分别对每个学生的购买记录进行统计。SQL 使用 GROUP BY 子句对元组分组。如果使用 GROUP BY 子句进行分组,数据表中只有出现在 GROUP BY 子句后的列才能放在 SELECT 后面的目标列中,否则 SQL Server 会提示出错信息,"因为该列没有包含在聚合函数或 GROUP BY 子句中"。

3 分组——
GROUP BY

分组查询可以先对数据使用 WHERE 进行选择,再使用 GROUP BY 分组查询,一般情况下,可以提高查询效率。

【例 3-49】 统计每个学生购买的商品种类。

```
SELECT SNO,COUNT( * ) AS 商品种类 FROM SaleBill GROUP BY SNO
```

查询结果如图 3-32 所示。销售表(SaleBill)没有考虑某个学生不同时间购买同一种商品的情况。在本例中,数据库系统先分组,再统计。

	最大销售量	最小销售量	平均销售量
1	3	1	1

图 3-31　例 3-48 查询结果

	SNO	商品种类
1	S01	3
2	S02	4
3	S03	2
4	S04	1
5	S05	4
6	S06	4

图 3-32　例 3-49 查询结果

【例 3-50】 统计每个学生购买的商品种类,列出购买 3 种或 3 种以上商品学生的学号,购买商品种类。

```
SELECT SNO,COUNT( * ) AS 商品种类 FROM SaleBill
GROUP BY SNO
HAVING COUNT( * ) > = 3
```

查询结果如图 3-33 所示。HAVING 对组进行选择,后面可以跟列名、聚合函数作为条件表达式。WHERE 对元组进行选择,因此聚合函数不能出现在 WHERE 子句里作为条件表达式。

【例 3-51】 统计学生表中每年出生的男、女生人数,按出生年降序、人数升序排列。

```
SELECT BirthYear,Ssex ,COUNT( * )   FROM Student
GROUP BY BirthYear,Ssex
ORDER BY BirthYear DESC,COUNT( * )
```

查询结果如图 3-34 所示。可以用多个字段作为分组依据,分组以后可以按组进行排序。

	SNO	商品种类
1	S01	3
2	S02	4
3	S05	4
4	S06	4

	BirthYear	Ssex	(无列名)
1	1999	男	3
2	1998	女	1
3	1997	男	1
4	1997	女	2
5	1996	男	1

图 3-33　例 3-50 查询结果　　　　　图 3-34　例 3-51 查询结果

3.3.2　多表连接查询

前面的单表查询只涉及一个表的数据,更多的时候需要从多个表中查询数据。涉及两个或两个以上表的查询,需要先连接后查询。连接包括内连接和外连接。

1. 内连接

3 多表查询——内连接

内连接是一种常见的查询方式。内连接包括非等值连接、等值连接。等值连接的连接字段如果一样,去掉重复的列,就是自然连接。如果连接的是两个相同的表,就是自连接。

在 SQL 中,实现内连接有两种方式,一种是采用 WHERE 子句将连接字段的条件表达式表达出来。例如,将商品表与商品种类表连接起来的语句如下。

SELECT * FROM Goods,Category where Goods.CategoryNO = Category.CategoryNO

连接结果如图 3-35 所示。商品表的字段 CategoryNO 与商品类别表的字段 CategoryNO 语义相同、数据类型相同(相容),被用作连接字段。

	GoodsNO	SupplierNO	CategoryNO	GoodsName	InPrice	SalePrice	Number	ProductTime	QGPeriod	CategoryNO	CategoryName	Description
1	GN0001	Sup001	CN001	麦氏威尔水咖啡	5.79	7.80	20	2016-02-08 00:00:00	18	CN001	咖啡	速溶咖啡、咖啡粉、罐装咖啡
2	GN0002	Sup002	CN001	捷荣三合一咖啡	12.30	17.30	15	2017-10-08 00:00:00	18	CN001	咖啡	速溶咖啡、咖啡粉、罐装咖啡
3	GN0003	Sup002	CN001	力神咖啡	1.81	2.70	30	2018-05-06 00:00:00	18	CN001	咖啡	速溶咖啡、咖啡粉、罐装咖啡
4	GN0004	Sup002	CN001	麦氏威尔小三合一咖啡	8.12	10.80	20	2017-05-06 00:00:00	18	CN001	咖啡	速溶咖啡、咖啡粉、罐装咖啡
5	GN0005	Sup003	CN001	雀巢香滑咖啡饮料	1.99	2.70	3	2018-01-01 00:00:00	18	CN001	咖啡	速溶咖啡、咖啡粉、罐装咖啡
6	GN0006	Sup003	CN001	雀巢听装咖啡	84.21	113.70	6	2018-05-06 00:00:00	18	CN001	咖啡	速溶咖啡、咖啡粉、罐装咖啡
7	GN0007	Sup004	CN002	夏士莲丝质柔顺洗发水	25.85	35.70	30	2018-03-08 00:00:00	36	CN002	洗发水	袋装、瓶装洗发水
8	GN0008	Sup004	CN002	飞逸清爽靓丽洗发水	20.47	30.00	50	2018-03-09 00:00:00	36	CN002	洗发水	袋装、瓶装洗发水
9	GN0009	Sup005	CN002	力士亮洗发水（中/干）	22.65	32.30	20	2017-12-08 00:00:00	36	CN002	洗发水	袋装、瓶装洗发水
10	GN0010	Sup005	CN002	风影去屑洗发水(清爽)	22.98	34.20	6	2017-10-07 00:00:00	36	CN002	洗发水	袋装、瓶装洗发水

图 3-35　使用 WHERE 连接

另一种连接方式是采用 JOIN…ON 子句连接。本节介绍后一种方式,其一般格式为:

FROM < TABLE1_name > [INNER] JOIN < TABLE2_name > ON [< TABLE1_name >.]< COLUMN_name >
< comparisonoperator >[< TABLE2_name >.]
< COLUMN_name > [JOIN…]

INNER 关键字表示内连接,可以省略,即 JOIN 连接默认为内连接。关键字 ON 后的连接字段 COLUMN_name 如果在各表中是唯一的,则表名前缀(表 1. 或表 2.)可以省略,否则必须加表名予以区分。连接字段在语法上必须是可以比较的数据类型。在语义上必须符合逻辑,否则比较毫无意义。

1) 等值连接

比较运算符为等号的连接称为等值连接,不为等号时为非等值连接。连接查询中常用等值连接查询。

【例 3-52】 查询学生购物情况。

SELECT * FROM Student JOIN SaleBill ON Student.SNO = SaleBill.SNO

查询结果前 6 条元组如图 3-36 所示。关系数据库管理系统执行该连接操作的可能过程是：首先定位表 Student 的第一条元组，然后从头扫描 SaleBill 表，如果某元组的 SNO 值与 Student 表第一条元组的 SNO 值相等，则该元组与 Student 表第一条元组连接起来形成结果集的一条元组，直至扫描 SaleBill 表结束。然后定位到 Student 表的第二条元组，再从头扫描 SaleBill 表，进行同样的处理，直至扫描 Student 表结束。

	SNO	SName	BirthYear	Ssex	college	Major	WeiXin	GoodsNO	SNO	HappenTime	Number
1	S01	李明	2001	男	CS	IT	wx001	GN0001	S01	2018-06-09 00:00:00.000	3
2	S02	徐好	2000	女	CS	IT	wx002	GN0001	S02	2018-05-03 00:00:00.000	1
3	S03	伍民	1998	男	CS	MIS	wx003	GN0001	S03	2018-04-07 00:00:00.000	1
4	S06	张舒	2001	男	CS	MIS	wx006	GN0001	S06	2018-06-12 00:00:00.000	2
5	S02	徐好	2000	女	CS	IT	wx002	GN0002	S02	2018-05-08 00:00:00.000	2
6	S05	张小红	1999	女	ACC	AC	wx005	GN0002	S05	2018-06-26 00:00:00.000	3

图 3-36　例 3-52 查询结果

结果集中有两个 SNO 字段，如果去掉重复字段，则为自然连接，SQL 语句如下。

```
SELECT Student.SNO,SName,BirthYear,Ssex,college,Major,
WeiXin,GoodsNO,HappenTime,Number
FROM Student JOIN SaleBill ON Student.SNO = SaleBill.SNO
```

【例 3-53】　查询 MIS 专业学生的购物情况。

```
SELECT  *  FROM Student  JOIN SaleBill ON Student.SNO = SaleBill.SNO WHERE Major = 'MIS'
```

查询结果前 6 条元组如图 3-37 所示。在查询的时候可以把多表连接的结果集看成一个单表来操作，在其后添加 WHERE 子句、GROUP BY 子句等。为简化代码，可以为连接表指定别名，一旦指定别名后，查询语句中相应的表都要用该别名替代。在后面介绍的自连接中，必须使用别名区分相同的表。

	SNO	SName	BirthYear	Ssex	college	Major	WeiXin	GoodsNO	SNO	HappenTime	Number
1	S03	伍民	1998	男	CS	MIS	wx003	GN0001	S03	2018-04-07 00:00:00.000	1
2	S06	张舒	2001	男	CS	MIS	wx006	GN0001	S06	2018-06-12 00:00:00.000	2
3	S06	张舒	2001	男	CS	MIS	wx006	GN0002	S06	2018-06-16 00:00:00.000	2
4	S06	张舒	2001	男	CS	MIS	wx006	GN0003	S06	2018-07-01 00:00:00.000	2
5	S03	伍民	1998	男	CS	MIS	wx003	GN0006	S03	2018-05-07 00:00:00.000	1
6	S06	张舒	2001	男	CS	MIS	wx006	GN0008	S06	2018-06-26 00:00:00.000	1

图 3-37　例 3-53 查询结果

【例 3-54】　查询"CS"学校各学生的消费金额。

```
SELECT college, SNAME, SUM(SA.Number * SalePrice) 消费金额
FROM Student S JOIN SaleBill  SA ON S.SNO = SA.SNO
 JOIN Goods G ON G.GoodsNO = SA.GoodsNO
WHERE college = 'CS'GROUP BY college,SNAME
```

查询结果如图 3-38 所示。在例子中，使用 JOIN 连接了三张表，Student、SaleBill 和 Goods，连接更多的表只需要在现有基础上加 JOIN…ON 就行了。SUM 函数的参数为一个表达式：SA. Number * SalePrice。先用 WHERE college＝'CS'

	college	SNAME	消费金额
1	CS	李明	64.50
2	CS	伍民	121.50
3	CS	徐好	77.80
4	CS	张舒	85.60

图 3-38　例 3-54 查询结果

子句对数据进行选择再分组。也可以先分组再用 HAVING 筛选,SQL 语句如下。

```
SELECT college,SNAME,SUM(SA.Number * SalePrice)消费金额
FROM Student S JOIN SaleBill   SA ON S.SNO = SA.SNO JOIN Goods G
ON G.GoodsNO = SA.GoodsNO
GROUP BY college,SNAME
HAVING college = 'CS'
```

2) 自连接

自连接将同一张表进行连接。在连接时必须使用别名使同一张表在逻辑上成为两张表。

【例 3-55】 查询与商品"麦氏威尔冰咖啡"同一类别的商品的商品编号、商品名。

```
SELECT G2.GoodsNO, G2.GoodsName FROM Goods   JOIN Goods G2
ON Goods.CategoryNO = G2.CategoryNO
WHERE Goods.GoodsName = '麦氏威尔冰咖啡'
AND G2.GoodsName!= '麦氏威尔冰咖啡'
```

	GoodsNO	GoodsName
1	GN0002	捷荣三合一咖啡
2	GN0003	力神咖啡
3	GN0004	麦氏威尔小三合一咖啡
4	GN0005	雀巢香滑咖啡饮料
5	GN0006	雀巢听装咖啡

图 3-39　例 3-55 查询结果

查询结果如图 3-39 所示。在该例语句中,只对后一个表名指定了别名即可完成自连接,为了书写方便,也可以为第一个表名取上别名。同类别商品具有相同的类别编号,所以用 CategoryNO 作为连接字段,即同类别编号的商品的元组都会连接一次。商品名为"麦氏威尔冰咖啡"的元组会与同类别商品元组连接,所以子句 WHERE Goods.GoodsName = '麦氏威尔冰咖啡'就把该类别商品筛选出来,同时查询"麦氏威尔冰咖啡"同类别商品,后一个子句 G2.GoodsName! = '麦氏威尔冰咖啡'将该元组排除在外。

2. 外连接

内连接是将满足连接条件的元组连接起来形成结果集元组,但有时用户需要将不满足连接条件的元组也显示在结果集中,例如查看哪些商品没有人买。这时就需要使用外连接来完成此类查询。外连接包括全外连接,左外连接和右外连接。

3 自身连接、
外连接

1) 全外连接

全外连接是将参与连接的表中不满足连接条件的元组均显示出来,无对应连接元组值使用 NULL 填充。假设有两个表 A 与 A2,其数据如图 3-40 和图 3-41 所示。全外连接使用 FULL [OUTER] JOIN…ON 语句连接。如果将 A 与 A2 全外连接,则 SQL 语句如下。

```
SELECT * FROM A FULL   JOIN A2 ON A.SNO = A2.SNO
```

	SNO	SNAME
1	01	A1
2	02	A2
3	03	A3
4	04	A4

图 3-40　A 表数据

	SNO	SNAME
1	03	B3
2	04	B4
3	05	B5
4	06	B6

图 3-41　A2 表数据

查询结果如图 3-42 所示。两表中 SNO 相等值只有"01""02",它们所在的元组对应连接,其余的在对方表无对应值的元组也在结果集中显示,均用 NULL 填充。

2）左外连接

左外连接使用 LEFT [OUTER] JOIN…ON 语句连接。左边表的元组不管满不满足连接条件均显示，右边表不满足连接条件的不显示。如果将 A 与 A2 左外连接的话，其 SQL 语句如下。

```
SELECT * FROM A LEFT  JOIN A2 ON A.SNO = A2.SNO
```

查询结果如图 3-43 所示。

	SNO	SNAME	SNO	SNAME
1	01	A1	NULL	NULL
2	02	A2	NULL	NULL
3	03	A3	03	B3
4	04	A4	04	B4
5	NULL	NULL	05	B5
6	NULL	NULL	06	B6

图 3-42　全外连接查询结果

	SNO	SNAME	SNO	SNAME
1	01	A1	NULL	NULL
2	02	A2	NULL	NULL
3	03	A3	03	B3
4	04	A4	04	B4

图 3-43　左外连接查询结果

3）右外连接

右外连接使用 RIGHT [OUTER] JOIN…ON 语句连接。右边表的元组不管满不满足连接条件均显示，左边表不满足连接条件的不显示。如果将 A 与 A2 右外连接的话，其 SQL 语句如下。

```
SELECT * FROM A  RIGHT  JOIN A2 ON A.SNO = A2.SNO
```

查询结果如图 3-44 所示。改变表在语句中的位置，左外连接与右外连接的查询结果可以一样。查询语句

```
SELECT * FROM A  LEFT  JOIN A2 ON A.SNO = A2.SNO
```

的查询结果可以用语句

```
SELECT * FROM A2  RIGHT JOIN A ON A.SNO = A2.SNO
```

得到。

【例 3-56】 查询没人购买的商品，列出商品名与现货存量。

```
SELECT GoodsName,G.Number FROM Goods G LEFT
JOIN SaleBill GA ON GA.GoodsNO = G.GoodsNO
WHERE GA.SNO IS NULL
```

查询结果如图 3-45 所示。

	SNO	SNAME	SNO	SNAME
1	03	A3	03	B3
2	04	A4	04	B4
3	NULL	NULL	05	B5
4	NULL	NULL	06	B6

图 3-44　右外连接查询结果

	GoodsName	Number
1	麦氏威尔小三合一咖啡	20
2	力士柔亮洗发水（中/干）	20
3	风影去屑洗发水(清爽)	6

图 3-45　例 3-56 查询结果

3.3.3　子查询

在查询中,有一些 SQL 查询语句会用到其他 SQL 查询语句的结果。此时使用子查询是一个很好的方法。子查询就是嵌套在另一个查询语句中的查询语句,因此,子查询也叫嵌套查询。包含子查询的查询通常称为外层查询,通常是从查询语句的第一个"SELECT"开始的查询语句,嵌套在其中的子查询称为内层查询。

1. 不相关子查询

不相关子查询是指内层查询条件不依赖于外层查询。即单独执行内层语句也会得到明确结果集。

【例 3-57】 查询与商品"麦氏威尔冰咖啡"同一类别的商品的商品编号、商品名。

在前面的例子中,使用自连接完成,本节中使用子查询分如下步骤完成。

(1) 查询商品"麦氏威尔冰咖啡"的商品类别编号。

```
SELECT CategoryNO  from Goods WHERE GoodsName = '麦氏威尔冰咖啡'
```

查询结果为"CN001"。

(2) 查询种类编号为"CN001"的商品名字。

```
SELECT GoodsName FROM Goods WHERE CategoryNO = 'CN001'
```

(3) 排除"麦氏威尔冰咖啡"商品。

```
SELECT GoodsName FROM Goods WHERE CategoryNO = 'CN001'
AND GoodsName != '麦氏威尔冰咖啡'
```

"CN001"是第一步查询的结果,第二步需要的结果可以用第一步的查询语句替代,并用小括号将该查询语句括起来。

```
SELECT GoodsName FROM Goods WHERE CategoryNO =
  (SELECT CategoryNO  from Goods WHERE
  GoodsName = '麦氏威尔冰咖啡')
AND GoodsName != '麦氏威尔冰咖啡'
```

查询结果同例 3-55。语句中的"="也可用"IN"代替。只要子查询的结果是确定的,就可以用与其数据类型相符的运算符进行比较。

【例 3-58】 查询进价大于平均进价的商品名称和进价。

(1) 查询商品平均进价。

```
SELECT AVG(InPrice) FROM Goods
```

查询结果为"20.617000"。

(2) 查询进价大于 20.617 的商品名称和进价。

```
SELECT GoodsName,InPrice FROM Goods
WHERE InPrice > 20.617
```

第二步的 20.617 用第一步的子查询代码替代:

```
SELECT GoodsName,InPrice FROM Goods
```

```
WHERE InPrice >
(SELECT AVG(InPrice) FROM Goods)
```

查询结果如图 3-46 所示。

【例 3-59】　查询购买了"东莞市南城久润食品贸易部"经销的商品的学生学号和姓名。

（1）查询"东莞市南城久润食品贸易部"的供货商编号。

```
SELECT   SupplierNO    FROM Supplier
WHERE    SupplierName = '东莞市南城久润食品贸易部'
```

查询结果为"Sup002"。

（2）查询供货商编号为"Sup002"的供货商经销的商品编号。

```
SELECT GoodsNO FROM Goods WHERE SupplierNO = 'Sup002'
```

查询结果为两个元组，商品编号列值分别为"GN0002"和"GN0003"。

（3）查询购买了商品编号为"GN0002"或"GN0003"的商品的学生学号。

```
SELECT   DISTINCT SNO FROM SaleBill
WHERE GoodsNO IN ('GN0002','GN0003')
```

查询结果为 4 个元组，学号列值分别为"S01""S02""S05"和"S06"。

（4）根据学号查询学生姓名。

```
SELECT SNO,SName FROM STUDENT
WHERE SNO IN('S01','S02','S03','S04')
```

查询结果如图 3-47 所示。

	GoodsName	InPrice
1	雀巢听装咖啡	84.21
2	夏士莲丝质柔顺洗发水	25.85
3	力士柔亮洗发水（中/干）	22.65
4	风影去屑洗发水(清爽)	22.98

图 3-46　例 3-58 查询结果

	SNO	SName
1	S01	李明
2	S02	徐好
3	S03	伍民
4	S04	闵红

图 3-47　例 3-59 查询结果

将子查询结果用相应的子查询语句替代：

```
SELECT SNO,SName FROM STUDENT   WHERE SNO
IN
    (SELECT   DISTINCT SNO FROM SaleBill
    WHERE GoodsNO
    IN
        (SELECT GoodsNO FROM Goods
        WHERE SupplierNO =
            (SELECT SupplierNO FROM Supplier
            WHERE
            SupplierName = '东莞市南城久润食品贸易部')))
```

由本例可见，复杂的查询结果可以由简单的查询组合得到。这也是 SQL 结构化的优点之一。

2. 相关子查询

如果子查询内层查询的查询条件依赖于外层查询,则被称为相关子查询。

1) 不带 EXISTS 谓词的子查询

【例 3-60】 查询超过同种类商品平均进价的商品信息。

```
SELECT * FROM Goods WHERE InPrice >
    (SELECT AVG(InPrice) FROM Goods G
    WHERE CategoryNO = Goods.CategoryNO)
```

查询结果如图 3-48 所示。对于每个外层查询的元组,内层根据其类别号计算出该类别商品的平均进价,再用外层查询当前定位的元组的进价与平均进价比较。内层查询的商品类别号由外层当前定位的元组的类别号决定,因此是相关查询。

	GoodsNO	SupplierNO	CategoryNO	GoodsName	InPrice	SalePrice	Number	ProductTime	QGPeriod
1	GN0006	Sup003	CN001	雀巢听装咖啡	84.21	113.70	6	2018-05-06 00:00:00	18
2	GN0007	Sup004	CN002	夏士莲丝质柔顺洗发水	25.85	35.70	30	2018-03-08 00:00:00	36

图 3-48 例 3-60 查询结果

2) 带 EXISTS 谓词的子查询

带有 EXISTS 谓词的子查询不返回任何数据,如果子查询结果不为空,则返回真值"TRUE",否则返回假值"FALSE"。NOT EXISTS 则相反。因为只关心返回真值或假值,不关心具体数据,所以带 EXISTS 谓词的子查询往往用"*"代替目标列。

【例 3-61】 查询购买了商品的学生信息。

```
SELECT * FROM Student WHERE EXISTS
    (SELECT * FROM SaleBill WHERE SNO = Student.SNO)
```

查询结果如图 3-49 所示。

	SNO	SName	BirthYear	Ssex	college	Major	WeiXin
1	S01	李明	2001	男	CS	IT	wx001
2	S02	徐好	2000	女	CS	IT	wx002
3	S03	伍民	1998	男	CS	MIS	wx003
4	S04	闵红	1999	女	ACC	AC	wx004
5	S05	张小红	1999	女	ACC	AC	wx005
6	S06	张舒	2001	男	CS	MIS	wx006

图 3-49 例 3-61 查询结果

本例中,外层查询先定位 Student 表中的第一个元组,此时取出的 SNO 列值为"S01",内层查询根据"S01"在 SaleBill 中查询,如果不为空,则返回真值,则 Student 表中第一个元组被放入结果集,如果为空,返回假值,则第一个元组不被放入结果集。然后外层定位 Student 表中第二个元组,重复这一过程,直到 Student 表查询完毕。

【例 3-62】 查询至少购买了学生 S02 购买的全部商品的学生学号。

本例中,实际上是查找这样的学生 S,凡是 S02 号学生购买过的商品,他(她)都应该购买了。在 SQL 语句中,一次只能处理一个元组。本例中,处理某学生一个元组时,不能知道该学生的其他元组是否包含在 S02 学生的购买商品集合里。因此,可以将该查询转换为如下语义:不存在这样的商品,学生 S02 购买了,而学生 S 没有购买。

```
SELECT DISTINCT SNO FROM SaleBill S1 WHERE
  S1.SNO!= 'S02'AND NOT EXISTS                              --1 层查询
        (SELECT * FROM SaleBill S2 WHERE S2.SNO = 'S02'AND  --2 层查询
        NOT EXISTS
            (SELECT * FROM SaleBill S3
            WHERE S3.SNO = S1.SNO AND
            S3.GoodsNO = S2.GoodsNO                          --3 层查询
            ) )
```

查询结果为"S06"。

为解释执行过程,分别考查不满足条件的学号"S01"和满足条件的学号"S06"。同时将最外层查询标记为 1 层,其次为 2 层,最里层为 3 层。

（1）对于学号"S01"

此时,1 层查询定位到学号为"S01"的元组,如图 3-50 所示。至于这个元组的选择条件是否为真,取决于 2 层查询的结果。因为 1 层查询的运算谓词为"NOT EXITS",因此 2 层查询结果集为空,逻辑值为 FALSE 时,1 层元组才会被选中。

	GoodsNO	SNO	HappenTime	Number
1	GN0001	S02	2018-05-03 00:00:00.000	1
2	GN0002	S02	2018-05-08 00:00:00.000	2
3	GN0003	S02	2018-07-08 00:00:00.000	2
4	GN0008	S02	2018-06-04 00:00:00.000	1

图 3-50 例 3-62 第 2 层查询过程示意图

在定位在第一条记录时,第 3 层查询条件为 SNO='S01',GoodsNO='GN0001'。查询结果为有一个记录,因为是 NOT EXISTS,所以对于第 2 层的第一个元组,查询条件为 FALSE,不筛选。

在定位在第二条记录时,第 3 层查询条件为 SNO='S01',GoodsNO='GN0002',查询结果为空。因为第二层子查询条件谓词为 NOT EXISTS,所以对于第二个元组,查询条件为 True,被筛选进第 2 层结果集。此时,因为第 2 层查询结果不为空,所以对于第 1 层的 NOT EXISTS 子句返回的逻辑值为 FALSE,则第 1 层中 SNO='S01'的记录不被筛选,即 S01 号学生没有购买 S02 号学生购买的所有商品。

（2）对于学号"S06"

在第 2 层查询定位第一条记录时,第 3 层查询条件为 SNO='S06',GoodsNO='GN0001'。查询结果为有一条记录,因为是 NOT EXISTS,所以对于第 2 层的第一个元组,查询条件返回逻辑值为 FALSE,不筛选。

在第 2 层查询定位第二、三、四条记录时,第 3 层查询条件分别为 SNO='S06',GoodsNO='GN0002';SNO='S06',GoodsNO='GN0003';SNO='S06',GoodsNO='GN0008'。查询结果均有一条记录,因为是 NOT EXISTS,所以对于第 2 层的第二、三、四条元组,查询条件返回逻辑值为 FALSE,均不筛选。

第 2 层查询完毕,无被筛选出元组,结果集为空。所以对于第 1 层的 NOT EXISTS 子查询,返回逻辑值为 TURE,即 S06 学号学生购买了 S02 号学生购买的所有商品。

从查询过程来看,第 2 层子查询的结果集是 S02 号学生购买商品元组,第 3 层查询某学号的学生购买商品的元组。如果第 2 层子查询的元组在第 3 层子查询均能查找到,很明显被判断的学号学生就购买了 S02 号学生购买的所有商品。

3.3.4 集合查询

SQL 还提供了集合查询操作,主要包括并操作 UNION、交操作 INTERSECT 和差操作 EXCEPT。参加集合操作的列数需相等,对应列的数据类型需相同。

【例 3-63】 查询 MIS 专业或出生年晚于 1999 年的学生信息。

```
SELECT  *  FROM Student WHERE Major = 'MIS'
UNION
SELECT  *  FROM STUDENT WHERE BirthYear > 1999
```

查询结果如图 3-51 所示。

	SNO	SName	BirthYear	Ssex	college	Major	WeiXin
1	S01	李明	2001	男	CS	IT	wx001
2	S02	徐好	2000	女	CS	IT	wx002
3	S03	伍民	1998	男	CS	MIS	wx003
4	S06	张舒	2001	男	CS	MIS	wx006
5	S07	王民为	1999	男	CS	MIS	wx007
6	S08	李士任	2001	男	ACC	AC	wx008

图 3-51　例 3-63 查询结果

【例 3-64】 查询 MIS 专业,出生年晚于 1991 年的学生信息。

```
SELECT  *  FROM Student WHERE Major = 'MIS'
        INTERSECT
SELECT  *  FROM STUDENT WHERE BirthYear > 1991
```

【例 3-65】 查询至少购买了学生 S02 购买的全部商品的学生学号。

```
SELECT DISTINCT SNO FROM SaleBill
WHERE SNO!= 'S02'AND   NOT EXISTS
   (
        (SELECT GoodsNO FROM SaleBill   WHERE SNO = 'S02')        -- 子查询 A
            EXCEPT
        (SELECT GoodsNO FROM SaleBill S WHERE
        S.SNO = SaleBill.SNO) )                                   -- 子查询 B
```

查询结果为 S06。

子查询中使用了差操作 EXCEPT,将子查询 A 的查询结果集中,去掉子查询 B 中有的元组。当外层查询中指定 SNO 为 S01 时,子查询 A 查询结果集为{ 'GN0001 ', 'GN0002 ', 'GN0003 ', 'GN0008 '},子查询 B 查询结果集为{ 'GN0001 ', 'GN0003 ', 'GN0007 '},求差结果为{ 'GN0002 ', 'GN0008 '},则外层 NOT EXISTS 查询条件返回假值,S01 号元组不被选择。对其余学号元组操作过程相同。

3.3.5 基于派生表查询

当子查询出现在 FROM 子句中时,子查询的查询结果形成一个临时派生表,这个表也可以作为查询对象。

【例 3-66】 查询各类别商品的商品种类名和平均售价。

```
SELECT   C.CategoryName , AVG_CA.AVGSALEPRICE
FROM Category C   JOIN
    (SELECT CategoryNO,AVG(SalePrice) FROM Goods
    GROUP BY CategoryNO)
    AS   AVG_CA(CategoryNO,AVGSALEPRICE)
ON C.CategoryNO = AVG_CA.CategoryNO
```

	CategoryName	AVGSALEPRICE
1	咖啡	25.833333
2	洗发水	33.050000

图 3-52   例 3-66 查询结果

查询结果如图 3-52 所示。

本例中,子查询 SELECT CategoryNO,AVG(SalePrice) FROM Goods GROUP BY CategoryNO 查询结果为生产派生表 AVG_CA,子句 AS AVG_CA(CategoryNO,AVGS-ALEPRICE)为派生表指定别名。如果没有聚合函数,派生表别名后可以不跟列名。AS 关键字可以省略。

【例 3-67】 查询购买了 GN0002 商品的学生信息。

```
SELECT * FROM Student S JOIN
    (SELECT SNO,GoodsNO FROM SaleBill WHERE GoodsNO = 'GN0002') SA_SNO ON S.SNO = SA_SNO.SNO
```

查询结果如图 3-53 所示。

	SNO	SName	BirthYear	Ssex	college	Major	WeiXin	SNO	GoodsNO
1	S02	徐好	2000	女	CS	IT	wx002	S02	GN0002
2	S05	张小红	1999	女	ACC	AC	wx005	S05	GN0002
3	S06	张舒	2001	男	CS	MIS	wx006	S06	GN0002

图 3-53   例 3-67 查询结果

3.3.6 使用 TOP 选择结果集元组

查询 SQL 使用 TOP 谓词选择前 n 条记录。一般格式为:

```
TOP   n  [percent] [ WITH TIES]
```

其中,n 为非负数,表示前 n 条元组;percent 表示前 n% 条元组;WITH TIES 表示包括并列结果,如果使用了 WITH TIES,则必须使用 ORDER BY 对结果集进行排序。

【例 3-68】 查询销售额前三的商品与销售额。

```
SELECT TOP 3   G.GoodsNO ,SUM(SA.Number * G.SalePrice)   GOODSUM
  FROM Goods G   JOIN   SaleBill   SA
ON SA.GoodsNO = G.GoodsNO
  GROUP BY G.GoodsNO
ORDER BY GOODSUM DESC
```

查询结果如图 3-54 所示。

【例 3-69】 查询年龄最大的 3 名学生的信息。

```
SELECT TOP 3   WITH TIES   *   FROM Student
  ORDER   BY   BirthYear
```

查询结果如图 3-55 所示。第 2~4 名出生年是一样的,所

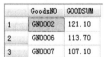

	GoodsNO	GOODSUM
1	GN0002	121.10
2	GN0006	113.70
3	GN0007	107.10

图 3-54   例 3-68 查询结果

第3章

以结果集有 4 条元组。这里的 ORDER BY 子句不能省略,否则会报错。

	SNO	SName	BirthYear	Ssex	college	Major	WeiXin
1	S03	伍民	1998	男	CS	MIS	wx003
2	S04	闵红	1999	女	ACC	AC	wx004
3	S05	张小红	1999	女	ACC	AC	wx005
4	S07	王民为	1999	男	CS	MIS	wx007

图 3-55　例 3-69 查询结果

3.4　数据更改

除了广泛使用的数据查询外,用户有时也需要对数据表中的数据进行更改。数据更改包括插入数据、修改数据和删除表中数据。

3 数据插入

3.4.1　插入数据

SQL 使用 INSERT 语句插入数据,通常有两种形式,一种是插入一个元组,另一种是插入子查询结果。

1. 插入元组

SQL 插入元组的格式为:

```
INSERT INTO < TABLE_name >
[(< COLUMN_name1 >[, COLUMN_name2] … )]
VALUES
(< CONSTANT1 >[,< CONSTANT2 >] … )
```

其中,如果插入全部列值,则列名可以省略。插入常量的顺序应该与对应的列名顺序一致,否则会出现字段语义错误,或者数据类型不匹配,系统会报错。如果 INTO 子句中只指定了部分列名,没有出现的列允许取空值,则新元组在没有出现的列上插入空值。

【例 3-70】　将学生程浩的信息插入 Student 表中。

```
INSERT INTO Student
VALUES ('S09','程浩',1999,'男','CS','IT','wx009')
```

或

```
INSERT INTO Student(SNO,SName,BirthYear,Ssex,college,Major,WeiXin)
VALUES    ('S09','程浩',1999,'男','CS','IT','wx009')
```

因为是插入全部列,所以第一种写法省略了列名。如果只插入学号、姓名、性别和学校的值,其余默认为空值,则可以写为

```
INSERT INTO Student(SNO,SName,Ssex,college)
VALUES    ('S09','程浩','男','CS')
```

2. 插入子查询结果

INSERT 子句后可以跟子查询语句,将子查询结果集插入相应的表里。其语句格式为:

```
INSERT INTO < TABLE_name >
```

```
( < COLUMN_name1 > [ ,< COLUMN_name2 > … ] )
SELECT …
```

执行该语句需要先建立表,然后将子查询结果集插入。

其语句格式也可以为:

```
SELECT < COLUMN_name1 >[ ,< COLUMN_name2 > … ]
 I NTO   < NEW_TABLE_name >
FROM …
```

不需要建立表,在执行语句的时候同时建立与查询字段同数据类型的表,该表必须是新表。

【例 3-71】 将例 3-56 的查询结果插入数据库。

使用第一种方法:先建立表 SubGoods,其中一列存放商品名,一列存放存量。

```
CREATE TABLE SubGoods(
GoodName varchar(100),
Number int
)
```

然后在例 3-56 的语句前添加“INSERT INTO SubGoods”:

```
INSERT INTO SubGoods
SELECT GoodsName, G. Number FROM Goods G
 LEFT JOIN SaleBill GA
ON GA. GoodsNO = G. GoodsNO   WHERE GA. SNO IS NULL
```

使用 SELECT ＊ FROM SubGood 查看表中数据,其查询结果如图 3-45 所示。

使用第二种方法:

```
SELECT GoodsName, G. Number into   SubGoods1
 FROM Goods G LEFT JOIN SaleBill GA
ON GA. GoodsNO = G. GoodsNO   WHERE GA. SNO IS NULL
```

其所建新表结构如图 3-56 所示,查询结果如图 3-45 所示。

列名	数据类型	允许 Null 值
GoodsName	varchar(100)	✓
Number	int	✓

图 3-56   SubGoods1 表结构

3.4.2   修改数据

SQL 可以根据需要使用 UPDATE 语句对数据表数据进行更新,其一般格式为:

```
UPDATE < TABLE_name >
SET < COLUMN_name = Expression >[ , … ]
 [ WHERE < UPDATE_condition >]
```

3 修改数据

其功能是修改指定表中满足 UPDATE_condition 的元组,使用 SET 子句的 Expression 值替代相应 COLUMN_name 原有值。如果没有 WHERE 子句,则对全表所有对应列进行修改。

1. 无条件更新

【**例 3-72**】 将货物保有量均加 2。

```
UPDATE Goods SET Number = Number + 2
```

2. 有条件更新

【**例 3-73**】 将过期商品现货存量清零。

```
UPDATE Goods
SET Number = 0
WHERE DATEDIFF(DAY,ProductTime,GETDATE()) - QGPeriod * 30 > 0
```

【**例 3-74**】 将"重庆缙云日化品贸易公司"的商品加价 10%。

使用连接方式的 SQL 语句：

```
UPDATE Goods
SET SalePrice = SalePrice * 1.1
  FROM Supplier S JOIN Goods G ON G.SupplierNO = S.SupplierNO
WHERE SupplierName = '重庆缙云日化品贸易公司'
```

使用子查询方式：

```
UPDATE Goods
SET SalePrice = SalePrice * 1.1
WHERE SupplierNO IN
        (SELECT SupplierNO FROM Supplier
          WHERE SupplierName = '重庆缙云日化品贸易公司')
```

3.4.3 删除数据

3 删除数据

使用 SQL 删除数据的一般格式为：

```
DELECT [FROM]  < TABLE_name >
[WHERE < DELETE_condition >]
```

DELETE 删除满足条件的元组，FROM 关键字可以省略。没有 WHERE 子句则删除表中全部元组。DELETE 与 DROP 的不同之处在于，前者删除表中的数据，后者删除表的结构。使用 DROP 后，数据库中不再存在删除对象。

1. 无条件删除

无条件删除是删除表中全部数据。

【**例 3-75**】 删除例 3-71 SubGoods 表中的数据。

```
DELETE SubGoods
```

2. 有条件删除

【**例 3-76**】 将重庆缙云日化品贸易公司的商品下架，即删除该供应商在商品表中的元组。

1）使用连接方式

```
DELETE FROM Goods
```

```
FROM Supplier S JOIN Goods G ON G.SupplierNO = S.SupplierNO
WHERE SupplierName = '重庆缙云日化品贸易公司'
```

2）使用子查询方式

```
DELETE   FROM Goods
WHERE SupplierNO IN
        (SELECT SupplierNO FROM Supplier
        WHERE SupplierName = '重庆缙云日化品贸易公司')
```

3.5　视　　图

视图是数据库中的常用对象之一,它的内容是数据库部分数据或以聚合等方式重构的数据。在数据库中只存放视图的定义,不存放视图对应的数据,这些数据仍在原数据表中,只有执行视图查询的时候,这些数据才出现在结果集中。因为不存储数据,所以视图与基本表不同,是一个虚表。同时,因为数据存在基本表中,如果基本表的数据发生变化,视图查询的结果集会随之改变。

视图的数据来源可以是一个表,也可以是多个表。定义好的视图可以和基本表一样被查询、被删除。

3.5.1　定义视图

1. 定义视图
SQL 使用 CREATE VIEW 语句定义视图,其一般格式为:

```
CREATE VIEW < VIEW_name >
[(< COLUMN_name >[,< COLUMN_name >][ … ])]
AS   < SELECT … >
[WITH CHECK OPTION]
```

其中,AS 后的子查询可以是任意具体的数据库系统支持的 SELECT 语句。语句 WITH CHECK OPTION 表示通过视图进行更新操作时要保证更新的数据满足子查询的条件表达式。

组成视图的列名要么省略,要么全部指定。如果省略,则视图的列名就由子查询中的列名组成。在下列情况下,必须指定视图列名。

（1）子查询的某个目标列是聚合函数或列表达式。

（2）多表连接时出现同名列作为视图的列。

（3）需要在视图中指定新列名替代子查询列名。

【例 3-77】　建立咖啡类商品的视图。

```
CREATE VIEW Coffee
AS
SELECT GoodsNO,GoodsName,InPrice,SalePrice,ProductTime
  FROM Goods G JOIN Category C ON G.CategoryNO = C.CategoryNO
  WHERE CategoryName = '咖啡'
```

本例中省略了视图列名,则以子查询目标列为列名。同时子查询以 Goods 表和 Category 表作为数据源。

【例 3-78】 建立 MIS 专业学生的视图,并要求通过视图完成修改与插入操作时视图仍只有 MIS 专业学生。

```
CREATE VIEW MIS_student
 AS
 SELECT * FROM Student WHERE Major = 'MIS'
WITH CHECK OPTION
```

本例使用 WITH CHECK OPTION 语句对以后通过视图进行插入、修改的数据进行限制,均要求满足 Major = 'MIS'条件。

视图可以定义在已经定义的视图上,也可以建立在表与视图的连接上。

【例 3-79】 建立购买了咖啡类商品的学生视图。

```
CREATE VIEW Buy_coffee
 AS
SELECT * FROM Student  WHERE EXISTS
     (
     SELECT * FROM SaleBill S JOIN Coffee  C ON C.GoodsNO = S.GoodsNO
     WHERE S.SNO = Student.SNO )
```

本例基于视图 Coffee 建立了新的视图。

定义基本表时,为了减少数据冗余,表中只存放基本数据,在基本数据上的聚合运算、列表达式运算等一般不予存储。可以定义视图存储这些运算结果,便于使用。

【例 3-80】 建立保存商品编号与销售额的视图。

```
CREATE VIEW SumSale(GoodsNO, SumSale)
AS
SELECT G.GoodsNO,   SUM(SalePrice * S.Number)   SumSale
FROM SaleBill S JOIN Goods G ON S.GoodsNO = G.GoodsNO
group by G.GoodsNO
```

本例中,商品销售额由该商品售价与数量相乘再累加获得,因为不是原数据表列,所以在视图中必须使用新的列名,这里命名为"SumSale"。

视图子查询也可以用 TOP、ORDER BY 谓词。

【例 3-81】 建立销售额前 5 的商品视图。

```
CREATE VIEW Top5SumSale(GoodsNO, SumSale)
AS
SELECT TOP 5  G.GoodsNO,   SUM(SalePrice * S.Number)   SumSale
FROM SaleBill S JOIN Goods G ON S.GoodsNO = G.GoodsNO
group by G.GoodsNO
ORDER BY   SumSale   DESC
```

2. 删除视图

SQL 使用 DROP VIEW 语句删除视图,一般格式为:

```
DROP VIEW < VIEW_name >
```

【例 3-82】 删除视图 Coffee。

```
DROP VIEW Coffee
```

需要注意的是，因为视图 Buy_coffee 部分建立在 Coffee 上，所以删除 Coffee 后，查询 Buy_coffee 不会成功。对于建立在基本表上的视图也一样，如果基本表结构发生变化甚至被删除，则查询视图也会报错。

3.5.2 查询视图

3 视图的操作和作用

定义好视图，就可以像查询基本表一样查询视图了。

【例 3-83】 查询 MIS 专业购买了咖啡类商品的学生信息。

```
SELECT * FROM Buy_coffee WHERE Major = 'MIS'
```

查询结果如图 3-57 所示。数据库系统执行该查询时，先检查涉及的对象是否存在（视图 Buy_coffee），然后取出视图的定义，将定义中的子查询与用户的查询结合起来（Major = 'MIS'），转换为对基本表的等价查询语句。

```
SELECT * FROM Student  WHERE Major = 'MIS'
AND EXISTS(
       SELECT * FROM SaleBill S JOIN Coffee  C
         ON C.GoodsNO = S.GoodsNO
       WHERE S.SNO = Student.SNO )
```

	SNO	SName	BirthYear	Ssex	college	Major	WeiXin
1	S03	伍民	1998	男	CS	MIS	wx003
2	S06	张舒	2001	男	CS	MIS	wx006

图 3-57　例 3-83 查询结果

【例 3-84】 查询销售额前 5 商品的供应商编号。

```
SELECT Top 5 SupplierNO FROM SumSale T
  JOIN Goods G ON G.GoodsNO = T.GoodsNO
  ORDER BY SumSale DESC
```

【例 3-85】 查询销售额大于 100 的商品编号和销售额。

```
SELECT * FROM SumSale WHERE SumSale > 100
```

查询结果如图 3-58 所示。这里视图列名与视图相同，这是允许的。在视图中，列名 SumSale 表示的是表达式 SalePrice * S.Number，所以在转换查询时，应该使用 HAVING 谓词。

	GoodsNO	SumSale
1	GN0002	121.10
2	GN0006	113.70
3	GN0007	107.10

```
SELECT G.GoodsNO,  SUM(SalePrice * S.Number)  SumSale
FROM SaleBill S  JOIN Goods G ON S.GoodsNO = G.GoodsNO
  group by G.GoodsNO
  HAVING  SUM(SalePrice * S.Number) > 100
```

图 3-58　例 3-85 查询结果

HAVING 子句 SUM(SalePrice * S.Number) > 100 中的表达式 SUM(SalePrice * S.Number) 也不能换成表达式别名 SumSale。

3.5.3 更新视图

更新视图是通过视图来插入、删除、修改数据。由于视图不存储数据,通过视图更新数据最终要转换为对基本表的更新。

【例 3-86】 在 Buy_coffee 视图中插入一个新的学生信息,其中学号为 S09,姓名为 程伟,出生年份为 1993,其余为空。

```
INSERT INTO Buy_coffee (SNO,SName,BirthYear)
 VALUES('S09','程伟',1993)
```

执行时 SQL 转换为

```
INSERT INTO Student (SNO,SName,BirthYear)
VALUES('S09','程伟',1993)
```

S09 学生是新加入的,没有购买过咖啡,并不属于视图 Buy_coffee 包含的数据。为防止这种通过视图更新不属于视图范围的数据,可以在定义视图时添加 WITH CHECK OPTION 子句。

【例 3-87】 将视图 MIS_student 中姓名为"李明"的学生微信更改为"LiMing"。

```
UPDATE MIS_student SET WeiXin = 'LiMing'
 WHERE SName = '李明'
```

会发现系统给出提示:(0 行受影响)。原因是视图 MIS_student 在定义时添加了 WITH CHECK OPTION 子句。学生"李明"不是 MIS 专业的,不满足定义视图时的条件 "Major = 'MIS'"。如果更改 MIS 专业学生"徐好"的信息,则会成功。

【例 3-88】 将视图 MIS_student 中姓名为"闵红"的学生元组删除。

```
DELETE FROM MIS_student   WHERE SName = '闵红'
```

同例 3-87 原因一样,删除闵红学生的元组也不会成功,因为闵红不是 MIS 专业学生。

对于不能唯一地转换为对应基本表更新的视图更新,数据库系统会拒绝执行。例如对于语句

```
DELETE FROM Coffee   WHERE GoodsName = '力神咖啡'
```

系统会给出提示"视图或函数 'Coffee' 不可更新,因为修改会影响多个基表",因为视图 Coffee 连接两个表。要想将 GN0002 商品的销售额改为 120,执行语句

```
UPDATE SumSale SET SumSale = 120 WHERE GoodsNO = 'GN0002'
```

也不会成功,系统会给出提示"对视图或函数 'SumSale' 的更新或插入失败,因其包含派生域或常量域。",因为 SumSale 字段是各商品销售额的总和,数据库系统无法修改各商品销售额使其总和为 120。

3.5.4 视图的作用

合理使用视图会带来许多好处。

1. 简化数据查询

利用视图,用户可以把经常使用的连接查询、聚合查询等比较复杂的查询定义为视图,这样执行相同查询时,不必重新编写复杂的语句。此时,视图向用户隐藏了复杂的操作,降低了用户操作数据的要求。

2. 使用户多角度看待同一数据

对同一数据,不同用户可以根据需要提取基本表各属性,或者对各属性列进行分组、聚合运算等操作,从而组成新的逻辑对象,提高了数据库应用的灵活性。

3. 提供一定程度的逻辑独立性

当用户对数据库进行增加新的关系或添加新的字段等数据库重构行为时,会影响应用程序的运行。使用视图构造数据库重构之前的逻辑关系,可以保持用户应用程序不变,从而保持了数据逻辑独立性。

4. 提供数据库安全性

可以在设计数据库时对不同用户定义不同的视图,使各级用户只能看到权限范围内的数据。例如,校园超市数据库中的商品表的进价等机密数据就不能被一般员工查询,可以在商品表上建立一个不含进价字段的视图,让一般用户通过视图访问数据表中的数据,而不授予直接访问基本表的权限,这样就在一定程度上提高了数据库安全性。

小　结

本章介绍了 SQL 的发展历程及其在定义、查询数据库对象中的应用。数据库对象包括基本表、视图、索引、约束等。SQL 使用 CREATE 命令定义对象,使用 ALTER 命令维护基本表及其约束,使用 DROP 命令删除各类对象。

SQL 的强大功能还体现在数据查询上。使用 SELECT 查询语句,可以完成单表查询、多表连接查询、子查询、派生表查询等查询。使用 INSERT 命令插入数据,还可以通过子查询插入数据。使用 DELETE 命令删除数据,UPDATE 更新数据。也可以通过视图简化查询、更新数据。

习　题

一、简答题

1. 日期类型的输入格式有哪些?

2. 字符串"国庆节快乐"分别用 CHAR(n)、NCHAR(n) 类型字段来存储,其中的 n 最小定义为多大合适?

3. CHAR(n) 和 VARCHAR(n) 的区别是什么? 其中 n 表示什么?

4. UNIQUE 的作用是什么? 对数据进行什么操作时,检查 UNIQUE 约束?

5. 当操作违反参照完整性约束条件时,一般是怎样处理的?

6. 建立索引需要考虑什么准则?

7. 一个表可以建立多个聚集索引吗?

8. 索引提高查询速度的原理是什么? 有哪些类型?

9. 聚集索引一定是唯一索引,这种说法正确吗?反之呢?

10. 索引能提高查询速度,能否在表的每个列都建立索引?

11. 试述数据库完整性约束的种类与作用。

12. 唯一约束与主码约束的区别是什么?

13. 简述视图与基本表的区别和联系。试述视图的优点。

14. 所有的视图是否都可以更新?为什么?

15. 建立视图需要考虑什么准则?

二、综合题

利用本章定义的表 Category、Goods、SaleBill、Student 和 Supplier,编写 SQL 语句完成下列操作。

1. 查询 IT 专业的学生信息。

2. 查询 1992 年后出生的 MIS 专业学生信息。

3. 查询每个供应商供应的商品种类数,列出供应商编号、商品种类数。

4. 统计各供应商的各类别商品的销售额。

5. 分别统计男女生购买的商品类别及其数量。

6. 分别统计男女生购买金额前 3 的商品信息。

7. 查询价格最高的前 3 种商品,列出商品名、库存数量。

8. 查询利润率最高的前 3 种商品,列出商品名、库存数量。

9. 查询购买咖啡数量最多的学生信息,按购买数量降序排列。

10. 查询没有购买过咖啡的学生信息。

11. 建立 Supplier 表上供应商名称的唯一非聚集索引。

12. 查询购买了商品编号为"GN0001""GN0002"商品的学生信息。

13. 建立视图,存储将在 30 天内过期的商品信息。

14. 通过 13 题视图,将 30 天内过期的商品售价修改为 8 折。

15. 统计各校的销售额,并插入一个新表。

16. 查询贡献利润最高的学校、专业。

17. 删除销售额排名后两位的供应商信息。

18. 将利润率大于 30% 的商品降价 5%。

实　　验

实验 3-1　数据库、数据表定义

一、实验目的

掌握数据库定义及删除。

掌握基本表的定义、修改、删除。

掌握添加、删除约束。

二、实验平台

操作系统:Windows XP/7/8/10。

数据库管理系统：SQL Server 2012。

三、实验内容

1. 使用 SQL 语句创建数据库 students，数据文件初始大小 6MB，增量 1MB，最大 100MB；日志文件初始大小 3MB，增量 10％，最大 80MB，存放 E 盘。

2. 创建表文件 Student、Course、Sc，表结构如表 3-7～表 3-9 所示。

表 3-7　Student 表结构

列　　名	含　　义	数 据 类 型	约　　束
Sno	学号	CHAR(7)	主码
Sname	姓名	NCHAR(5)	非空
Sex	性别	NCHAR(1)	
Sage	年龄	TINYINT	
Sdept	所在系	NVARCHAR(20)	

表 3-8　Course 表结构

列　　名	含　　义	数 据 类 型	约　　束
Cno	课程号	CHAR(6)	主码
Cname	课程名	NVARCHAR(20)	非空
Ccredit	学分	TINYINT	
Semester	学期	TINYINT	

表 3-9　Sc 表结构

列　　名	含　　义	数 据 类 型	约　　束
Sno	学号	CHAR(7)	主码
Cno	课程号	CHAR(6)	主码
Grade	成绩	TINYINT	

3. 为表 Student 添加地址列 Address，数据类型为 NVARCHAR(50)。

4. 将地址列数据类型修改为 NVARCHAR(30)。

5. 删除地址列。

6. 为 Sc 表中的 Sno 添加外码约束，引用 Student 表的 Sno；为 Sc 表添加外码约束，引用 Course 表的 Cno。

7. 为 Student 表中的 Sname 列添加唯一约束，使其值不重复。

8. 为 Sc 表中的 Grade 列添加 CHECK 约束，使其值为 0～100。

9. 为 Student 表中的 Sage 列添加 DEFAULT 约束，使其默认值为 19。

10. 删除第 9 题中的 DEFAULT 约束。

实验 3-2　数据查询

一、实验目的

掌握单表查询。

掌握多表连接查询。

掌握子查询、集合查询。

掌握派生表查询。

掌握聚合函数使用方法。

二、实验平台

操作系统：Windows XP/7/8/10。

数据库管理系统：SQL Server 2012。

三、实验内容

在数据库 supermarket 上完成下列操作。

1. 查询商品种类信息。

2. 查询 IT 专业所有学生信息。

3. 查询 MIS 专业年龄小于 20 岁的学生信息。并为 MIS 列取别名为"信息管理系统"。

4. 查询利润率大于 30% 的商品编号与商品名。

5. 查询广州佛山供应的商品信息。

6. 查询购买了商品种类为咖啡的 MIS 专业的学生信息。

7. 查询购买了商品种类为咖啡的各专业的学生人数。

8. 查询购买各商品种类的各专业的学生人数。

9. 查询从未购买过商品的学生信息。

10. 查询与商品编号 GN0005 相同产地的商品编号、商品名。

11. 使用派生表查询各供应商的存货量。

12. 查询售价大于该种类商品售价均值的商品号、商品名。

13. 分别用子查询与连接查询查询购买了商品编号为"GN0003"和"GN0007"的学生学号与姓名。

14. 查询各校销售额。

15. 查询购买额前三的校名、专业名。

16. 使用集合查询方式查询生产日期早于 2018-1-1 或库存量小于 30 的商品信息。

实验 3-3 索引与视图

一、实验目的

掌握索引建立、修改与删除。

掌握建立视图、修改视图、删除视图。

掌握使用视图查询、更新数据。

二、实验平台

操作系统：Windows XP/7/8/10。

数据库管理系统：SQL Server 2012。

三、实验内容

在数据库 supermarket 上完成下列操作。

1. 为表 Supplier 的字段 SupplierName 创建一个非聚集、唯一索引。

2. 使用系统存储过程 Sp_helpindex 查看表 Supplier 的索引情况,如果已有主码,能否为其再建立一个聚集索引? 为什么?

3. 删除第 1 题中所建立的索引。

4. 写出创建满足下述要求的视图的 SQL 语句。

(1) 统计每个学生的消费金额。

(2) 统计每个供货商提供的商品种类(一个商品编号代表一种)。

(3) 统计各商品种类的销售数量及平均售价。

(4) 建立 Sup001 供货商的商品信息视图,并要求通过视图完成修改与插入操作时视图仍只有 Sup001 供货商的商品。

5. 利用上述视图,完成如下任务。

(1) 统计每个 MIS 专业学生的消费金额。

(2) 查询售价低于该商品种类售价平均价的商品名和售价。

(3) 利用第 4 题(4)中的视图插入供货商 Sup002 的商品信息,结果如何? 为什么?

(4) 利用第 4 题(4)中的视图删除 GN0004 的商品信息,结果如何? 为什么?

(5) 查询供货种类大于等于 2 的供货商的名称及数量。

实验 3-4 数据更新

一、实验目的

掌握插入数据、删除数据、修改数据。

掌握使用子查询插入数据、更新数据。

二、实验平台

操作系统:Windows XP/7/8/10。

数据库管理系统:SQL Server 2012。

三、实验内容

在数据库 supermarket 上完成下列操作。

1. 添加新品"GN0011　Sup002　CN001　乐至三合一咖啡　12.30　17.30　100　2018-11-12　18"。

2. 先建立一张新表,使用子查询将各月的销售额插入该表,存储月份及销售额。

3. 使用子查询将各学生的购买额插入新表,由系统自建新表,存储学生学号、姓名、销售额。

4. 将所有商品存量增加 2。

5. 将保质期还有 30 天的商品价格打 8 折。

6. 分别使用子查询方式与连接方式将广州地区供货商的商品加价 10%。

7. 将销售额后两位的商品下架。

8. 删除销售额最小的供应商信息。

第 4 章　Transact-SQL 编程

　　SQL 作为标准的关系型数据库通用的语言,它以非过程化的形式对数据库进行各种操作,具有使用简单、功能丰富、面向集合、操作统一等优点。在现实应用中,很多业务处理是过程化的,直接使用 SQL 与应用系统进行交互,难以实现应用中的逻辑控制。Transact-SQL(T-SQL)是 SQL 的扩展版,不仅提供了 SQL 的四大子功能(DDL、DML、DQL、DCL),还具有过程控制和事务控制能力(流程控制、函数、存储过程、游标等),让数据库管理系统(如 SQL Server)与应用系统之间的交互性更强。

4.1　T-SQL 基础

4.1.1　数据类型及使用

　　数据类型是为数据表中的列、程序中的变量、表达式和过程中的参数设置其类型、大小和存储时需要多少空间来存储数据。T-SQL 的数据类型分为两类:系统提供的数据类型和用户自定义的数据类型。

1. 系统提供的数据类型

　　系统提供的数据类型是指 SQL Server 中可直接为一个对象设置类型的数据类型。它可分为如下几类。

　　1) 数值类型

　　SQL Server 支持两类数值类型:精确数值数据类型和近似数值数据类型。

　　精确数值数据类型是指在计算机中能够精确存储的数据,包括整数型、定点小数、货币数值等。表 4-1 列出了具体的数值类型名称、取值范围、长度和说明。

4 系统数据
类型

表 4-1　精确数值数据类型

数据类型		长度	取值范围	说　　明
整型	tinyint	1B	$0\sim255$	
	smallint	2B	$-2^{15}\sim2^{15}-1(-32\ 768\sim32\ 767)$	
	int	4B	$-2^{31}\sim2^{31}-1(-2\ 147\ 483\ 648\sim$ $2\ 147\ 483\ 647)$	
	bigint	8B	$-2^{63}\sim2^{63}-1$	
小数	numeric(p,q)	2～17B	$-10^{38}\sim10^{38}$	p 为精度,指可存储的十进制数的最大位数,q 为小数位数,默认值为 0
	decimal(p,q)			

	数据类型	长度	取 值 范 围	说 明
位	bit	1b	0 或 1	常用来表示真或假
货币	smallmoney	4B	$-2^{31} \sim 2^{31}-1$	精确到千分之十。存储的精度固定为 4 位小数
	money	8B	$-2^{63} \sim 2^{63}-1$	

近似数值数据类型表示浮点型数据的近似数据类型,其值是近似的,因此在计算机中不能精确地表示所有值。表 4-2 列出了近似数值数据类型的名称、取值范围、长度和说明。

表 4-2　近似数值数据类型

	数据类型	长 度	取 值 范 围	说 明
浮点数	real	4B	$-3.4e+38 \sim 3.4e+38$	可精确到 7 位
	float	4 或 8B	$-1.79e+308 \sim 1.79e+308$	可精确到 15 位
	double	8B		

2) 字符类型

字符类型用于表示各种汉字、英文字母、数字和各种符号组成的数据,是数据库中使用非常普遍的数据类型。字符类型的常量须用单引号括起来,比如'数据库系统'。

目前字符的编码方式有普通字符编码和统一字符编码(Unicode)两种方式。普通字符编码是指不同国家或地区的编码长度不一致,如英文字符的编码是 1B(8b),中文汉字的编码是 2B(16b)。统一字符编码是将世界上所有的字符统一进行编码,即不管是哪个国家或地区的字符均采用双字节(16b)进行编码。表 4-3 列出了所有的字符数据类型。

表 4-3　字符数据类型

	数据类型	长度	取 值 范 围	说 明
普通编码字符	char(n)	n B	n 的取值范围为 1~8000	固定长度,1 个字符占 1B;n 表示字符串的最大长度
	varchar(n)	输入的长度		可变长度,根据实际长度存储;n 表示字符串的最大长度
	text	输入的长度	最多为 $2^{31}-1$ 个字符	可变长的文本数据
统一编码字符	nchar(n)	n B	n 的取值范围为 1~4000	固定长度;1 个字符占 2B;n 表示字符串的最大长度
	nvarchar(n)	输入的长度		可变长度,根据实际长度存储;n 表示字符串的最大长度
	ntext	输入的长度	最多为 $2^{30}-1$ 个字符	可变长的文本数据

3) 日期时间类型

日期时间类型用于存储日期和时间数据,包括 date、datetime 和 smalldatetime 几种,它们的表示如表 4-4 所示。

表 4-4　日期时间数据类型

数 据 类 型		长度	取 值 范 围	说　　明
日期时间	date	3B	1/1/1～12/31/9999	常量用单引号括起来
	datetime	8B	1/1/1753～12/31/9999	
	smalldatetime	4B	1/1/1900～6/6/2079	

　　输入日期时间类型数据时,日期部分可采用英文数字格式、数字加分隔符格式和纯数字格式。采用英文数字格式时,月份可用英文全名或缩写形式,不区分大小写。例如,2018 年 3 月 30 日可以采用'Mar 30 2018'、'2018-3-30'、'2018/3/30'、'20180330'等格式。时间部分可以采用 12 小时格式或 24 小时格式。使用 12 小时制时要加上 AM 或 PM 说明是上午还是下午。在时与分之间可以用冒号":"作为分隔符。例如,2018 年 3 月 30 日下午 4 点 45 分 14 秒,可以采用 12 小时格式 '2018-3-30 4:45:14 PM',或 24 小时格式'2018-3-30 16:45:14'。

　　4）二进制类型

　　二进制类型用来定义二进制数据,包括 binary(n)、varbinary(n)和 image。其中,image 类型可以存储多种格式的文件,如图片、动画等,具体描述见表 4-5。

表 4-5　二进制数据类型

数 据 类 型		长度	取 值 范 围	说　　明
二进制	binary(n)	n	n 的取值范围为 1～8000	固定长度二进制；n 表示字符串的最大长度
	varbinary(n)	输入的长度		可变长度二进制；n 表示字符串的最大长度
	image	0～2K 的倍数		大容量的、可变长度的二进制数据,可以存储多种格式的文件,如 DOC、XLS、BMP、GIF、JPEG 等文件。最大可存储约 2GB 数据

　　5）其他类型

　　除了上面介绍的数据类型以外,SQL Server 还包括其他数据类型,如 cursor、table、timestamp、uniqueidentifier、xml 等。

2. 用户自定义的数据类型

　　T-SQL 允许用户定义自己的数据类型。用户可以使用 CREATE TYPE 命令来创建自定义数据类型,也可以使用系统存储过程 sp_addtype、sp_droptype 和 sp_help 创建、删除和查看用户自定义的数据类型。

4 自定义数据类型

　　1）CREATE TYPE 命令

　　使用 CREATE TYPE 命令创建用户自定义数据类型时,必须提供创建的数据类型名称、新数据类型所依据的系统数据类型,指定是否允许取空值。其语法格式如下。

```
CREATE TYPE type_name FROM system_type [NULL| NOT NULL]
```

　　其中,type_name 为用户自定义的数据类型名,这个名称在数据库中必须是唯一的。system_type 为系统提供的数据类型,是用户自定义类型的基础,可以包括数据的长度、精度等。NULL 表示允许为空值；NOT NULL 表示不允许为空值。

【例 4-1】 创建一个数据类型"goodsNO"，要求基本类型是 varchar，长度为 20，非空。

```
CREATE TYPE goodsNO FROM varchar(20) NOT NULL
```

2）sp_addtype 存储过程

系统存储过程 sp_addtype 用于创建用户自定义的数据类型，其格式如下。

```
sp_addtype type_name [, system_type], {'NULL'|'NOT  NULL'|'IDENTITY'}
```

当系统数据类型中包括标点符号如括号、逗号时，需用引号括起来。IDENTITY 表示指定列为标识列，用户不能对该列进行增删改。

【例 4-2】 创建一个"comment"数据类型和"goodsNO"数据类型。

```
EXEC sp_addtype comment, text, NULL
EXEC sp_addtype goodsNO,'varchar(20)','NOT NULL'
```

说明：例子中的"EXEC"是执行语句的命令，如果该语句是一段执行程序的第一条语句时，可以省略"EXEC"，否则必须加上。数据类型一旦定义以后，就可以像使用系统数据类型一样直接使用。

3）sp_droptype 存储过程

系统存储过程 sp_droptype 用于删除用户自定义的数据类型，其格式如下。

```
sp_droptype type_name
```

【例 4-3】 删除用户定义的"goodsNO"类型。

```
EXEC sp_droptype goodsNO
```

4）sp_help 存储过程

系统存储过程 sp_help 用于查看用户自定义数据类型的创建过程，其格式如下。

```
sp_help type_nane
```

【例 4-4】 查看创建的"comment"类型。

```
EXEC sp_help comment
```

4.1.2 常量

4 常量和变量

在程序执行过程中值保持不变的数据称为常量，直接使用字符符号表示。常见的常量包括字符常量、数值常量、日期常量和二进制常量。

1. 字符常量

字符常量由英文字母、数字、中文汉字及特殊字符组成，由单引号括起来如'商品'，'number'，'校园超市真方便!'。如果字符串中本身包含引号，可以使用两个单引号表示字符串中的单引号，如'We''re students.'。

2. 数值常量

数值常量直接用书写的数字即可。对于浮点型数据，需要使用科学记数法来表示，如

−123,4.78,78E4。

3. 日期常量

日期常量使用日期的特定字符表示,并用单引号括起来,如'2/14/2018','2018-1-19', 'Mar 8,2018'。

4. 二进制常量

二进制常量用 0x 作为前缀,用十六进制字符表示,如 0x12ef,0xa128。

4.1.3 变量

在程序执行过程中数值可以改变的数据称为变量。变量由变量名和数据类型两个属性来描述。变量名必须是合法的标识符,用于标识该变量。通常合法的标识符以汉字、字母、下画线_、@或♯开头,后续字符可以是汉字、字母、数字、下画线_、@、♯等字符,但不能是 SQL Server 的保留字,不能嵌入空格。数据类型确定了该变量存放值的格式以及允许的运算。

变量可以分为两类:一种是用户定义用以保存中间结果的局部变量,一种是系统定义和维护的全局变量。

1. 局部变量

局部变量是用户自定义的具有特定数据类型的对象,其作用范围仅限制在程序内部,用来保存程序运行过程中的中间结果或者在程序语句之间传递数据。局部变量必须先用 DECLARE 命令定义后才能使用,使用时在变量名称前加上标记符"@"。

1) 局部变量的定义

局部变量使用之前须用 DECLARE 命令进行定义,其语法格式如下。

```
DECLARE @local_variable data_type [, @local_variable data_type, … ]
```

其中,@local_variable 是自定义局部变量的名称,符号@不能省略。data_type 用于设置局部变量的数据类型,可以是任何由系统提供的或用户自定义的数据类型,但不能是 text、ntext 或 image 数据类型。

注意:局部变量一旦定义之后,系统自动为其赋值 NULL。如果使用的是用户自定义数据类型,局部变量不继承与该类型绑定的规则或默认值。

2) 局部变量的赋值

局部变量使用 DECLARE 命令定义后,系统会自动设置其初始值为 NULL,如果要设置变量的值,用户必须通过 SELECT 或 SET 命令来设置。其语法格式如下。

```
SET @local_variable = expression    或
SELECT @local_variable = expression [, @local_variable = expression, … ]
```

说明:SET 命令一次只能为一个变量赋值,SELECT 可以一次给多个变量赋值。expression 是有效的表达式值,它可以是整数、小数、字符串等常量,也可以是从表中取值,当表中返回多个值时,只能用 SELECT 命令进行赋值;表达式值的类型应与变量的类型保持一致。

3) 局部变量值的输出

使用 SELECT、PRINT 查看并输出局部变量的值,其语法格式如下。

```
SELECT @local_variable [, @local_variable, …]    或
PRINT@local_variable
```

说明：SELECT 是以表格的形式输出局部变量的值，一条语句可以输出多个变量值；PRINT 是以文本的形式输出局部变量的值，且一条语句只能输出一个变量值。

4）局部变量举例

【例 4-5】 创建变量，然后为变量赋值，并输出变量的值。

```
DECLARE @loc_var1 int
DECLARE @loc_var2 char(5), @loc_var3 float
SET @loc_var1 = 56
SELECT @loc_var2 = 'world', @loc_var3 = 34.2
PRINT@loc_var1
SELECT @loc_var2, @loc_var3
GO
```

【例 4-6】 创建变量，然后从表中取数据赋值，并输出变量的值。

```
DECLARE @no varchar(20), @name varchar(100)
SELECT @no = 'G001'
SELECT @name = GoodsName FROM Goods WHERE GoodsNO = @no
SELECT @no, @name
GO
```

2. 全局变量

全局变量是系统内部定义并使用的变量，用户不能对全局变量进行定义和赋值。全局变量的作用范围并不局限于某一个程序，而是任何程序均可随时调用。全局变量通常存储一些系统的配置设定值和性能统计数据。用户可以使用全局变量来测试系统的设定值或者 T-SQL 命令执行后的状态值。使用全局变量时，全局变量名前要使用标记符"@@"。常用的全局变量见表 4-6。

表 4-6 常用的全局变量

全 局 变 量	含 义
@@error	返回前一条 T-SQL 语句产生的错误代码
@@rowcount	返回前一条命令处理的行数
@@trancount	返回当前连接的活动事务数
@@transtate	返回事务的当前状态
@@identity	返回上次插入操作的标记值
@@connections	返回数据库自上次以来尝试的连接数
@@max_connections	返回数据库允许同时进行的最大用户连接数
@@language	返回当前所有语言的名称
@@servername	返回运行数据库的本地服务器的名称
@@version	返回当前数据库的版本
@@spid	返回当前用户进程的会话 ID

4 流程控制
语句（一）

4.1.4　流程控制语句

流程控制语句是用来控制程序执行的顺序，以此完成复杂的应用程序设计。在 T-SQL

第 4 章

中,流程控制语句包括 IF 语句、CASE 语句、WHILE 语句、WAITFOR 语句等。

1. BEGIN…END 语句

BEGIN…END 语句用来封装一个语句块,将在 BEGIN…END 之间的所有语句视作一个逻辑单元,被作为一个整体依次执行。其语法格式如下。

```
BEGIN
    sql_statement | statement_block
END
```

其中,sql_statement,statement_block 是任何有效的 SQL 语句或 T-SQL 语句块。BEGIN…END 可以嵌套使用。在条件语句(IF 语句、CASE 语句)和循环语句(WHILE 语句、WAITFOR 语句)等的控制流程语句中,当符合特定条件执行两个或多个语句时,就需要用 BEGIN…END 语句来封装。

2. IF 语句

IF 语句是条件判断语句,用来判断某一条件成立时执行某段程序,某一条件不成立时执行另外一段程序。其语法格式如下。

```
IF boolean_expression
    sql_statement | statement_block
[ELSE
    sql_statement | statement_block ]
```

其中,boolean_expression 为布尔表达式值,ELSE 子句是可选的。IF 语句可以嵌套。

【例 4-7】 判断商品表 Goods 中编号为"G001"商品的进价和售价,如果售价低于进价,输出"打折商品",否则输出"正价商品"。

```
DECLARE @in decimal(18,2), @sale decimal(18,2)
SELECT @in = InPrice, @sale = SalePrice FROM Goods WHERE GoodsNO = 'G001'
IF @in > @sale
    PRINT   'G001 号商品为打折商品'
ELSE
    PRINT   'G001 号商品为正价商品'
GO
```

3. CASE 语句

CASE 语句是多重条件判断语句,返回一个符合条件的结果。CASE 语句有两种语法格式。

1) 简单 CASE 格式

将某个表达式与一组简单的表达式进行比较以此来确定结果。其语法格式如下。

```
CASE expression
    WHEN expression1 THEN result_expression1
    WHEN expression2 THEN result_expression2
    …
    [ELSE result_expression]
END
```

该语句的执行过程是:将 CASE 后面的 expression 值与每个 WHEN 子句中的

expression 值进行比较,直到发现第一个相等的值时,返回该 WHEN 子句的 THEN 后面的 result_expression 值,并跳出 CASE 语句,否则将返回 ELSE 子句中的值。ELSE 子句是可选的,若比较结果都失败,而且没有 ELSE 子句,则返回 NULL 值。

【例 4-8】 显示商品表 Goods 中商品的类别名称。

```
SELECT GoodsName 商品名, CategoryNO 类别代码, 类别名 =
CASE CategoryNO
    WHEN  '01001'  THEN  '速食面'
    WHEN  '02001'  THEN  '啤酒'
    WHEN  '03001'  THEN  '毛巾'
    WHEN  '03002'  THEN  '牙刷'
    ELSE  '其他类'
END
FROM Goods
GO
```

2) 搜索 CASE 格式

计算一组布尔表达式来确定结果。其语法格式如下。

```
CASE
    WHEN boolean_expression1 THEN result_expression1
    WHEN boolean_expression2 THEN result_expression2
    …
    [ELSE result_expression]
END
```

该语句的执行过程是：依次计算每个 WHEN 子句后的 boolean_expression 值,返回第一个值为 TRUE 的 THEN 后面的 result_expression 值,并跳出 CASE 语句。如果每一个 WHEN 子句之后的表达式值为 FALSE,当指定 ELSE 子句时,返回 ELSE 子句中的 result_expression 值,没有 ELSE 子句,则返回 NULL 值。

【例 4-9】 对商品表 Goods 中商品数量的评定。

```
SELECT GoodsNO 商品编号, GoodsName 商品名, Number 数量, 库存情况 =
CASE
    WHEN  Number > = 50  THEN  '库存充足'
    WHEN  Number > = 10  THEN  '安全库存'
    ELSE  '库存不足'
END
FROM Goods
GO
```

4. WHILE 语句

WHILE 语句用于重复执行 T-SQL 语句或语句块。只要指定的条件为 TRUE,就重复执行语句,重复执行的部分称为循环体。在循环体内可以使用 BREAK 和 CONTINUE 关键字用以控制 WHILE 循环中语句的执行。其语法格式如下。

```
WHILE boolean_expression
    sql_statement | statement_block
    [BREAK]
```

```
        sql_statement | statement_block
    [CONTINUE]
        sql_statement | statement_block
```

其中,BREAK 子句使程序完全跳出包含它的循环体,结束对应 WHILE 语句的执行;CONTINUE 子句使程序跳过 CONTINUE 之后的语句回到 WHILE 循环的第一条语句。通常情况下,BREAK 和 CONTINUE 子句放在 IF 语句中,即满足某个条件的前提下提前退出本层循环或结束本次循环。WHILE 语句可以嵌套。

【例 4-10】 如果商品表 Goods 中商品的平均数量低于库存充足标准 50,则将所有商品数量增加 20,直到平均数量达到 50 或最高数量超过 100 为止,其中,超过 100 的数量直接写 100。

```
WHILE (SELECT AVG(Number) FROM Goods) < 50
BEGIN
    UPDATE Goods SET Number = Number + 20
    IF (SELECT MAX(Number) FROM Goods)> = 100
        BEGIN
            UPDATE Goods SET Number = 100 WHERE Number > 100
            BREAK
        END
END
GO
```

5. GOTO 语句

GOTO 语句可以使程序直接跳转到指定的标有标识符的位置处继续执行,位于 GOTO 语句和标识符之间的语句将不会被执行。其语法格式如下。

```
GOTO label
…
label:
…
```

注意:GOTO 语句破坏了程序结构,所以应尽可能少用或不用。一般来说,使用 GOTO 语句来实现的逻辑几乎都可以使用其他流程控制语句来实现。

【例 4-11】 输出商品表 Goods 中商品号为"G045"商品的售价,如果没有这个商品,则显示相应的提示信息,使用 GOTO 语句实现。

```
DECLARE @price decimal(18,2)
IF (SELECT COUNT( * ) FROM Goods WHERE GoodsNO = 'G045') = 0
GOTO label
BEGIN
    SELECT @price = SalePrice FROM Goods WHERE GoodsNO = 'G045'
    PRINT'G045 号商品的售价为: ' + cast(@price as varchar)
    RETURN
END
label: PRINT'没有 G045 号商品'
```

6. WAITFOR 语句

WAITFOR 语句用于暂停执行 T-SQL 语句、语句块和存储过程等,直到所设定的时间已过或所设定的时间已到才继续执行。其语法格式如下。

```
WAITFOR DELAY'time'| TIME'time'
```

其中,DELAY 'time'表示延迟 time 时间后执行,最长可为 24h。TIME 'time'用于指定某个时刻,表示在 time 时刻执行。'time'为 datetime 数据类型,格式为"hh:mm:ss"。

【例 4-12】 延迟 10min 查询商品表 Goods 的记录。

```
WAITFOR DELAY'00:10:00'
SELECT * FROM Goods
```

7. RETURN 语句

RETURN 语句可以从查询或程序块中无条件退出,位于 RETURN 子句后面的程序将不被执行。其语法格式如下。

```
RETURN [integer_expression]
```

其中,integer_expression 为整数值,是 RETURN 子句要返回的值。如果未指定,则系统会根据程序执行的结果返回一个内定状态值,见表 4-7。

表 4-7　内定状态值

内定状态值	含　　义	内定状态值	含　　义
0	执行成功	−7	资源错误
−1	找不到对象	−8	被致命的内部错误
−2	数据类型错误	−9	已达到系统极限
−3	死锁	−10,−11	致命的内部不一致错误
−4	违反权限限制	−12	表或指针破坏
−5	语法错误	−13	数据库破坏
−6	一般错误	−14	硬件错误

4.1.5　游标

SQL 中的 SELECT 语句查询出的结果是一个行的集合,为了能对集合按行灵活处理,T-SQL 提供了游标(cursor)。游标是一种能从包含多条数据记录的结果集中每次提取一条记录的机制,因此可以把游标理解成一个指针,它可以指向结果中的任何位置,让用户对指定位置的数据进行不同或相同的处理。游标总是与一条 SELECT 语句相关联,由结果集和结果集中指向特定记录的游标位置组成。

4 游标(一)

4 游标(二)

游标的使用需要按其生命周期进行:定义游标、打开游标、存取游标、关闭游标和释放游标。

1. 定义游标

游标跟变量一样,在使用之前必须先进行定义。游标在定义时需要指定游标的名称和游标使用的 SELECT 语句。其语法格式如下。

```
DECLARE cursor_name [INSENSITIVE] [SCROLL] CURSOR
FOR select_statement
[FOR  READ ONLY|UPDATE[OF column_name [,column_name, …]]]
```

各参数说明如下。

cursor_name：定义的游标名称。

INSENSITIVE：说明数据库会将游标定义所选取的数据记录存放在一个临时表内（建立在 tempdb 数据库下）。对该游标的读取操作皆由临时表来应答。因此，对基本表的修改并不影响游标提取的数据，即游标不会随着基本表内容的改变而改变，同时也无法通过游标来更新基本表。如果不使用该保留字，那么对基本表的更新、删除都会反映到游标中。

SCROLL：说明所有的提取操作（FIRST、LAST、PRIOR、NEXT、RELATIVE、ABSOLUTE）都可用。如果不使用该保留字，则只能进行 NEXT 提取操作。因此，SCROLL 增加了提取数据的灵活性，可以随意读取结果集中任一行数据记录，而不必关闭再重新打开游标。

select_statement：定义结果集的 SELECT 语句。

READ ONLY：说明不允许游标内的数据被更新。默认状态下游标是允许更新的。

UPDATE[OF column_name [,column_name,…]]：定义在游标中可被更新的列，如果不指定更新列，则所有列都将被更新。

【例 4-13】 定义一个游标，访问商品表 Goods，支持通过游标修改表数据。

```
DECLARE cur CURSOR
FOR SELECT * FROM Goods
FOR UPDATE
```

2. 打开游标

游标定义后，需要通过 OPEN 语句打开才能执行其他游标操作。其语法格式如下。

```
OPEN cursor_name|@cursor_variable_name
```

cursor_name 指定要打开的游标名，也可以使用游标变量@cursor_variable_name。游标可以重复打开和关闭，打开游标后，可以使用全局变量@@cursor_rows 得到符合条件的行数。

游标变量@cursor_variable_name 是通过 DECLARE 语句定义的变量，其类型是游标。基本语法格式：DECLARE @cursor_variable_name CURSOR。

3. 存取游标

游标打开后，就可以使用 FETCH 语句从游标中读取特定行的数据，以进行相关处理。其语法格式如下。

```
FETCH  [ [NEXT| FIRST|LAST |PRIOR| RELATIVE n|ABSOLUTE n] FROM ]
cursor_name |@cursor_variable_name
[INTO @ variable_name [,@ variable_name, … ]]
```

各参数说明如下。

NEXT：返回当前行之后的结果行。如果 FETCH NEXT 是第一次提取操作，返回结果集中的第一行。NEXT 为默认的游标提取选项。

FIRST：返回第一行的结果，并把第一行作为当前行。

LAST：返回最后一行的结果，并将其作为当前行。

PRIOR：返回当前行前面的结果行。如果 FETCH PRIOR 是第一次提取操作，则没有返回结果行,但把游标置于第一行。

RELATIVE n：n 为整型常量。当 n 为正数时,返回当前行之后的第 n 行,并将返回的行变成新的当前行。如果 n 为负数,返回当前行之前的第 n 行,并将返回的行变成新的当前行。n 为 0,则返回当前行。如果对游标进行第一次提取操作时,将 FETCH RELATIVE 的 n 指定为 0 或负数时,没有返回行。

ABSOLUTE n：n 为整型常量。当 n 为正数时,返回游标头开始的第 n 行,并将返回的行变成新的当前行。如果 n 为负数,返回游标尾之前的第 n 行,并将返回的行变成新的当前行。n 为 0,则没有返回行。

cursor_name：要从中提取数据的打开游标的名称。

@cursor_variable_name：游标变量名,引用要进行提取操作的打开的游标。

INTO @ variable_name [,@ variable_name,…]：允许提取操作的列数据放到局部变量中。局部变量的数据类型必须与游标中列数据的数据类型相匹配,变量的数目必须与列数据的数目一致。

4. 关闭游标

处理完游标中的数据后应及时通过关闭游标来释放数据结果集和位于数据记录上的锁。关闭游标不能释放游标所占用的数据结构。其语法格式如下。

```
CLOSE cursor_name │@cursor_variable_name
```

游标关闭后,可以通过 OPEN 语句再次打开。

5. 释放游标

当游标不再需要之后,要释放游标。游标一旦释放后则不能再通过 OPEN 语句打开,必须按游标的生命周期顺序,重新定义之后再打开使用。其语法格式如下。

```
DEALLOCATE cursor_name │@cursor_variable_name
```

6. 使用游标修改和删除数据

游标定义时如果使用了 FOR UPDATE 选择,则可以在 UPDATE 语句和 DELETE 语句中使用 WHERE CURRENT OF 关键字直接修改或删除游标中的数据。

1) 修改游标数据

修改游标数据的语法格式如下。

```
UPDATE table_name SET column_name = expression [, column_name = expression, … ]
WHERE CURRENT OF cursor_name │@cursor_variable_name
```

2) 删除游标数据

删除游标数据的语法格式如下。

```
DELETE FROM table_name
WHERE CURRENT OF cursor_name │@cursor_variable_name
```

【例 4-14】 利用游标读取商品表 Goods 中的数据。

```
DECLARE cur CURSOR FOR SELECT GoodsNO, GoodsName FROM Goods
DECLARE @gno varchar(20), @gname varchar(100)
OPEN cur
```

```
FETCH NEXT FROM cur INTO @gno, @gname
WHILE @@fetch_status = 0
    BEGIN
        SELECT @gno, @gname
            FETCH NEXT FROM cur INTO @gno, @gname
    END
CLOSE cur
DEALLOCATE cur
```

【例 4-15】 利用游标删除商品表 Goods 最后一条数据。

```
DECLARE cur CURSOR SCROLL
FOR SELECT GoodsNO, GoodsName FROM Goods FOR UPDATE
OPEN cur
FETCH LAST FROM cur
DELETE FROM Goods WHERE CURRENT OF cur
CLOSE cur
DEALLOCATE cur
```

4.2 存储过程的创建及应用

存储过程是 SQL Server 服务器上的一组预先编译好的 SQL 语句与程序控制语句的集合,用于完成某项特定的任务。存储过程以特定的名称存储在数据库中,可以在存储过程中定义变量,有条件地执行及其他各项强大的程序设计功能。存储过程可以接收参数、返回状态值和参数值,并可以嵌套使用。

4 存储过程
类型及常
用系统存
储过程

4.2.1 存储过程的类型

存储过程的类型包括系统存储过程、自定义存储过程、扩展存储过程和临时存储过程。

1. 系统存储过程

系统存储过程是由数据库系统默认提供的存储过程,主要从系统表中获取信息,支持系统管理员进行系统管理、登录管理、权限设置、数据库对象管理、数据库赋值等操作。系统存储过程以"sp_"为前缀存储在 Master 数据库中,如图 4-1 所示。

2. 自定义存储过程

自定义存储过程是由用户创建并完成某一特定功能的存储过程,它存储在用户数据库中。为了避免与系统存储过程混淆,自定义存储过程名最好不要带前缀"sp_"。存储过程可以在各个程序中重复调用,减轻程序编写工作量。

自定义存储过程分为两种类型:T-SQL 存储过程和公共语言运行库(CLR)存储过程。T-SQL 存储过程是指保存的 T-SQL 语句集合,可以接受和返回用户提供的参数。CLR 存储过程是指对.NET Framework 公共语言运行时方法的引用,可以接受和返回用户提供的参数,它们在.NET Framework 程序集中作为类的公共静态方法实现。

3. 扩展存储过程

扩展存储过程是指用户可以使用外部程序语言编写的存储过程,是 SQL Server 实例动

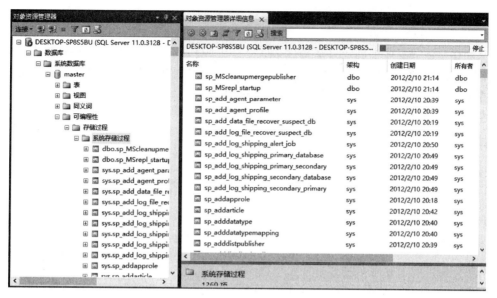

图 4-1　系统存储过程

态加载和运行的动态链接库。当扩展存储过程加载到 SQL Server 中后,使用的方法与系统存储过程一样。扩展存储过程的名称通常以"xp_"为前缀,存储在 Master 数据库中,如图 4-2 所示。

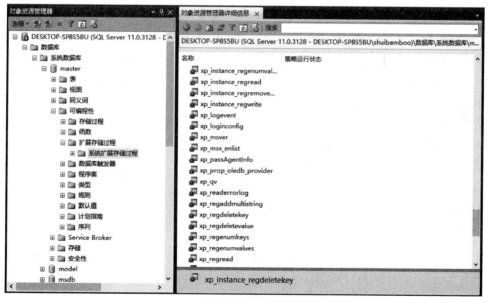

图 4-2　扩展存储过程

4. 临时存储过程

临时存储过程与临时表类似,分为局部临时存储过程和全局临时存储过程,分别以♯和♯♯为前缀,存储在 Tempdb 数据库中。使用临时存储过程时必须创建本地连接,当 SQL Server 连接关闭后,这些临时存储过程将被自动删除。

4.2.2 存储过程的创建

只能在当前数据库中创建自定义存储过程。在 SQL Server 中创建存储过程有三种方式：使用"模板资源管理器"创建，使用"对象资源管理器"创建和使用 T-SQL 语句创建。这里仅介绍 T-SQL 语句创建存储过程。其语法格式如下。

4 自定义存储过程(一)

```
CREATE PROCEDURE|PROC procedure_name [; number]
[@parameter1 data_type [VARYING][ = default] [OUTPUT]]
[, @parameter2 data_type, … ]
[WITH RECOMPILE|ENCRYPTION|RECOMPILE, ENCRYPTION]
[FOR REPLICATION]
AS
sql_statement
```

各参数说明如下。

procedure_name：新建存储过程的名称，要求符合标识符规则，并且是唯一的。

number：可选的整数。当存储过程重名时，可以利用这个整数来区分，同时还可以用来对同名的过程分组，用一条 DROP PROCEDURE 语句即可将同组的过程一起删除。

@parameter：是存储过程的参数，可以设定一个或多个参数。

data_type：参数的数据类型，所有数据类型包括 text、ntext 和 image 均可用作存储过程的参数。

VARYING：指定作为输出参数支持的结果集。

default：参数的默认值。如果定义了默认值，不必指定该参数的值即可执行过程。

OUTPUT：表明参数是返回参数。该值可以返回给调用此过程的应用程序。

RECOMPILE|ENCRYPTION|RECOMPILE，ENCRYPTION：RECOMPILE 表明 SQL Server 不会缓存该过程的计划，该过程在运行时需重新编译；ENCRYPTION 表示 SQL Server 加密用 CREATE PROCEDURE 语句创建存储过程的定义，使用 ENCRYPTION 可防止将过程作为 SQL Server 复制的一部分发布。

FOR REPLICATION：表明该存储过程仅供复制时使用，不能和 WITH RECOMPILE 选项一起使用。

sql_statement：一个或多个 T-SQL 语句。

【例 4-16】 创建一个存储过程 pro_displaygoods，显示所有商品的商品编号、商品名、类别、售价和数量。

```
USE SuperMarket
GO
CREATE PROCEDURE pro_displaygoods;1
AS
SELECT GoodsNO 商品编号, GoodsName 商品名, CategoryName 类别,
    SalePrice 售价, Number 数量
FROM Goods JOIN Category ON Goods.CategoryNO = Category.CategoryNO
GO
```

【例 4-17】 创建一个存储过程 pro_displaygoods，显示指定类别的商品编号、商品名、类别、售价和数量。

```
USE SuperMarket
GO
CREATE PROCEDURE pro_displaygoods;2
    @category varchar(100)
AS
SELECT GoodsNO 商品编号, GoodsName 商品名, CategoryName 类别,
    SalePrice 售价, Number 数量
FROM Goods JOIN Category ON Goods.CategoryNO = Category.CategoryNO
WHERE CategoryName = @category
GO
```

【例 4-18】 创建一个存储过程 pro_addgoods,完成商品表 Goods 的数据插入,包括商品编号、商品名、进价、售价和数量。

```
USE SuperMarket
GO
CREATE PROCEDURE pro_addgoods
    @no varchar(20), @name varchar(100), @cost decimal(18,2),
    @price decimal(18,2), @num int
AS
INSERT INTO Goods(GoodsNO, GoodsName, InPrice, SalePrice, Number)
    VALUES (@no, @name, @cost, @price, @num)
GO
```

【例 4-19】 创建一个存储过程 pro_findgoods,输入商品编号,查询商品的售价。

```
USE SuperMarket
GO
CREATE PROCEDURE pro_findgoods
    @no varchar(20),  @price decimal(18,2) OUTPUT
AS
SELECT @price = SalePrice
FROM Goods
WHERE GoodsNO = @no
GO
```

4.2.3　存储过程的修改

存储过程创建后作为一个数据库对象存储在指定的数据库中,当不满足用户需要时,可以按用户的要求修改这些存储过程。T-SQL 使用 ALTER PROCEDURE 语句修改存储过程,其语法格式如下。

4 自定义存储过程(二)

```
ALTER PROCEDURE|PROC procedure_name [; number]
[@parameter1 data_type [VARYING][ = default] [OUTPUT]]
[, @parameter2 data_type, …]
[WITH RECOMPILE|ENCRYPTION|RECOMPILE, ENCRYPTION]
[FOR REPLICATION]
AS
sql_statement
```

语句中的参数与 CREATE PROCEDURE 语句中的参数相同。

【例 4-20】 修改存储过程 pro_displaygoods,显示指定类别且售价在 10 元以上的商品编号、商品名、类别、售价和数量。

```
ALTER PROCEDURE pro_displaygoods;2
    @category varchar(100)
AS
SELECT GoodsNO 商品编号, GoodsName 商品名, CategoryName 类别,
    SalePrice 售价, Number 数量
FROM Goods JOIN Category ON Goods.CategoryNO = Category.CategoryNO
WHERE CategoryName = @category AND SalePrice > 10
GO
```

4.2.4 存储过程的删除

不再需要的存储过程可以使用 T-SQL 语句中的 DROP PROCEDURE 语句将其删除,其语法格式如下。

```
DROP PROCEDURE |PROC procedure_name [; number]
```

【例 4-21】 删除存储过程 pro_findgoods。

```
DROP PROCEDURE pro_findgoods
GO
```

4.2.5 存储过程的执行

存储过程的执行即调用存储过程,使用的 T-SQL 语句是 EXECUTE,其语法格式如下。

```
EXECUTE|EXEC [@return_status = ] procedure_name [; number]
[[[@parameter1 = ] value|@variable [OUTPUT]|[DEFAULT]]
[, @parameter2, …]
[WITH RECOMPILE]
```

各参数说明如下。

return_status:可选的整型变量,保存存储过程返回状态。

@parameter:与在存储过程中创建的相同。参数名称前必须加上符号@。在与@parameter=value 格式一起使用时,参数名和常量不用按它们在创建时的顺序提供。但如果任何参数使用了@parameter=value 格式,则对所有后续参数都必须使用这样的格式。默认情况下参数可为空值。

value:传递给存储过程的参数值。如果参数名称没有指定,参数值必须按在存储过程中创建的顺序提供。如果在创建过程中定义了默认值,执行该存储过程时可以不必指定参数。

@variable:用来存储参数或返回参数的变量。

OUTPUT:指定存储过程必须返回一个参数。该存储过程中的匹配参数也必须由关键字 OUTPUT 创建。

DEFAULT:根据存储过程的创建,提供参数的默认值。当存储过程需要的参数值没

有定义默认值并且缺少参数或指定了 DEFAULT 关键字时,会出现错误。

WITH RECOMPILE:执行存储过程后,强制编译、使用和放弃新计划。如果所提供的参数为非典型参数或者数据有很大的改变,使用该选项,在以后的程序执行中使用更改过的计划。

【例 4-22】 下面的语句分别执行例 4-16～例 4-18。

```
EXECUTE pro_displaygoods;1
EXECUTE pro_displaygoods;2  '啤酒'
EXECUTE pro_addgoods'G008','薯片', 5.1, 6.9, 10
```

【例 4-23】 下面的语句执行例 4-19。

```
DECLARE @saleprice decimal(18,2)
EXECUTE pro_findgoods'G004', @saleprice OUTPUT
SELECT @saleprice
```

4.2.6 常用的系统存储过程

常用的系统存储过程见表 4-8。

表 4-8 常用系统存储过程

系统存储过程	含 义
sp_help	查看数据库对象的信息
sp_helptext	查看默认值、未加密的存储过程、自定义存储过程、触发器或视图的实际文本
sp_helpdb	查看系统中所有数据库的全部信息
sp_helplogins	查看所有的用户信息
sp_helpindex	查看有关表的索引信息
sp_helpconstraint	查看有关约束的类型、名称等信息
sp_columns	查看某个表列的信息
sp_databases	查看服务器上的所有数据库
sp_rename	修改当前数据库中用户对象的名称
sp_configure	用于管理服务器配置选项设置
sp_tables	查看当前环境下可查询的对象的列表
sp_store_procedures	查看当前环境中的存储过程清单

4.3 函数过程的创建及应用

4 自定义函
数过程(一)

函数用于封装一个或多个 T-SQL 语句组成的子程序,便于重复使用。T-SQL 允许用户根据自己的需求创建自定义函数,同时也提供了许多内置函数用以完成各种工作。每个函数都有一个名称,名称之后都有一对小括号。大部分函数在小括号内有一个或多个参数。

4.3.1 函数过程的创建

自定义函数是由一个或多个 T-SQL 语句组成的子程序,可用于封装代码以便重复使用。自定义函数中可以包含零个或多个参数,函数的返回值可以是数值也可以是一个表。

根据函数返回值类型和函数内容的不同,将自定义函数分为:标量值函数、内嵌表值函数和多语句表值函数。标量值函数返回的是单一的数据值,返回值类型是除 text、ntext、image、cursor、timestamp 和 table 类型外的其他类型;内嵌表值函数返回一个表,是单个 select 语句的结果集;多语句表值函数可以看作标量值和内嵌表值函数的结合体,返回结果也是一个表,但表中的数据是由函数中的多条语句插入生成的表。

1. 标量值函数的创建

创建标量值函数的语法格式如下。

```
CREATE FUNCTION function_name([parameter_name data_type[, … ]])
RETURNS return_data_type
AS
BEGIN
    Function_body
    RETURN expression
END
```

其中,在 BEGIN…END 之间,必须有一条 RETURN 语句,用于指定返回表达式,即函数的值。return_data_type 指定函数返回值的数据类型。

【例 4-24】 创建一个函数 fun_averageprice,求商品表 Goods 中某类商品的平均售价。

```
USE SuperMarket
GO
CREATE FUNCTION fun_averageprice(@cateno varchar(20))
RETURNS decimal(18,2)
AS
    BEGIN
        DECLARE @avg_price decimal(18,2)
        SELECT @avg_price = (SELECT AVG(SalePrice) FROM Goods
            WHERE CategoryNO = @cateno)
        RETURN @avg_price
    END
```

2. 内嵌表值函数的创建

内嵌表值函数返回一个单条 SELECT 语句产生的结果表,其没有函数体 BEGIN…END。创建内嵌表值函数的语法格式如下。

```
CREATE FUNCTION function_name([parameter_name data_type[, … ]])
RETURNS TABLE
AS
RETURN(SELECT sql)
```

注意:RETURNS 子句仅包含关键字 TABLE;RETURN 子句只包含一条 SELECT 语句,其结果集构成函数返回的表值。

【例 4-25】 创建一个函数 fun_goodinfo,查询某个类别名所对应的所有商品的商品编号、商品名、类别和售价。

```
USE SuperMarket
GO
CREATE FUNCTION fun_goodinfo(@category varchar(100)) RETURNS TABLE
```

```
AS RETURN
    (SELECT GoodsNO, GoodsName, CategoryName, SalePrice
    FROM Goods JOIN Category ON Goods.CategoryNO = Category.CategoryNO
    WHERE Category.CategoryName = @category)
```

3. 多语句表值函数的创建

多语句表值函数包含函数体,它返回一个由一条或多条 T-SQL 语句建立的表,它可以在 SELECT 语句的 from 子句中被引用。创建多语句表值函数的语法格式如下。

```
CREATE FUNCTION function_name([parameter_name data_type[, …]])
RETURNS @return_variable TABLE (table_structure)
AS
BEGIN
    Function_body
    RETURN
END
```

其中,BEGIN … END 之间的语句是函数体,可以包括一条或多条 T-SQL 语句。RETURNS 子句将 TABLE 指定为返回值的数据类型,并定义了表的名称和结构;RETURN 后面不需要返回指定的值或表达式。

【例 4-26】 创建一个多语句表值函数 fun_catgoodinfo,通过类别编号"CategoryNO"作为实参调用该函数,显示该类别对应的商品编号、商品名、类别和售价。

```
USE SuperMarket
GO
CREATE FUNCTION fun_catgoodinfo (@cno varchar(20)) RETURNS @info TABLE
    (good_no varchar(20),
    good_name varchar(100),
    good_category varchar(100),
    good_saleprice decimal(18,2)
    )
AS BEGIN
    INSERT INTO @info
    SELECT GoodsNO, GoodsName, CategoryName, SalePrice
    FROM Goods JOIN Category ON Goods.CategoryNO = Category.CategoryNO
    WHERE Category.CategoryNO = @cno
    RETURN
END
```

4.3.2 函数过程的修改

函数过程创建后可以重复使用,当不满足用户需要时,可以按用户的要求修改这些函数过程。T-SQL 使用 ALTER FUNCTION 语句修改函数过程,修改语句的语法与 CREATE FUNCTION 相同。事实上,使用 ALTER FUNCTION 命令相当于重新创建一个同名的函数。

【例 4-27】 以例 4-25 为例,修改函数 fun_goodinfo,查询某个类别编号所对应的所有商品的商品编号、商品名、类别和售价。

```
USE SuperMarket
GO
```

```
ALTER FUNCTION fun_goodinfo(@cno varchar(20)) RETURNS TABLE
AS RETURN
    (SELECT GoodsNO, GoodsName, CategoryName, SalePrice
    FROM Goods JOIN Category ON Goods.CategoryNO = Category.CategoryNO
    WHERE Category.CategoryNO = @cno)
```

4.3.3 函数过程的删除

不再使用的函数过程可以通过 DROP FUNCTION 语句删除,其语法格式如下。

```
DROP FUNCTION function_name [, …]
```

【例 4-28】 删除函数过程 fun_goodinfo。

```
DROP FUNCTION fun_goodinfo
GO
```

4.3.4 函数过程的调用

函数过程创建完成以后,可以通过函数调用语句来使用函数过程。其语法格式如下。

```
function_name(parameter_expression[, …])
```

注意,parameter_expression 的顺序要与函数过程创建时的参数顺序保持一致。如果函数是内嵌表值函数和多语句表值函数,要在其他程序中使用该函数,则只能通过 SELECT 语句调用。

【例 4-29】 下面语句是例 4-24 的函数过程调用。

```
DECLARE @cno varchar(20)
SET @cno = '02001'
SELECT dbo.fun_averageprice(@cno) AS'02001 类商品的平均售价'
```

【例 4-30】 下面语句是例 4-25 的函数过程调用。
因为内嵌表值函数的返回值是 TABLE 类型,所以在其他程序模块中调用此类函数时只能通过 SELECT 语句。

```
USE SuperMarket
GO
SELECT * FROM fun_goodinfo('牙膏')
```

【例 4-31】 下面语句是例 4-26 的函数过程调用。
多语句表值函数的调用与内嵌表值函数的调用方法相同,只能通过 SELECT 语句调用。

```
USE SuperMarket
GO
SELECT * FROM fun_catgoodinfo ('01003')
```

4 常用的系统函数

4.3.5 常用的系统函数

系统函数是系统预先定义好不能修改的函数,用户可以直接使用。常用的系统函数包括：数学函数、聚合函数、日期和时间函数、字符串函数、数据类型转换函数等,这些函数用于数学计算、数据统计、类型转换等。

1. 数学函数

数学函数主要用来对数值表达式进行数学运算并返回结果。常用数学函数见表 4-9。

表 4-9　常用数学函数

函　　数	功　　能
abs(numeric_expression)	返回给定数值表达式的绝对值
rand(integer_expression)	返回 0～1 之间的随机数。整数表达式为种子,使用相同的种子产生的随机数相同。若不指定种子,系统会随机生成种子
round(numeric_expression,length)	返回数值表达式并四舍五入为指定的长度或精度。length 表示保留小数位数
ceiling(numeric_expression)	返回大于或等于数值表达式的最小整数
floor(numeric_expression)	返回小于或等于数值表达式的最大整数
power(numeric_expression,n)	返回数值表达式进行 n 次方的结果。n 必须为整数
square(numeric_expression)	返回数值表达式的平方
pi()	返回 π 的值

【例 4-32】　生成 0～100 的随机整数。

```
DECLARE @rd float
SET @rd = rand() * 100
SELECT floor(@rd)
```

2. 聚合函数

聚合函数用于分组查询(GROUP BY)语句中,对查询结果进行各种统计处理,返回一个数值型的计算结果。在 SQL 数据查询中已经介绍,这里不再介绍。

3. 日期和时间函数

日期和时间函数用来操作日期时间类型的数据,用于日期时间方面的处理工作。常用日期和时间函数见表 4-10。

表 4-10　常用日期和时间函数

函　　数	功　　能
getdate()	返回系统当前日期和时间
year(date_expression)	返回日期表达式中的年
month(date_expression)	返回日期表达式中的月
day(date_expression)	返回日期表达式中的日
dateadd(datepart,n, date_expression)	返回指定日期加上指定的时间间隔 n 产生的新日期
datediff(datepart, date_expression1, date_expression2)	返回两个指定日期在 datepart 方面的差值
datepart(datepart, date_expression)	返回日期表达式中指定(datepart)部分的整数
datename(datepart, date_expression)	返回日期表达式中指定(datepart)部分的字符串

【例 4-33】 从身份证中获取年龄。

```
DECLARE @card char(18), @year int
SET @card = '510226199907080057'
SET @year = cast(substring(@card,7,4) as int)
SELECT year(getdate()) – @year
```

4. 字符串函数

字符串函数可以用来处理字符类型、二进制类型的数据。常用字符串函数见表 4-11。

表 4-11　常用字符串函数

函　　　数	功　　　能
ascii(character_expression)	返回字符表达式中最左侧字符的 ASCII 代码值
char(interger_expression)	返回将整数表达式表示的 ASCII 代码值转换为字符
lower(character_expression)	返回将字符表达式的大写字符转换为小写字符后的字符表达式
upper(character_expression)	返回将字符表达式的小写字符转换为大写字符后的字符表达式
ltrim(character_expression)	返回删除字符表达式左边空格的字符
rtrim(character_expression)	返回删除字符表达式右边空格的字符
left(character_expression,n)	返回字符表达式左边开始的 n 个字符
right(character_expression,n)	返回字符表达式右边开始的 n 个字符
substring (character _ expression，start，length)	返回字符表达式从 start 开始长度为 length 的字符
replace(character_expression1，character_expression2，character_expression3)	返回用 character_expression3 替换 character_expression1 中出现的所有 character_expression2 后的字符表达式
space(interger_expression)	返回 interger_expression 个空格字符
stuff (character _ expression1， start，length,character_expression2)	将 character_expression1 中 start 位置开始的 length 个字符替换成 character_expression2
str(float_expression[,length[,decimal]])	返回由数字数据转换的字符数据。length 指定字符数据长度,decimal 表示小数点右边的位数
reverse(character_expression)	按相反顺序返回 character_expression
replicate(character_expression，interger_expression)	返回将 character_expression 复制 interger_expression 之后的字符

【例 4-34】 从学号中获取学生所在学院和专业的代码。

```
DECLARE @sno char(11), @dp char(2), @pf char(2)
SET @sno = '11803060132'
SET @dp = substring(@sno,4,2)
SET @pf = substring(@sno,6,2)
SELECT @dp,@pf
```

5. 数据类型转换函数

不同类型的数据做运算时,需转换成同一种类型才能做运算。通常情况下,SQL Server 会自动完成数据类型的转换,这种转换叫隐式转换。当不能完成自动转换时可以通过数据类型转换函数来进行显式转换。常用数据类型转换函数见表 4-12。

表 4-12　常用数据类型转换函数

函　　数	功　　能
cast(expression as type)	将 expression 转换成 type 类型
convert(type［(length)］,expression ［,style］)	将 expression 按 style 格式和 length 长度转换成 type 类型

style 常用值及对应输出格式见表 4-13。cast 函数和 convert 函数除了语法外没有区别,但遇到转换成日期类型时,一般用 convert,可以用 style 来控制不同的格式。

表 4-13　style 值及格式

style 值	格　　式	style 值	格　　式
2	yy. mm. dd	102	yyyy. mm. dd
3	dd/mm/yy	103	dd/mm/yyyy
4	dd. mm. yy	104	dd. mm. yyyy
5	dd-mm-yy	105	dd-mm-yyyy

4.4　触发器的创建及应用

4 触发器
（一）

触发器是用户定义在数据表上的一种特殊的存储过程,通常由执行某些特定功能的 T-SQL 语句构成,当对其所关联的数据表进行了插入、修改或删除操作时则自动触发执行。因此,触发器通常用于保证业务规则和数据完整性约束。与之前讲的完整性约束相比,触发器可以进行更复杂的检查和操作。

4 触发器
（二）

触发器与 4.2 节讲的存储过程非常相似,但也有不同:触发器不需要主动调用,而是通过事件进行触发执行,而普通的存储过程是由 EXEC 命令调用存储过程名来执行的;触发器不能传递或接受参数,也没有返回值,而普通的存储过程可以接受参数并具有返回值。

4.4.1　触发器类型

根据激活触发器执行的 T-SQL 语句类型不同,可以把触发器分为两类:DML 触发器和 DDL 触发器。

1. DML 触发器

DML 触发器是当数据库服务器中发生数据操作(DML)事件时要执行的存储过程。DML 事件包括在基本表或视图中修改数据的 insert 语句、update 语句和 delete 语句。根据定义和应用范围条件、触发时机的不同,可以把 DML 触发器划分为 AFTER 触发器和 INSTEAD OF 触发器。

1) AFTER 触发器

AFTER 触发器只能在表上定义,当表中的数据在执行 insert、update 或 delete 语句操作之后,AFTER 触发器才会被激活执行。该类型的触发器可以为同一个表定义多个触发器,也可以为针对表的同一个操作定义多个触发器。对于 AFTER 触发器,可以定义哪一个触发器被最先激活,哪一个被最后激活。

2）INSTEAD OF 触发器

INSTEAD OF 触发器不仅可以在表上定义，还可以在视图上定义。使用 INSTEAD OF 触发器代替通常的触发动作，INSTEAD OF 触发器执行时并不执行其所定义的 insert、update 或 delete 操作，而是执行触发器本身所定义的操作。同一个操作只能定义一个 INSTEAD OF 触发器。

2. DDL 触发器

DDL 触发器是响应数据定义（DDL）事件时执行的存储过程，DDL 事件包括 create、alter 和 drop 语句。DDL 触发器可以用于数据库中执行管理任务，例如，防止数据库表结构被修改等。DDL 触发器仅在运行激活 DDL 触发器的 DDL 语句后，触发器才会被激活。

4.4.2 触发器的创建

在 SQL Server 中创建触发器有两种方式：使用"对象资源管理器"创建和使用 T-SQL 语句创建。这里仅介绍 T-SQL 语句创建存储过程。

1. DML 触发器的创建

使用 T-SQL 的 CREATE TRIGGER 语句创建触发器，其语法格式如下。

```
CREATE TRIGGER trigger_name
ON table_name|view_name
[WITH ENCRYPTION]
FOR|AFTER|INSTEAD OF
[INSERT][UPDATE][DELETE]
[NOT FOR REPLICATION]
AS
    Sql_statement
```

各参数说明如下。

trigger_name：创建的触发器名称，名称必须符合标识符规则，并在数据库中是唯一的。

table_name|view_name：在其上执行触发器的表或视图。

WITH ENCRYPTION：用于加密 syscomments 表中包含 CREATE TRIGGER 语句的文本。使用该语句可以防止触发器作为 SQL Server 复制的一部分发布，满足数据安全的需要。

FOR|AFTER|INSTEAD OF：指定触发器的类型。其中，FOR 和 AFTER 是一样的，如果仅指定 FOR 关键字，则 AFTER 是默认设置。

[INSERT][UPDATE][DELETE]：指定在表或视图上执行哪些数据操作语句时才激活触发器的关键字，即触发事件。其中必须至少指定一个选项，允许使用以任意顺序组合的关键字，多个选项需要用逗号隔开。

NOT FOR REPLICATION：表示当复制进程更改触发器所涉及的表时不应执行该触发器。

Sql_statement：定义触发器被触发后将执行的数据库操作，它指定触发器执行的条件和动作。

DML 触发器在基本表上发生插入、删除和修改操作时，SQL Server 会自动生成两个特殊的临时表——Inserted 表和 Deleted 表，这两个表的结构和基本表结构相同，而且只能由创建它们的触发器使用。Inserted 表和 Deleted 表中保存了可能会被用户更改的行的旧值或新值。当执行 INSERT 操作时,新插入的数据会被插入到基本表和 Inserted 表中;当执行 DELETE 操作时,基本表中需要删除的数据会被移入到 Deleted 表中;当执行 UPDATE 操作时,先执行 DELETE 操作,这时需要删除需要修改的元组,再执行 INSERT 操作,插入修改后的数据,因此 UPDATE 操作会用到 Inserted 表和 Deleted 表。一旦触发器完成任务,这两个临时表将自动被 SQL Server 删除。

下面介绍创建两种不同类型的触发器。

1) 创建 AFTER 触发器

【例 4-35】 创建触发器,实现商品表 Goods 表中每添加一条新商品信息时,自动查看所有商品信息。

```
USE SuperMarket
GO
CREATE TRIGGER tri_insertgoods
ON Goods
AFTER INSERT
AS
SELECT * FROM Goods
GO
```

【例 4-36】 创建触发器,实现商品表 Goods 中商品类别号修改时,检查修改后的类别号是否存在,如果不存在则撤销所做的修改。

```
USE SuperMarket
GO
CREATE TRIGGER tri_updategoods
ON Goods
AFTER UPDATE
AS
IF NOT EXISTS( SELECT * FROM Category
                WHERE CategoryNO = (SELECT CategoryNO FROM Inserted))
    BEGIN
        PRINT'不存在此商品类别'
        ROLLBACK
    END
GO
```

【例 4-37】 创建触发器,实现在类别表 Category 中删除商品类别时,同时删除该类别对应的商品信息。

```
USE SuperMarket
GO
CREATE TRIGGER tri_deletecategory
ON Category
AFTER DELETE
AS
DELETE FROM Goods WHERE CategoryNO = (SELECT CategoryNO FROM Deleted)
GO
```

2) 创建 INSTEAD OF 触发器

【例 4-38】 创建触发器,实现禁止删除类别编号为"01003"的商品信息。

```
USE SuperMarket
GO
CREATE TRIGGER tri_notdeletegoods
ON Goods
INSTEAD OF DELETE
AS
IF (SELECT CategoryNO FROM Deleted) = '01003'
    PRINT'01003 类别的商品信息不能删除'
ELSE
    DELETE FROM Goods WHERE CategoryNO =
        (SELECT CategoryNO FROM Deleted)
GO
```

2. DDL 触发器的创建

创建 DDL 触发器的语法格式如下。

```
CREATE TRIGGER trigger_name
ON ALL SERVER|DATABASE
[WITH ENCRYPTION]
FOR|AFTER
[CREATE_TABLE] [ALTER_TABLE] [DROP_TABLE] [CREATE_INDEX]
    [ALTER_INDEX] [ ··· ]
AS
    Sql_statement
```

各参数说明如下。

ALL SERVER|DATABASE：指定 DDL 触发器的作用域为当前服务器或当前数据库。指定了 ALL SERVER，则只要当前服务器中的任何位置上出现触发事件，就会激活该触发器，在当前服务器情况下，可以使用的事件有：CREATE_DATABASE、ALTER_DATABASE 和 DROP_DATABASE。指定了 DATABASE，则只要当前数据库中的任何位置上出现触发事件，就会激活该触发器，在当前数据库情况下，可以使用的事件有：CREATE_ TABLE、ALTER _ TABLE、DROP _ TABLE、CREATE _ INDEX、ALTER _ INDEX、DROP _ INDEX、CREATE _ PROCEDURE、ALTER _ PROCEDURE、DROP _ PROCEDURE、CREATE_TRIGGER、ALTER_TRIGGER、DROP_TRIGGER。

FOR|AFTER：指定 DDL 触发器仅在 SQL 语句中指定的所有操作都已成功执行时才被触发。

【例 4-39】 创建触发器，实现禁止修改和删除 SuperMarket 数据库中的表。

```
USE SuperMarket
GO
CREATE TRIGGER tri_ddl
ON DATABASE
FOR DROP_TABLE, ALTER_TABLE
AS
PRINT'禁止修改和删除表'
ROLLBACK
GO
```

4.4.3 触发器的修改

创建好触发器之后,用户可以利用 T-SQL 语句对其进行修改。

1. DML 触发器的修改

修改 DML 触发器的语法格式如下。

```
ALTER TRIGGER trigger_name
ON table_name|view_name
[WITH ENCRYPTION]
FOR|AFTER|INSTEAD OF
[INSERT][UPDATE][DELETE]
[NOT FOR REPLICATION]
AS
    Sql_statement
```

【例 4-40】 修改例 4-35 创建的触发器 tri_insertgoods,增加对新插入商品的检查,检查该商品是否已经存在。

```
USE SuperMarket
GO
ALTER TRIGGER tri_insertgoods
ON Goods
AFTER INSERT
AS
IF EXISTS(SELECT * FROM Goods WHERE GoodsNO =
    (SELECT GoodsNO FROM Inserted))
    BEGIN
        PRINT'该商品已经存在'
        ROLLBACK
    END
ELSE
    SELECT * FROM Goods
GO
```

2. DDL 触发器的修改

修改 DDL 触发器的语法格式如下。

```
ALTER TRIGGER trigger_name
ON ALL SERVER|DATABASE
[WITH ENCRYPTION]
FOR|AFTER
[CREATE_TABEL][ALTER_TABLE][DROP_TABLE][CREATE_INDEX][…]
AS
    Sql_statement
```

【例 4-41】 修改例 4-39 创建的触发器 tri_ddl,增加禁止删除 SuperMarket 数据库中的索引。

```
USE SuperMarket
GO
```

```
ALTER TRIGGER tri_ddl
ON DATABASE
FOR DROP_TABLE, ALTER_TABLE, DROP_INDEX
AS
PRINT'禁止修改和删除表,禁止删除索引'
ROLLBACK
GO
```

114

4.4.4 触发器的删除

当不再需要某个触发器时,可以将其删除。T-SQL 使用 DROP TRIGGER 语句删除触发器,其语法格式如下。

```
DROP TRIGGER trigger_name1[,trigger_name2, … ]
```

【例 4-42】 删除触发器 tri_insertgoods 和 tri_ddl。

```
DROP TRIGGER tri insertgoods, tri ddl
```

小 结

T-SQL 是 SQL 的扩展版,它提供了 SQL 的数据定义功能、数据查询功能、数据操纵功能和数据控制功能,此外还具有过程控制和事务控制能力,使数据库管理系统可以与应用程序之间有更强的交互性。

本章首先介绍了 T-SQL 的语言基础:数据类型、常量、变量、流程控制和游标。T-SQL 的数据类型包括:系统提供的数据类型和用户自定义的数据类型。其中,系统提供的数据类型包括数值类型、字符类型、日期时间类型、二进制类型和其他类型;可以直接使用系统提供的数据类型为一个对象设置数据类型,从而明确该对象可进行的运算和对象的存储空间大小。T-SQL 允许用户使用 CREATE TYPE 命令和系统存储过程 sp_addtype 创建自定义数据类型。T-SQL 中常见的常量包括字符常量、数值常量、日期常量和二进制常量,字符常量和日期常量需要用单引号括起来。变量分为两类:用户定义的局部变量和系统定义的全局变量,局部变量用以保存中间结果,必须用 DECLARE 命令定义后才能用,变量名称加标记符"@"。全局变量通常存储一些系统的配置设定值和性能统计数据,变量名前加标记符"@@"。流程控制语句是用来控制程序执行的顺序,T-SQL 中的流程控制语句包括:IF 语句、CASE 语句、WHILE 语句、WAITFOR 语句、GOTO 语句、RETURN 语句等。T-SQL 提供游标机制来处理 SELECT 语句结果任何位置的数据,因此游标总是与一条 SELECT 语句关联。

本章接着介绍了存储过程。存储过程是一组预编译好的 SQL 语句与程序控制语句的集合,用于完成某项特定的任务。存储过程包括系统存储过程、自定义存储过程、扩展存储过程和临时存储过程。系统存储过程以"sp_"为前缀存储在 Master 数据库中,用于系统管理、登录管理、权限设置、数据库对象管理、数据库赋值等操作。自定义存储过程由用户创建并完成某一特定功能,存储在用户数据库中。扩展存储过程以"xp_"为前缀存储在 Master 数据库中,是用户使用外部程序语言编写的存储过程。临时存储过程以♯和♯♯为前缀,存

储在 Tempdb 数据库中。自定义存储过程可以使用 CREATE PROCEDURE 命令进行创建、使用 ALTER PROCEDURE 命令进行修改、使用 DROP PROCEDURE 命令进行删除,使用 EXECUTE|EXEC 执行存储过程。

本章讲解了函数过程。函数过程用于封装一个或多个 T-SQL 语句组成的子程序,便于重复使用。函数过程包括用户自定义函数和系统内置函数。用户通过 CREATE FUNCTION 命令自定义函数:标量值函数、内嵌表值函数和多语句表值函数。标量值函数返回的是单一数据值,内嵌表值函数返回一个表,多语句表值函数是标量值和内嵌表值函数的结合,返回结果也是一个表。创建的函数可以通过 ALTER FUNCTION、DROP FUNCTION 命令进行修改和删除。函数过程调用时函数名后面必须加括号,参数的顺序保持与创建时的参数顺序一致。

本章还阐述了触发器。触发器是用户定义在数据表上的一种特殊存储过程,通过事件进行触发执行,不能传递参数或接受参数,没有返回值。触发器分为 DML 触发器和 DDL 触发器。用户通过 CREATE TRIGGER 命令创建触发器,使用 ALTER TRIGGER 和 DROP TRIGGER 对创建的触发器进行修改和删除。

习　　题

一、单项选择题

1. 下面不属于 T-SQL 的逻辑控制语句的是(　　)。
   A. FOR 循环语句
   B. CASE 语句
   C. WHILE 循环语句
   D. IF 语句

2. 下列常量中,不合法常量是(　　)。
   A. '2018-05-19'　　B. 456.23　　C. 常量　　D. 123E5

3. (　　)函数的作用是使用指定字符串替换原字符串中指定长度的字符串。
   A. rtrim　　B. substring　　C. replace　　D. left

4. 下列(　　)操作不能激活触发器。
   A. UPDATE
   B. SELECT
   C. INSERT
   D. DELETE

5. 创建存储过程时,希望使用输出参数,需要在 CREATE PROCEDURE 语句中指定的关键字是(　　)。
   A. OUTPUT　　B. CHECK　　C. OPTION　　D. DEFAULT

6. sp_help 属于(　　)。
   A. 用户定义存储过程
   B. 系统存储过程
   C. 扩展存储过程
   D. 其他

7. 修改触发器的语句是(　　)。
   A. CREATE TRIGGER
   B. ALTER TRIGGER
   C. DROP TRIGGER
   D. ALTER TABLE

8. 如果需要在删除表记录时自动执行一些操作,常用的是(　　)。
   A. 函数　　B. 触发器　　C. 存储过程　　D. 游标

9. 关于 SQL Server 中的存储过程,下列说法正确的是(　　)。

    A. 可以自动被执行　　　　　　　　　　B. 不能有输入参数

    C. 没有返回值　　　　　　　　　　　　D. 可以嵌套使用

10. SQL 中使用(　　)来灵活操作 SELECT 返回的数据集合。

    A. 函数　　　　　　B. 存储过程　　　　　　C. 游标　　　　　　D. 触发器

11. 下列关于存储过程和触发器的表述中,正确的是(　　)。

    A. 都是 SQL Server 数据库对象　　　　B. 都可以带参数

    C. 删除表时都自动被删除　　　　　　　D. 都可以为用户直接调用

12. AVG 属于(　　)。

    A. 数学函数　　　　B. 聚合函数　　　　　　C. 字符串函数　　　D. 系统函数

13. 在 SQL Server 数据库中,下面关于调用自定义存储过程的说法错误的是(　　)。

    A. 用 EXEC 和 EXECUTE 语句执行自定义存储过程

    B. 执行自定义存储过程时,参数值的顺序必须与创建时参数的顺序保持一致

    C. 指定参数名和对应参数值来执行自定义存储过程时,可以不用按创建时的顺序提供

    D. 执行自定义存储过程时,OUTPUT 指定存储过程返回参数,与创建时保持一致

14. 在 SQL Server 数据库中,下面对变量的定义错误的是(　　)。

    A. DECLARE @goodname varchar(10)

    B. DECLARE @RowCount varchar(20)

    C. DECLARE @@goodname varchar(10)

    D. DECLARE @@ RowCount varchar(20)

15. 下面选项中关于在 SQL 语句中使用的逻辑控制语句的说法正确的是(　　)。

    A. 在 IF…ELSE 条件语句中,语句块使用{}括起来

    B. 在 CASE 多分支语句中不可以出现 ELSE 分支

    C. 在 IF…ELSE 条件语句中,IF 为必选,而 ELSE 为可选

    D. 在 WHILE 循环语句中条件为 false,就重复执行循环语句

16. 在 SQL Server 中,关于系统存储过程下列说法不正确的是(　　)。

    A. 所有系统存储过程都以 sp_开头

    B. 系统存储过程提供了管理数据库和更新表的机制

    C. 用户不能使用系统存储过程更新系统表,只能查询系统表

    D. 所有系统存储过程都存放在 master 数据库中

17. 下列能作为变量的数据类型的是(　　)。

    A. ntext　　　　　　B. table　　　　　　　C. image　　　　　D. text

二、简答题

1. 简述局部变量、全局变量的概念及表示方法。

2. 简述游标的概念及作用。

3. 简述游标的操作步骤。

4. 简述存储过程与函数的区别。

5. 简述存储过程与触发器的区别。

6. 简述触发器的优点。

三、编程题

1. 编程实现 100 以内的素数以及计算它们的和。

2. 利用超市管理数据库查询指定商品的数量，如果超过 50，则输出"商品充足"的信息，否则输出"商品数量较少"的信息。

3. 利用超市管理数据库的商品表，编程实现：如果商品表中啤酒类平均售价低于 10，则将所有啤酒的售价增加 10％，直到平均售价达到 10 为止。

4. 创建一个函数 fun_avgallgoodsale，求超市管理数据库中所有商品的平均售价。

5. 创建一个多语句表值函数 fun_avggoodsale，求超市管理数据库各类商品的平均售价。

6. 创建一个存储过程 proc_avgnumsale，显示指定商品类别的平均数量和平均售价。

7. 声明一个游标 cur 用于查询商品表中所有毛巾类商品的信息，并读取具体数据。要求：读取最后一条记录；读取第一条记录；读取第 10 条记录；读取当前指针位置后的第 5 条记录。

8. 通过游标 cur 遍历商品表的数据，并将每个商品的售价增加 10％。

9. 在超市管理数据库中的商品表 Goods 上编写一个 INSTEAD OF 触发器，当向 Goods 表插入记录时，先检查 CategoryNO 列上的值在 Category 中是否存在，如果存在则执行插入操作，如果不存在，提示"商品类别不存在"。

10. 假设某数据库中有学生成绩表 SC(Sno char(11)，Cno char(5)，Grade float)，创建一个函数 fun_cntcourse，求指定学生的选修课程门数。注意：没有选修课时应返回 0。

11. 创建一个函数 fun_reversion，要求完成颠倒一个字符串。如 SELECT fun_reversion('ver')，输出的结果为 rev。

12. 创建一个函数 fun_elimination(a，b)，要求将出现在第一个字符串中的第二个字符串中的所有字符删除。如 SELECT fun_elimination('123456abcdef'，'ac3')，输出的结果为 12456bdef。

13. 假设某数据库中有课程信息表 Course(Cno char(5)，Cname varchar(50)，Ccredit tinyint)，创建一个存储过程 pro_addCourse，完成课程信息的增加。

14. 假设某数据库中有学生信息表 Student(Sno char(11)，Sname varchar(10)，Ssex char(2)，Sage int)，创建一个存储过程 pro_deleteStudent，删除指定学号的学生。

15. 针对前面习题的数据表 Student、SC、Course，使用游标 cur_student 读取所有的学生信息(Sno，Sname，Cname，Grade)，并查看读取的数据行数。

16. 针对前面习题的数据表 Student、SC、Course，使用游标 cur_student 检索出分数最高的前 3 位学生的信息(Sno，Sname，Cname，Grade)。

实　　验

一、实验目的
掌握用户自定义类型的使用。

掌握变量的分类及其使用。

掌握各种流程控制语句的使用。

掌握游标的使用。

掌握系统存储过程及自定义存储过程的使用。

掌握系统函数及用户自定义函数的使用。

掌握触发器的创建和使用。

二、实验平台

操作系统：Windows XP/7/8/10。

数据库管理系统：SQL Server 2012。

三、实验内容

在超市管理数据库 SuperMarket 的基础上进行实验。

1. 自定义数据类型 GoodID_type，用于描述商品的编号。

2. 在 SuperMarket 数据库中创建表 good，表结构与 Goods 类似，而 GoodsNO 的数据类型为自定义数据类型 GoodID_type。

3. 创建一个局部变量 goods_type，并在 SELECT 语句中使用该变量查找商品表中所有毛巾类商品的名称和售价。

4. 判断商品表 Goods 是否存在商品类型为"白酒"的商品，如果存在则显示该类别的所有商品信息，否则显示无此类商品。

5. 如果商品表 Goods 中存在商品数量小于 10 的情况，则将所有商品数量增加 10，反复执行直到所有商品的数量都不小于 10 为止。

6. 声明一个游标，用于对"饼干"类商品的售价降价 5%。

7. 创建一个有输入参数的存储过程，用于查询指定类别的所有商品信息。并执行该存储过程。

8. 创建一个有输入输出参数的存储过程，用于查询指定商品名的售价。并执行该存储过程。

9. 创建自定义函数，用于统计销售表 SaleBill 中某段时间内的销售情况。并调用该函数输出执行结果。

10. 创建自定义函数，用于显示商品表 Goods 中售价大于指定价格的商品信息。并调用该函数输出执行结果。

11. 创建一个触发器。向销售表 SaleBill 中插入一条记录时，这个触发器将更新商品表 Goods。Goods 表中数量为原有数量减去销售数量。如果库存数量小于 10，则提示"该商品数量小于 10，低于安全库存量，请及时进货"；如果原有数量不足，则提示"数量不足！"。

第 5 章   数据库管理与维护

数据库管理系统(DBMS)是一种操纵和管理数据库的系统软件,用于建立、使用、管理和维护数据库。一旦数据库创建以后,DBMS 便对数据库中的数据进行统一的管理和控制,以确保用户在共享环境中能合法访问数据,防止数据出错、意外丢失,以及数据库遭到破坏后能迅速恢复正常。因此 DBMS 必须提供数据库管理与维护功能,以保证数据库中数据的正确有效和安全可靠。数据库管理与维护包括数据库的安全性管理、数据库中数据的并发控制和数据库的备份及恢复管理。

5.1   安全性管理

数据库的安全性管理是对数据库采取的一种保护措施。安全性管理是指保护数据库,防止非法使用,以避免非法用户对其进行窃取数据、篡改数据、删除数据和破坏数据库结构等操作。SQL Server 提供了强大的、内置的安全性和数据保护,以防止非法用户对数据库进行操作,保证数据库的安全。

5 安全性管理

5.1.1   SQL Server 数据库的安全机制

SQL Server 整个安全体系中包括认证和授权两大部分。当用户要访问 SQL Server 数据库中的数据时,必须通过三个级别的认证。首先是第一个级别认证——服务器级别的认证,即身份验证,需要通过登录 SQL Server 的登录账户和密码来验证该用户是否具有连接 SQL Server 数据库服务器的权限,在身份验证时,SQL Server 和 Windows 是组合在一起的,因此 SQL Server 提供了两种确认用户身份的验证模式,即 Windows 验证模式和混合验证模式。接着是第二个级别认证——数据库级别的认证,当用户访问数据库时,必须具备对具体数据库的访问权限,即验证用户是否是数据库的合法用户。最后是第三个级别认证——数据库对象级别的认证,当用户操作数据库中的数据对象时,必须具备相应的操作权,即验证用户是否具有操作数据对象的权限。后面章节将进行详细探讨。

5.1.2   服务器登录名

服务器登录名是服务器级别的认证,主要是进行身份验证,也指登录账号的验证。登录 SQL Server 访问数据库的用户,必须要有一个能登录 SQL Server 服务器的账号和密码,只有以该账号和密码通过 SQL Server 数据库服务器验证后才能连接上服务器,然后进行数据库访问,否则服务器将拒绝用户登录,从而确保系统的安全性。SQL Server 提供了 Windows 验证和混合验证两种身份验证模式,每一种身份验证都有一个不同类型的登录名。

1. 身份验证模式

Windows 验证模式会启用 Windows 身份验证并禁用 SQL Server 身份验证,而混合验证模式会同时启用 Windows 身份验证和 SQL Server 身份验证。因此,Windows 验证始终可用,并无法禁用。

1)Windows 验证模式

SQL Server 数据库管理系统通常运行在 Windows 上,而 Windows 本身就能够管理登录、验证用户的合法性,因此 SQL Server 的 Windows 验证模式正是利用了这一用户安全性和账号管理的机制。只要能够访问操作系统,Windows 验证模式就认为用户合法,因此这种模式只适用于能够提供有效身份验证的 Windows 操作系统。该模式下的 Windows 用户不需要独立的 SQL Server 账号和密码就可以访问数据库,但用户需要遵从 Windows 本身安全模式的所有规则,还可以用这种模式去锁定账户、审核登录和迫使用户周期性地更改登录密码。

Windows 验证模式是一种默认且比较安全的身份验证模式。由 Windows 系统提供身份验证而完成的连接也称为信任连接。Windows 验证模式有如下优点。

(1)由于 Windows 系统完成对用户账号的管理,因此数据库管理员可以集中进行数据库管理。

(2)Windows 系统拥有较强的用户账号管理工具,包括账户锁定、密码期限等。如果不通过定制来扩展 SQL Server,SQL Server 则不具备这些功能。

(3)Windows 拥有用户组管理策略,可以通过 Windows 对用户进行集中管理,针对一组用户同时设置访问 SQL Server 的权限。

2)混合验证模式

混合验证模式是指用户可以使用 Windows 身份验证和 SQL Server 身份验证进行服务器连接。如果不是 Windows 操作系统的用户或者是 Windows 客户端操作系统的用户使用 SQL Server,则应该选择混合验证模式。当采用混合验证模式时,SQL Server 首先确定用户的连接是否使用了有效的 SQL Server 用户账户和正确的密码,如果是有效登录,则接受用户的连接,如果用户使用有效的登录账号,但不是正确的密码,则拒绝用户的连接。当且仅当用户没有有效的登录时,SQL Server 才检查 Windows 账户的信息,在这种情况下,SQL Server 就会确定 Windows 账户是否有连接到服务器的权限,如果账号有权限,连接被接受,否则连接被拒绝。

使用 SQL Server 创建的登录账号和密码用于 SQL Server 身份验证,这些信息将存储在 SQL Server 中。通过混合验证模式进行连接的用户每次连接时必须提供登录账号和密码。混合验证模式有如下优点。

(1)是在 Windows 系统之上创建的另一个安全层次。

(2)支持除了 Windows 用户以外的更大范围的用户连接数据库服务器。

(3)一个应用程序可使用单独的 SQL Server 登录账号或密码。

2. 设置身份验证模式

在安装 SQL Server 数据库管理系统时,必须为数据库引擎选择身份验证模式:Windows 验证模式或混合验证模式。如果在安装时选择混合身份验证模式,则必须为名为 sa 的内置 SQL Server 系统管理员账号提供一个密码并确认该密码,以后就可以通过 sa 账号进行 SQL Server 身份验证来连接服务器。在打开 SQL Server 连接服务器时，需要指定验证模式，这与 SQL Server 安装时所选择的验证模式有关。对于已经指定验证模式的 SQL Server 服务器，在 SQL Server 数据库管理系统中可以进行修改。

在 SQL Server Management Studio 中设置验证模式的步骤如下。

（1）打开 SQL Server Management Studio，在"对象资源管理器"中的目标服务器上右击，在弹出的快捷菜单中，选择"属性"命令。

（2）出现"服务器属性"界面，选择"选择页"中的"安全性"选项，进入安全性设置页面，如图 5-1 所示。

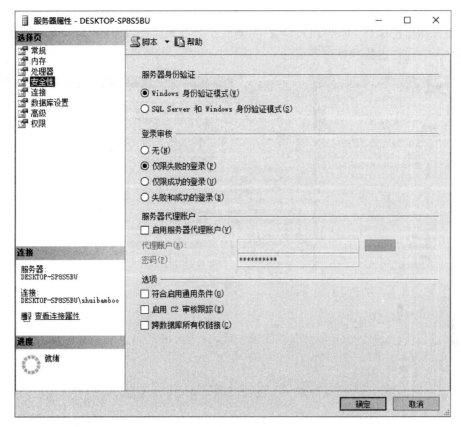

图 5-1 "服务器属性"界面

（3）在"服务器身份验证"选项中，选中需要的验证模式。可以在"登录审核"选项中设置需要的审核方式。审核方式取决于安全性要求。这 4 种审核级别的含义如下。

① 无：不使用登录审核。

② 仅限失败的登录：记录所有的失败登录。

③ 仅限成功的登录：记录所有的成功登录。

④ 失败和成功的登录：记录所有的登录。

（4）单击"确定"按钮，完成登录验证模式的设置。

3. 登录账号

SQL Server 提供两种方式进行身份验证，登录账号的管理也有两种方式：一种基于

Windows用户或组来管理,另一种是使用 SQL Server 来管理。这里仅介绍 SQL Server 管理登录账号。

1)查看登录账号

可以使用 SQL Server Management Studio,通过对象资源管理器查看登录账号,也可以使用存储过程和查询视图来查看。

(1)使用 SQL Server Management Studio。

打开 SQL Server Management Studio,在"对象资源管理器"中选择数据库服务器,再选择"安全性"→"登录名",可看到现有的登录账号,如图 5-2 所示。双击某个具体的登录账号,显示登录属性页面,可看到该登录账号的基本信息,也可以单击"服务器角色"查看是否是某个服务器角色成员,单击"用户映射"可查看是否有相应的数据库用户,单击"状态"可查看该用户是否允许连接数据库等信息。

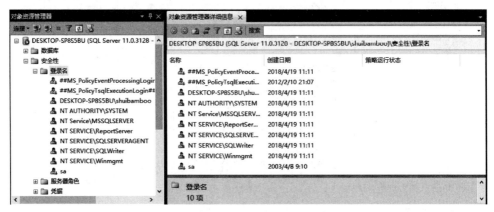

图 5-2　查看登录账号

(2)使用存储过程。

存储过程 sp_helplogins 可以查看登录账号,其语法格式如下。

```
EXECUTE sp_helplogins ['login']
```

login 指登录账号名,如果没有指定具体的登录账号,则查询所有登录账号。

(3)查询视图。

查询视图 sys.syslogins 可以查看登录账号。

```
SELECT * FROM sys.syslogins;
```

2)创建登录账号

可以使用 SQL Server Management Studio 和 SQL 语句来创建登录账号。

(1)使用 SQL Server Management Studio。

打开 SQL Server Management Studio,在"对象资源管理器"中选择数据库服务器,然后展开"安全性"→"登录名",右击选择"新建登录名",如图 5-3 所示。

在弹出的界面(图 5-4)中输入登录账号信息。"登录名"处输入新建登录名,如果选择"SQL Server 身份验证",输入密码和确认密码,然后单击"默认数据库"下拉列表框来设置登录账号默认访问的数据库。如果选择"Windows 身份验证","登录名"处需要填写系统登

图 5-3　创建登录账号

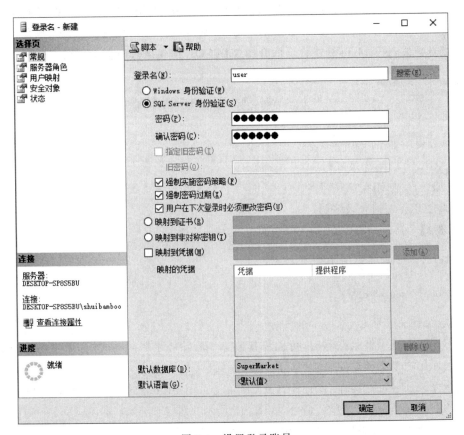

图 5-4　设置登录账号

录用户名,这时不需要设置登录密码,但仍需选择默认数据库。

（2）使用 SQL 语句。

用 SQL 语句创建登录账号的语法格式如下。

```
CREATE LOGIN login_name
FROM WINDOWS | WITH PASSWORD = 'password'[MUST_CHANGE]
[, DEFAULT_DATABASE = database];
```

各参数说明如下。

FROM WINDOWS：指定创建的登录账号是 Windows 身份验证，login_name 是系统的登录用户名或用户组。

WIHT PASSWORD：指定登录账号的密码，这是 SQL Server 身份验证。

MUST_CHANGE：指定首次使用时需修改密码。

DEFAULT_DATABASE：指定默认数据库。

【例 5-1】 创建一个登录账户 user1，密码为 user1，默认数据库 SuperMarket。

```
CREATE LOGIN user1
WITH PASSWORD = 'user1', DEFAULT_DATABASE = SuperMarket;
```

3) 修改登录账号

修改登录账号主要是对登录密码、默认数据库、启用和禁用登录、登录账号和解锁登录进行修改。可以使用 SQL Server Management Studio 的图形界面进行修改，操作方式与创建登录账号类似，这里不再赘述。下面介绍使用 SQL 语句来进行修改，其语法格式如下。

```
ALTER LOGIN login_name
WITH PASSWORD = 'password'| WITH DEFAULT_DATABASE = database |
ENABLE | DISABLE | NAME = login_name | UNLOCK
```

各参数说明如下。

ENABLE：启用登录账号。

DISABLE：禁用登录账号。

UNLOCK：解锁登录账号。

【例 5-2】 修改登录账户 user1，密码为 password1。

```
ALTER LOGIN user1
WITH
PASSWORD = 'password1';
```

4) 删除登录账号

当不再需要某个登录账号时，可以将其删除。删除登录账号时，数据库中与登录账号对应的数据库用户不会被删除。

删除登录账号可直接在 SQL Server Management Studio 的对象资源管理器中，右击需要删除的登录账号，选择"删除"命令，如图 5-5 所示。

也可以使用 SQL 语句来进行删除，其语法格式如下。

```
DROP LOGIN login_name
```

【例 5-3】 删除登录账户 user1。

```
DROP LOGIN user1;
```

图 5-5　删除登录账号

5.1.3　数据库用户

数据库用户是数据库级别的认证。数据库的安全性主要是通过数据库用户账户进行控制,要想访问一个数据库,必须拥有该数据库的一个用户账户身份,通常该用户账户是在登录服务器时通过登录账号进行映射的。因此,连接上 SQL Server 服务器后,用户还需要以一个数据库用户账户及对应的权限访问该数据库中的数据。

在例 5-1 中创建的登录名"user1",它可以通过身份验证连接到 SQL Server 数据库服务器上,但该登录账户还不具备访问数据库的条件,除非为该登录账号映射了相应的数据库用户。

服务器通过数据库用户对数据库访问权限进行设置。数据库系统管理员可以自定义数据库用户,并可以设置权限。数据库用户是一个或多个登录对象在数据库中的映射,可以对数据库用户对象进行授权,以便为登录对象提供对数据库的访问权限。用户定义信息存放在每一个数据库的 sysuser 表中。一个服务器登录账号可以被授予访问多个数据库(多个数据库用户),但一个登录名在每个数据库中只能映射一次。如果未对一个登录账号指定数据库用户,则登录时系统将试图将该登录账号映射成 guest 用户,如果还是失败的话,该用户将无法访问数据库。

1. 默认数据库用户

SQL Server 系统中有 dbo 用户、sys 用户和 guest 用户等默认数据库用户。

1) dbo 用户

dbo 全称 Database Owner,是每个数据库的默认用户,它具有在数据库中执行所有活动的权限。一般来说,创建数据库的用户就是创建数据库的所有者。可以通过 dbo 将它拥有的权限授予其他用户。因为"sysadmin"服务器角色的成员被自动映射为 dbo 用户,所以 sysadmin 角色登录可执行 dbo 能执行的任何任务。在 SQL Server 数据库中创建的对象也是所有者,这些所有者是指数据库对象所有者。通过 sysadmin 服务器角色成员创建的对象自动属于 dbo 用户。通过非 sysadmin 服务器角色成员创建的对象属于创建对象的用户,当

数据库管理与维护

其他用户引用它们时必须以用户的名称来限定。例如，如果 ROLE1 是 sysadmin 服务器角色成员，并创建了一个名为 sale 的表，则 sale 表属于 dbo，所以用 dbo.sale 来限定，或者简化为 sale。但如果 ROLE1 不是 sysadmin 服务器角色成员，创建了一个名为 sale 的表，则 sale 表属于 ROLE1，所以用 ROLE1.sale 来限定。

2) sys 用户

sys 用户是包含系统对象的架构。事实上，所有系统对象包含在 sys 或 information_schema 的架构中。这是构建在每一个数据库中的两个特殊架构，它们仅在 Master 数据库中可见。相关的 sys 和 information_schema 架构的视图提供存储在数据库里所有数据对象的元数据的内部系统视图。这些视图被 sys 和 information_schema 用户所引用。

3) guest 用户

guest 用户是一个允许具有有效 SQL Server 登录的任何用户访问数据库的一个特殊用户。以 guest 账户访问数据库的用户被认为是拥有 guest 用户的身份并继承了 guest 账户的所有权限和许可。在默认情况下，guest 用户存放在 Model 数据库中，并且被授予 guest 账户的权限。由于 Model 是创建所有数据库的模板，所以所有新的数据库都包含 guset 用户，并且该用户被授予 guest 账户的权限。需要注意的是，只能在 Master 和 Tempdb 之外的所有数据库中添加或删除 guest 用户。

2. 查看数据库用户

可以使用 SQL Server Management Studio，通过对象资源管理器查看数据库用户，也可以使用存储过程和查询视图来查看。

1) 使用 SQL Server Management Studio

打开 SQL Server Management Studio，在"对象资源管理器"中选择数据库服务器，然后选择"数据库"，在数据库列表中选择要查看的数据库，然后选择要查看数据库下的"安全性"→"用户"命令就可以看到当前数据库中的用户，如图 5-6 所示。

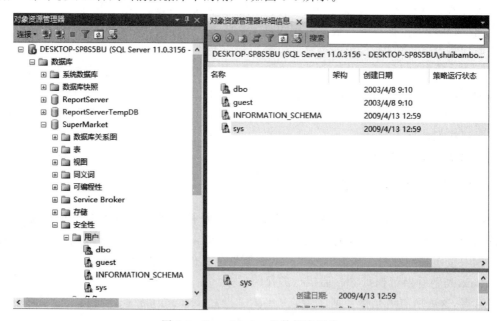

图 5-6　SuperMarket 的数据库用户

2）使用存储过程

存储过程 sp_helpuser 可以查看数据库用户，其语法格式如下。

```
EXECUTE sp_helpuser ['user_name']
```

user_name 指数据库用户名，如果没有指定具体的数据库用户，则查询所有数据库用户。

3）查询视图

查询视图 sys.sysusers 可以查看数据库用户。

```
SELECT * FROM sys.sysusers;
```

3. 创建数据库用户

可以使用 SQL Server Management Studio 和 SQL 语句来创建数据库用户。

1）使用 SQL Server Management Studio

打开 SQL Server Management Studio，在"对象资源管理器"中选择数据库服务器，然后选择"数据库"，在具体数据库下选择"安全性"→"用户"，右击选择"新建用户"命令，弹出如图 5-7 所示的页面，在该页面中设置数据库用户信息。"用户名"处输入新建用户名，用户名可以和登录名不同，接着选择对应的登录名，还需要给用户选择一个默认的架构（架构指数据库对象的集合。SQL Server 2012 中架构是独立的，和用户没有对应关系。因此可先创建一个架构，或直接选择一个已存在的架构），最后单击"确定"按钮，完成数据库用户的创建。

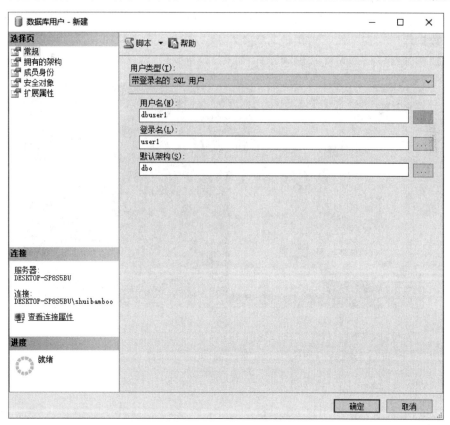

图 5-7　创建数据库用户

2）使用 SQL 语句

用 SQL 语句创建数据库用户的语法格式如下。

```
CREATE USER user_name
    FOR | FROM   LOGIN login_name
    [WITH DEFAULT_SCHEMA = schema_name];
```

各参数说明如下。

FOR | FROM   LOGIN：指定数据库用户对应的登录账号。

WIHT DEFAULT_SCHEMA：指定数据库用户使用的架构。

【例 5-4】 为数据库 SuperMarket 创建一个数据库用户 dbuser2，对应的登录账号为 user1，架构为 dbo。

```
USE SuperMarket
GO
CREATE USER dbuser2
FROM LOGIN user1
WITH DEFAULT_SCHEMA = dbo;
```

4. 删除数据库用户

当不再需要某个数据库用户时，可将其删除。但删除数据库用户时，其对应的架构不会删除，即用户创建过的对象会得以保存。

删除数据库用户可直接在 SQL Server Management Studio 的"对象资源管理器"中，展开对应"数据库"→"安全性"→"用户"，在用户列表中找到要删除的数据库用户，在该用户上右击选择"删除"命令，便可完成删除操作，如图 5-8 所示。

图 5-8　删除数据库用户

也可以使用命令 DROP USER 语句进行删除，其语法格式如下。

```
DROP USER user_name
```

【例 5-5】 删除数据库用户 dbuser2。

```
DROP USER dbuser2;
```

5.1.4 角色管理

角色是 SQL Server 用来集中管理服务器或数据库的权限,用于为用户组分配权限。若用户被加入到某一个角色中,该用户就具备该角色的所有权限。所以,SQL Server 数据库管理员只对角色进行权限设置便可以实现对所有用户权限的设置,大大减少了管理员的工作量。SQL Server 提供了两类角色:服务器角色和数据库角色。

1. 服务器角色

服务器角色具有授予服务器管理的能力。用户创建了一个角色成员的登录,用户用这个登录能执行这个角色许可的任何任务。服务器角色属于服务器级别,因此其权限影响整个服务器。服务器角色是预先定义的,不能被添加、修改或删除,所以服务器角色又称为"固定服务器角色"或"预定义服务器角色"。

固定服务器角色独立于各个数据库,具有固定的权限,不能修改。固定服务器角色的权限范围是实例,不是具体的数据库,角色成员是登录账号。例如,如果某登录账号是 sysadmin 角色成员,则该登录账号可管理任何数据库,并自动映射到数据库的 dbo 用户。

1) 常用的固定服务器角色

常用的固定服务器角色见表 5-1。

表 5-1　常用的固定服务器角色

角 色 名	角 色 权 限
sysadmin	系统管理员,可以在服务器中执行任何活动
serveradmin	服务器管理员,有设置和关闭对象服务器的权限
setupadmin	设置管理员,可以添加、删除和配置连接服务器,并能执行某些系统存储过程
securityadmin	安全管理员,可以管理登录账号、密码等
diskadmin	可以管理系统磁盘文件
processadmin	进程管理员,可以管理运行的进程
dbcreator	数据库创建者,可以创建、更改、删除或还原任何数据库
bulkadmin	可以执行批量插入语句 BULK INSERT 语句

2) 为登录账号添加或删除固定服务器角色

通常可以通过界面和存储过程两种方法来为登录账号添加或删除固定服务器角色。使用界面时又可以通过两种方法来操作:一种是通过修改登录账号属性,选择服务器角色;另一种是打开服务器角色属性,然后选择成员。

打开 SQL Server Management Studio,在"对象资源管理器"中选择数据库服务器,然后选择"安全性",在"登录名"下双击登录账号,在"登录属性"窗口中单击"选择页"的"服务器角色",接着在右侧的"服务器角色"列表中选择角色,如图 5-9 所示。

展开"安全性"→"服务器角色",双击要添加成员的角色,在角色成员列表下方通过"添加"或"删除"按钮来调整服务器角色的成员,如图 5-10 所示。

使用存储过程也可以完成以上操作。添加成员的语法如下。

```
EXECUTE sp_addsrvrolemember [@loginname] 'login',[@rolename] 'role'
```

删除成员的语法如下。

图 5-9　"登录属性"窗口设置固定服务器角色

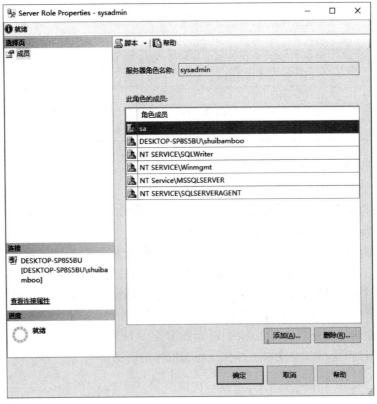

图 5-10　服务器角色属性窗口设置固定服务器角色成员

```
EXECUTE sp_dropsvrrolemember [@loginname] 'login',[@rolename] 'role'
```

参数说明如下。

login：指定登录账号。

role：指定服务器角色。

3）查看固定服务器角色信息

查看固定服务器角色列表：EXECUTE sp_helpsrvrole['role']

查看固定服务器角色权限：EXECUTE sp_srvrolepermission['role']

查看固定服务器角色成员：EXECUTE sp_helpsrvrolememeber['role']

2. 数据库角色

一旦创建了数据库用户，接下来需要管理这些用户的权限。数据库角色是某一个用户或一组用户授予不同级别的管理或访问数据库以及数据库对象的权限，这些权限是数据库专用的，并且可以使一个数据库用户具有属于同一数据库的多个角色。SQL Server 提供了两种类型的数据库角色：固定数据库角色和用户自定义数据库角色。

1）固定数据库角色

固定数据库角色是指 SQL Server 已经定义了这些角色所具有的管理、访问数据库的权限，而且 SQL Server 数据库管理员不能对其所具有的权限进行任何修改。SQL Server 每一个数据库中都有一组固定的数据库角色，在数据库中使用固定的数据库角色可以将不同级别的数据库管理工作分配给不同的角色，从而有效地实现工作权限的传递。

（1）常用的固定数据库角色。

SQL Server 提供了 10 种常用的固定数据库角色来授予数据库用户权限，具体内容见表 5-2。

表 5-2　常用的固定数据库角色

角 色 名	角 色 权 限
db_owner	数据库所有者，可以执行数据库的所有配置和维护活动
db_accessadmin	数据库访问权限管理者，可以增加或删除数据库用户、工作组和角色
db_ddladmin	数据库 DDL 管理员，可以在数据库中运行任何数据定义语言命令
db_securityadmin	可以修改角色成员身份和管理权限
db_backupoperator	可以备份和恢复数据库
db_datareader	仅能对数据库中任何表执行 select 操作，从而读取所有数据表的信息
db_datawriter	能够增加、修改和删除表中的数据，但不能进行 select 操作
db_denydatareader	不能读取数据库中任何表的数据
db_denydatawriter	不能对数据库中任何表执行增加、修改和删除数据的操作
public	每个数据库用户都属于 public 数据库角色，当尚未对某个用户授予或拒绝对安全对象的特定权限时，则该用户将继续授予该安全独享的 public 角色的权限。不能将用户从 public 角色中移除

（2）为数据库用户添加或删除固定数据库角色。

通常可以通过界面和存储过程两种方法来为数据库用户添加或删除固定数据库角色。使用界面时又可以通过两种方法来操作：一种是通过修改数据库用户属性，选择数据库角色。另一种是打开数据库角色属性，然后选择成员。

打开 SQL Server Management Studio,在"对象资源管理器"中展开数据库,选择具体数据库下的"安全性",在展开项中双击"用户"下的数据库用户,在"数据库用户"窗口的"选择页"中单击"成员身份",然后对数据库角色进行选择,如图 5-11 所示。

图 5-11　数据库用户属性窗口设置固定数据库角色

在具体数据库下的"安全性"下展开"角色"选项,找到"数据库角色",双击数据库角色,在"数据库角色属性"界面中通过"添加"或"删除"按钮来调整数据库角色的成员,如图 5-12 所示。

使用存储过程也可以完成以上操作。添加成员的语法如下。

```
EXECUTE sp_addrolemember [@rolename] 'role',[@loginname] 'user'
```

删除成员的语法如下。

```
EXECUTE sp_droprolemember [@rolename] 'role',[@loginname] 'user'
```

各参数说明如下。

role:指定数据库角色。

user:指定数据库用户。

(3) 查看固定数据库角色信息。

查看固定数据库角色列表:EXECUTE sp_helpdbfixedrole

查看固定数据库角色权限:EXECUTE sp_dbfixedrolepermission['role']

图 5-12 "数据库角色属性"窗口设置固定数据库角色成员

查看固定数据库角色成员：EXECUTE sp_helprolememeber['role']

2）用户自定义数据库角色

由于固定数据库角色不能进行权限修改，有时可能不能满足用户的需要，可以创建用户自定义数据库角色来设置权限。SQL Server 提供了 SQL Server Management Studio 和 SQL 语句两种方式来创建用户自定义数据库角色。

（1）使用 SQL Server Management Studio 方式。

首先，打开 SQL Server Management Studio，连接到目标服务器。

接着，在"对象资源管理器"窗口中展开"服务器"，"数据库"→展开具体的数据库→单击"安全性"→"角色"→"数据库角色"。

然后，右击"数据库角色"，选择"新建数据库角色"命令，打开"数据库角色-新建"窗口，如图 5-13 所示。

在新建窗口中，设置角色名称，确定所有者，单击"添加"按钮，选择数据库用户。

最后，单击"确定"按钮完成自定义数据库角色的创建。

（2）使用 SQL 语句

使用 SQL 语句创建用户自定义数据库角色的命令是 CREATE ROLE，其格式如下。

CREATE ROLE role_name

当然也可以使用 DROP ROLE 来删除数据库角色。

图 5-13　新建用户自定义数据库角色

5.1.5　架　构

架构是指一组数据库对象的集合,是数据库内部数据库对象的组织方式,可将架构看成是对象容器。任何用户都可拥有架构,一个数据库用户可以使用多个架构,一个架构也可以被多个数据库用户使用。如果架构的所属是角色,则该角色的成员可以使用同一个架构,当数据库用户删除时,架构中的表会依然存在。如果架构的所属是用户,则删除数据库用户,如果架构中有表,则该用户将不允许删除,直到将用户使用的架构的所属修改为其他用户或角色。

1. 查看架构

SQL Server 数据库管理系统提供了两种方式查看架构,一种是使用 SQL Server Management Studio,另一种是使用查询视图。

1) 使用 SQL Server Management Studio

在 SQL Server Management Studio 中选择某个具体数据库下的"安全性",再展开"架构",可看到该数据库中的所有架构。如果想查看具体架构的信息,只需双击架构名即可,如图 5-14 所示。

2) 使用查询视图

```
SELECT * FROM sys.schemas;
```

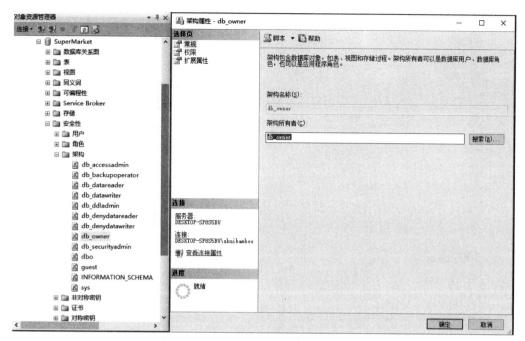

图 5-14　查看架构

运行结果如图 5-15 所示。

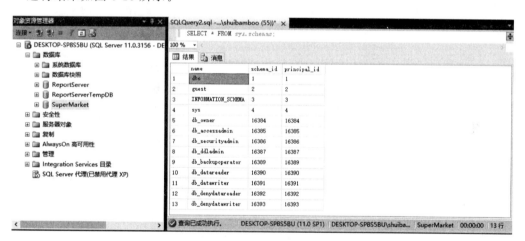

图 5-15　使用查询视图查看架构

2. 创建架构

SQL Server 数据库管理系统提供了两种方式创建架构,一种是使用 SQL Server Management Studio,另一种是使用 SQL。

1) 使用 SQL Server Management Studio

在 SQL Server Management Studio 中选择具体数据库下的"安全性",再选择"架构",右击选择"新建架构"命令,弹出如图 5-16 所示的界面,输入要新建的架构名称和架构的所有者。架构的所有者可以是数据库用户或数据库角色,无论是数据库用户还是角色,都必须先于架构存在。

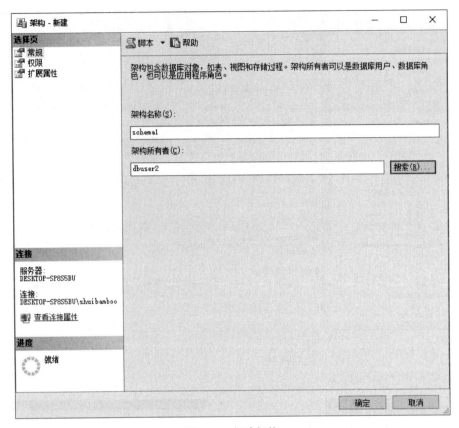

图 5-16　新建架构

2）使用 SQL 语句

使用 SQL 语句创建架构的语法格式如下。

```
CREATE SCHEMA schema_name
AUTHORIZATION owner_name;
```

其参数说明如下。

schema_name：指定架构名称。

AUTHORIZATION owner_name：指定架构的所有者，可以是用户或角色。

【例 5-6】　创建一个架构 schema2，所有者是数据库用户 dbuser2。

注意：数据库用户 dbuser2 必须事先创建完成。

```
CREATE SCHEMA schema2 AUTHORIZATION dbuser2
```

3. 删除架构

SQL Server 数据库管理系统提供了两种方式删除架构，一种是使用 SQL Server Management Studio，另一种是使用 SQL。

1）使用 SQL Server Management Studio

在 SQL Server Management Studio 中选择数据库下的"安全性"→"架构"，右击需要删除的架构，选择"删除"，如图 5-17 所示。

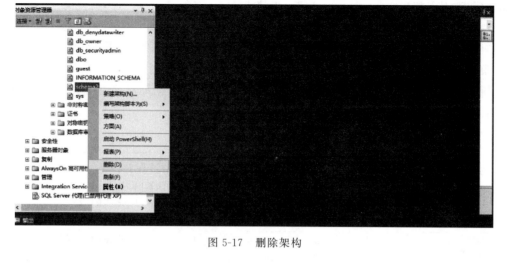

图 5-17　删除架构

2）使用 SQL 语句

使用 SQL 语句删除架构的语法格式如下。

```
DROP SCHEMA schema_name;
```

【例 5-7】　删除架构 schema2。

```
DROP SCHEMA schema2;
```

5.1.6　权限管理

权限是数据库对象级别的认证。权限用于控制对数据库对象的访问以及指定用户对数据库可以执行的操作，用户在登录到 SQL Server 数据库之后，其用户账户所归属的Windows 组或角色被赋予的权限决定了该用户能对哪些数据库对象执行哪种操作以及能够访问、修改哪些数据。

通常情况下，只有数据库的所有者才可以在该数据库下进行操作。当一个非数据库所有者想访问数据库里的对象时，必须事先由数据库的所有者赋予该用户对指定对象执行特定操作的权限。

1. 权限分类

SQL Server 中，可以按照不同的方式把权限分成不同的类型。比如预定义权限和自定义权限，针对所有对象的权限和针对特殊对象的权限。

预定义权限是指在完成 SQL Server 安装后，不必授权就拥有的权限，比如固定服务器角色和固定数据库角色都属于预定义权限。自定义权限是指那些需要经过授权或继承才能得到的权限。

针对所有对象的权限是指某些权限对所有 SQL Server 中的对象起作用，比如CONTROL 权限是所有对象都具有的权限。针对特殊对象的权限是指某些权限只能在指定的对象上起作用，比如 DELETE 只能用作表的权限，不可以是存储过程的权限；而EXECUTE 只能用作存储过程的权限，不能作为表的权限等。

常用的权限类型是对象权限、语句权限和隐式权限三类。权限管理的主要任务是管理语句权限和对象权限。

1）对象权限

对象权限用于用户对数据库对象执行操作的权利，即处理数据或执行存储过程所需要的权限。SQL Server 中所有对象权限是可以授予的。数据库用户可以为特定对象、特定类型的所有对象和所有属于特定架构的对象管理权限。这些数据库对象包括表、视图、存储过程、表值函数、标量函数和列等，具体见表 5-3。

表 5-3 对象权限

对　　象	操　　作
表	SELECT,INSERT,UPDATE,DELETE,REFERENCES
视图	SELECT,INSERT,UPDATE,DELETE,REFREENCES
存储过程	EXECUTE,SYNONYM
表值函数	SELECT,INSERT,UPDATE,DELETE,REFEERENCES
标量函数	EXECUTE,REFERENCES
列	SELECT,UPDATE

2）语句权限

语句权限是用户是否具有权限来执行某一语句，用于控制创建数据库或数据库中的对象而涉及的权限。例如，某用户要在数据库中创建视图，则应该向该用户授予 CREATE VIEW 语句权限。只有 sysadmin、db_owner 和 db_securityadmin 角色的成员才能授予用户语句权限。SQL Server 中可以授予、拒绝或撤销的语句权限见表 5-4。

表 5-4 语句权限

语　句　权　限	权　限　描　述
CREATE DATABASE	创建数据库的权限
CAEATE TABLE	在数据库中创建表的权限
CREATE VIEW	在数据库中通过创建视图的权限
CREATE DEFAULT	在数据库中创建默认对象的权限
CREATE PROCEDURE	在数据库中创建存储过程的权限
CREATE RULE	在数据库中创建规则的权限
CREATE FUNCTION	在数据库中创建函数的权限
BACKUP DATABASE	备份数据库的权限
BACKUP LOG	备份日志的权限

3）隐式权限

隐式权限是系统预定义而不需要授权就有的权限，包括固定服务器角色、固定数据库角色和数据库对象所有者所拥有的权限。通常只有预定义系统角色的成员或数据库和数据库对象所有者具有隐式权限。所有角色的隐式权限不能修改，而且可以让角色具有相关的隐式权限。

2. 权限操作

权限操作包括授权权限、撤销权限和禁止权限。SQL Server 提供了两种方式操作权限：使用命令的方式和使用 SQL Server Management Studio 的方式。

1）使用 SQL Server Management Studio 进行权限操作

在 SQL Server 中可以使用 SQL Server Management Studio 实现对语句权限和对象权限的操作，从而实现对用户或角色权限的设定。这里给出语句权限操作的具体步骤。

首先，打开 SQL Server Management Studio，连接到目标服务器。

接着，在"对象资源管理器"窗口中打开"服务器"→"数据库"，选择要操作的具体数据库，右击选择"数据库属性"→单击"选择页"中的"权限"。

然后，选择用户，在下面的权限列表中对权限进行授予或拒绝，如图 5-18 所示。

最后，单击"确定"按钮完成权限操作。

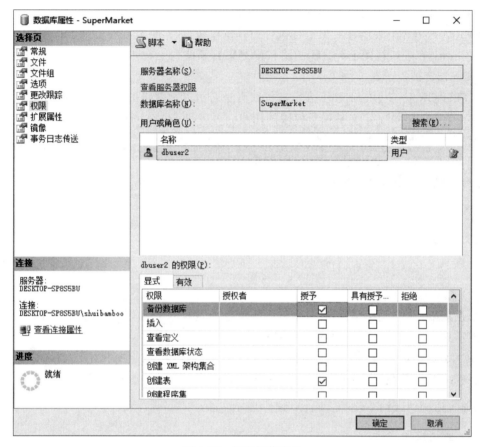

图 5-18　权限操作窗口

2）使用命令进行权限操作

（1）授予权限。

授予权限是将权限赋予某一数据库用户或角色执行所授权指定的操作，使用 GRANT 语句来完成。

授予对象权限的语法格式如下。

```
GRANT
ALL [PRIVILEGES] | PERMISSION [, …]
[(column [, … n])] ON table | view | stored_procedure
TO security_account [, … n]
```

第
5
章

数据库管理与维护

[WITH GRANT OPTION]
[AS group|role]

授予语句权限的语法格式如下。

```
GRANT
ALL| STATEMENT [, … n]
TO security_account [, … n]
[WITH GRANT OPTION]
```

各参数说明如下。

ALL [PRIVILEGES]：所有可授予的权限。

PERMISSION：表示在对象上可执行的具体权限，如对象权限表上的 INSERT。

column：在表或视图上允许用户将权限局限到某些列上，column 表示列的名字。

TO：指定被授予者。

WITH GRANT OPTION：表示被授权者是否可以把获得的权限授予其他用户。

security_account：定义被授予权限的用户。可以是 SQL Server 的数据库用户，也可以是 SQL Server 角色，还可以是 Windows 的用户或工作组。

STATEMENT：表示可以授予的语句权限。

【例 5-8】 授予数据库用户 dbuser2 查询和修改 Goods 表的权限。

```
GRANT SELECT, UPDATE ON Goods TO dbuser2
```

【例 5-9】 授予数据库用户 dbuser2 创建表和创建视图的权限。

```
GRANT CREATE TABLE,CREATE VIEW TO dbuser2
```

（2）禁止权限。

禁止权限是指拒绝给某一数据库用户或角色特定权限的操作，同时阻止它们从其他角色中继承这个权限。使用 DENY 语句来完成。

DENY 语法格式与 GRANT 语法格式一样。

【例 5-10】 禁止 guest 用户对 Goods 表进行查询、添加、修改和删除操作。

```
DENY SELECT, INSERT, UPDATE, DELETE ON Goods TO guest
```

（3）撤销权限。

撤销权限是撤销某一数据库用户或角色先前被赋予或禁止权限的操作。使用 REVOKE 语句来完成。REVOKE 语法格式与 GRANT 语法格式一样，只是将 TO 改成 FROM。

【例 5-11】 撤销数据库用户 dbuser2 对表 Goods 的查询和修改权限。

```
REVOKE SELECT, UPDATE ON Goods FROM dbuser2
```

3. 权限查看

可以使用 SQL Server Management Studio 进行权限查看，方法与权限操作的一致。这里介绍使用存储过程来查看当前数据库中某对象的对象权限或语句权限的信息。其语法格式如下。

```
EXECUTEsp_helprotect [[@name = ]'object_statement']
                      [, [@username = ]'security_account']
                      [,[@grantorname = ]'grantor']
```

其中，

[@name＝]'object_statement'：对象名或授权语句名。

[@username＝]'security_account'：被授权的用户账号名。

[@grantorname＝]'grantor'：授权的用户账号名。

【例5-12】 查看数据库用户dbuser2拥有的权限。

```
EXECUTE sp_helprotect @username = 'dbuser2'
```

执行结果见图5-19。

图5-19　存储过程查看dbuser2拥有的权限

【例5-13】 查看获得CREATE VIEW权限的用户信息。

```
EXECUTE sp_helprotect @name = 'CREATE VIEW'
```

执行结果见图5-20。

图5-20　存储过程查看获得CREATE VIEW权限的用户信息

5.2 并 发 控 制

数据库是一个多用户的共享数据集合，在多个用户同时执行某些操作时，由于操作间的互相干扰，有可能产生错误的结果。即使这些操作在单独执行时都是正确的，但是在并发执行时有可能存取不正确的数据，破坏数据的一致性。因此，数据库管理系统必须提供并发控制机制以保证数据的正确性。

5.2.1 事务概述

1. 事务的概念

事务是由用户定义的一系列数据操作语句构成的,这些操作语句要么全部执行,要么全部不执行,是数据库运行的最小的、不可分割的工作单位。所有对数据库的操作都要以事务为一个整体单位来执行或撤销,同时事务也是保证数据一致性的基本手段。无论什么情况下,DBMS都应该保证事务能正确、完整地执行。在关系数据库中,一个事务可以是一条SQL语句、一组SQL语句或整个程序。

5 事务

2. 事务的特性

事务由有限的数据库操作序列组成,但不是任意的操作序列都能成为事务,它必须同时满足以下四个特性:原子性(Atomicity)、一致性(Consistency)、隔离性(Isolation)和持续性(Durability)。这四个特性简称为ACID特性。

1) 原子性

一个事务对于数据的所有操作都是不可分割的整体,这些操作要么全部执行,要么全部不执行。原子性是事务概念本质的体现和基本要求。

2) 一致性

事务执行完成后,数据库中的内容必须全部更新,确保事务执行后使数据库从一个一致性状态变成另一个一致性状态,此时数据库中的数据具备正确性和完整性。当数据库只包含事务成功提交的结果,则说明数据库处于一致性状态;如果数据库系统运行过程中发生了故障,有些事务尚未完成就被迫中断,这些未完成事务对数据库所做的更新操作有一部分已写入物理数据库,这时数据库就处于一种不正确的状态,或者说不一致的状态,为了保证一致性,系统会对事务中对数据库的所有已完成的操作全部撤销,回滚到事务开始时的一致性状态。

3) 隔离性

隔离性也称独立性,表明一个事务的执行不能被其他事务干扰,即一个事务内部的操作及使用的数据对其他并发事务是隔离的,并发执行的各个事务之间不能互相干扰。

4) 持续性

持续性也称永久性,表明一个事务一旦提交,它对数据库中的数据的改变就应该是永久的,接下来的其他操作或故障不应该对其执行结果有任何影响。

事务是并发控制的基本单位,保证事务的ACID特性是事务处理的重要任务。事务的ACID特性可能遭到破坏的因素一般有以下两种。

(1) 多个事务并行运行时,不同事务的操作交叉执行。此时DBMS必须保证多个事务的交叉运行不影响这些事务的原子性。

(2) 事务在运行过程中被强行停止。此时DBMS必须保证被强行停止的事务对数据库和其他事务没有任何影响。

3. 事务的处理模型

SQL Server事务处理模型有两种:一种是显式事务,是指事务有显式的开始和结束标记;另一种是隐式事务,是指每一条数据操作语句都自动成为一个事务。对于显式事务,不同的数据库管理系统有不同的形式。一类是采用国际标准化组织制定的事务处理模型;另一类是采用 T-SQL 的事务处理模型。

1) ISO 事务处理模型

ISO 事务处理模型中事务的开始是隐式的,而事务的结束有明确标记。在这种事务处理模型中,程序的首条 SQL 语句或事务结束符后的第一条语句自动作为事务的开始;而程序的正常结束或 COMMIT/ROLLBACK 语句作为事务的终止。

【例 5-14】 向 Goods 表中插入数据。

```
INSERT INTO Goods(GoodsNO, GoodsName) values('G011','松子');
INSERT INTO Goods(GoodsNO, GoodsName) values('G012','瓜子');
INSERT INTO Goods(GoodsNO, GoodsName) values('G013','花生');
INSERT INTO Goods(GoodsNO, GoodsName) values('G014','开心果');
COMMIT
```

2) T-SQL 事务处理模型

T-SQL 事务处理模型对每个事务都有显式的开始标记 BEGIN TRANSACT 和结束标记 COMMIT 或 ROLLBACK。

【例 5-15】 向 Goods 表中插入数据。

```
BEGIN TRANSACT
INSERT INTO Goods(GoodsNO, GoodsName) values('G015','无花果');
INSERT INTO Goods(GoodsNO, GoodsName) values('G016','杨梅');
INSERT INTO Goods(GoodsNO, GoodsName) values('G017','话梅');
INSERT INTO Goods(GoodsNO, GoodsName) values('G018','葡萄干');
COMMIT
```

5.2.2 并发控制概述

数据库系统是多用户共享数据库资源,尤其是多个用户可以同时存取相同数据,如银行系统数据库、超市管理数据库等都是多个用户共享的数据库系统。在这些系统中,同一时间可同时运行数百个事务。若对多用户的并发操作不加以控制,就会造成数据存取错误,破坏数据库的一致性和完整性。

在 DBMS 运行多个事务时,如果一个事务完成以后,再开始另一个事务,这种执行方式为事务的串行执行。如果 DBMS 可以同时接受多个事务,并且这些事务在时间上可以重叠执行,这种执行方式为事务的并发执行。并发执行能提高系统资源的利用率,改善短事务的响应时间等。但并发执行可能会破坏事务的 ACID 特性。下面举例说明并发执行带来的数据不一致的问题。

设有两个校园超市收银台 A 和 B,其中,A 和 B 同时收取同一商品(洗衣粉)的费用,修改洗衣粉的库存数量。其操作过程及顺序如下。

收银台 A(事务 A)读出目前洗衣粉的库存数量,假设为 20 袋。

收银台 B(事务 B)读出目前洗衣粉的库存数量也为 20 袋。

收银台 A 此时要卖出 3 袋洗衣粉,则修改库存数量 20－3＝17,并将 17 写回数据库中。

收银台 B 此时也要卖出 4 袋洗衣粉,则修改库存数量 20－4＝16,并将 16 写回数据库中。

从上述操作可以看出,事务 B 覆盖了事务 A 对数据库的修改,使数据库中的数据不可信,这种情况称为数据的不一致性。这种不一致性就是由并发执行引起的。由于在并发执行下 DBMS 对事务 A 和 B 操作序列的调度是随机的,会产生数据不一致,而这种不一致性是致命的,且在现实生活中是绝对不允许发生的。因此数据库管理员必须想办法避免这种情况,这就是数据库管理系统在并发控制中要解决的问题。

5 并发操作
导致的问题

1. 并发操作导致的问题

数据库的并发操作会导致 3 种问题:丢失更新、读"脏"数据和不可重复读。下面分别介绍这 3 种问题。

1) 丢失更新

丢失更新是指当两个或两个以上的事务选择同一数据值,在更新最初的读取值时,会发生丢失更新的问题。两个事务 T1 和 T2 从数据库读取同一数据并进行更新,T1 执行更新后提交,T2 在 T1 更新后也对该数据进行了更新,此时 T2 提交的结果就破坏了 T1 提交的结果,导致 T1 的修改被 T2 覆盖掉,这样 T1 的更新就被丢失了。这是由于每个事务都不知道其他事务的存在,最后的更新将重写由其他事务所做的更新,这将导致数据丢失。

丢失更新是由于多个事务对同一数据并发进行写入操作引起的。前面例子中收银台 A 和收银台 B 同时对洗衣粉数量进行更新时,最后进行的更新数量必将替代第一个更新的数量,得到错误的结果 16 袋。如果收银台 A 完成收费以后,收银台 B 再收费就可避免这样的问题发生。

2) 读"脏"数据

读"脏"数据是指一个事务读取了另一个事务失败运行过程中的数据。也就是说,事务 T1 更新了某一数据,并将更新结果写入磁盘,然后事务 T2 读取了这一数据(T1 更新后的数据)。过了一段时间,由于某种原因 T1 撤销了更新操作,T1 修改过的数据又恢复为原值,此时 T2 读取的数值与数据库中实际数据值不一致。这种数据就是"脏"数据。

前面例子中,收银台 A、B 同时修改洗衣粉数量,收银台 A 修改洗衣粉数量为 17,未做提交操作,这时收银台 B 将修改后的数量 17 读取出来,之后收银台 A 执行回滚操作,数量恢复为原值 20,而收银台 B 仍然在使用已回滚的数量 17。这种修改了但未提交随后又被回滚的数据就是"脏"数据。

3) 不可重复读

不可重复读是指一个事务读取数据后,另一个事务对该数据进行更新,当前一个事务再次读取这个数据时,所得到的数据与之前读取的数据不一致。这里的更新操作分为以下 3 种情况,后两种情况通常也称为产生"幽灵"数据。

(1) 事务 T1 按一定条件从数据库中读取某些记录后,事务 T2 修改了其中部分数据,当 T1 再次按相同条件读取数据时,发现与前一次读取的数据不一致。

(2) 事务 T1 按一定条件从数据库中读取某些记录后,事务 T2 向其中插入了一些数据,当 T1 再次按相同条件读取数据时,发现比前一次读取的多了一些数据。

(3) 事务 T1 按一定条件从数据库中读取某些记录后,事务 T2 删除了其中部分数据,当 T1 再次按相同条件读取数据时,发现前一次读取的部分数据消失了。

前面例子中,收银台 A、B 同时修改洗衣粉数量,收银台 A 在某一时刻读取的数量是 20 袋,过了一段时间,收银台 B 卖出 4 袋将数量更新为 16,此时收银台 A 读取的值不再是最初的 20 了。

并发操作破坏了事务的隔离性从而导致出现以上 3 种问题。并发控制是用某种方法来执行并发操作,使一个事务的执行不受其他事务的干扰,避免造成数据的不一致。

2. 并发控制的方法

实现并发控制的主要方法是使用封锁机制。锁可以防止事务的并发问题,在多个事务并发执行时能够保证数据库的完整性和一致性。封锁是指一个事务 T 在对某个数据对象操作之前,先向系统发出请求,对其加锁。加锁后事务 T 对该数据对象有一定的控制,在事务结束之后释放锁。而在事务 T 释放锁之前,其他事务不能更新此数据对象,以保证数据操作的正确性和一致性。封锁是一种并发控制技术,用来调整对数据库中共享数据进行并行存取的技术。前面超市的例子中,当收银台 A 要修改洗衣粉数量,在读取出数量前先封锁数量,再对数量进行读取和修改操作,这时收银台 B 就不能读取和修改,直到收银台 A 完成操作,将修改后的数量重新写回数据库,并释放对数量的封锁后,收银台 B 才可以读取和修改,这样就不会导致数据不一致的问题。

5 并发控制
的方法

具体的控制由封锁的类型决定。基本的封锁类型有两种:排他锁(Exclusive Locks,X锁)和共享锁(Share Locks,S 锁)。

1) 排他锁

排他锁又称写锁,可以防止并发事务对数据进行访问,其他事务不能读取或更新锁定的数据。如果事务 T 对数据对象 R 加上 X 锁,则只允许事务 T 读取和更新 R,其他任何事务不能再对 R 加任何类型的锁,直到事务 T 释放 R 上的锁。这就保证了其他事务在 T 释放R 上的锁之前不能再读取和更新 R。由此可见,X 锁采用的方法是禁止并发操作。

2) 共享锁

共享锁又称读锁,允许并发事务读取数据。若事务 T 对数据对象 R 加上 S 锁,则事务T 读取 R 但不能修改 R,其他任何事务只能再对 R 加 S 锁,而不能加 X 锁,直到事务 T 释放R 上的 S 锁。这保证了其他事务可以读取 R,而不能再释放 R 上的 S 锁之前对 R 进行修改操作。

对数据库中数据进行读取操作不会破坏数据的完整性,而更新操作才会破坏数据的完整性。加锁的真正目的在于防止更新操作对数据一致性的破坏。S 锁只允许多个事务同时读取同一数据,不能对数据进行更新操作;X 锁只允许一个事务对同一数据进行读取和更新操作,其他事务只能等待 X 锁的释放,才能对该数据进行相应的操作。

排他锁和共享锁的控制可以用如表 5-5 所示的锁的兼容性来表示。

表 5-5　锁的兼容性

T2 ＼ T1	排他锁(X 锁)	共享锁(S 锁)	--(没有锁)
排他锁(X 锁)	否	否	是
共享锁(S 锁)	否	是	是
--(没有锁)	是	是	是

在表 5-5 锁的兼容性内容中,最上面一行是事务 T1 已经获取的数据对象上的锁类型,其中,"--"表示没有加锁。最左侧一列是事务 T2 针对同一数据对象发出的封锁请求,该请求是否被满足,则用"是"和"否"在表格中表示出来。"是"表示事务 T2 的封锁请求与 T1 所获取的锁兼容,可以满足请求;"否"表示事务 T2 的封锁请求与 T1 的锁不兼容,请求被拒绝。

5 三级封锁
协议

5.2.3 SQL Server 的封锁技术

1. 封锁协议

在使用排他锁和共享锁对数据对象进行加锁时,还需要约定一些规则:何时申请锁、持锁时间、何时释放锁等。这些规则称为封锁协议。对封锁方式规定不同的规则,就形成了不同级别的封锁协议,不同级别的协议能达到的数据一致性级别也不同。下面介绍三种封锁协议。

1) 一级封锁协议

一级封锁协议是指事务 T 在修改数据对象之前必须先对其加 X 锁,直到事务结束(包括正常结束和非正常结束)时才释放锁。一级封锁协议可以防止丢失更新问题的发生。

在一级封锁协议中,如果事务仅仅是读数据而不是更新数据,则不需要加锁。所以一级封锁协议不能保证可重复读和读"脏"数据。

2) 二级封锁协议

二级封锁协议是指在一级封锁协议基础上,加上事务 T 对要读取的数据之前必须先对其加 S 锁,读取完后立即释放 S 锁。二级封锁协议可以防止数据丢失更新问题,还可以防止读"脏"数据。

在二级封锁协议中,由于事务 T 读取完数据后立即释放了 S 锁,所以不能保证可重复读数据。

3) 三级封锁协议

三级封锁协议是指在一级封锁协议基础上,加上事务 T 在读取数据之前必须先对其加 S 锁,读取完后并不释放 S 锁,直到事务 T 结束才释放。三级封锁协议除可以防止丢失更新和不读"脏"数据外,还可以防止不可重复读。

3 个封锁协议均规定对数据对象的更新必须加 X 锁,而它们的主要区别在于读取操作是否需要申请封锁,何时释放锁。3 个级别的封锁协议的主要规则及能解决的问题如表 5-6 所示。

表 5-6 不同级别的封锁协议

封锁协议	排他锁(X 锁)	共享锁(S 锁)	不丢失更新	不读脏数据	可重复读
一级封锁协议	必须加锁,直到事务结束才释放	不加锁	是		
二级封锁协议	必须加锁,直到事务结束才释放	加锁,读取完后立即释放锁	是	是	
三级封锁协议	必须加锁,直到事务结束才释放	必须加锁,直到事务结束才释放	是	是	是

2. 死锁和活锁

封锁技术可以有效地解决并发操作的一致性问题,但也会带来一些新的问题:活锁和死锁等问题。

1) 活锁

当两个或多个事务请求对同一数据进行封锁时,可能会存在某个事务处于永远等待锁

5 死锁和活
锁

的情况,这种现象称为活锁。比如事务 T1 封锁了数据对象 R 后,事务 T2 也申请封锁 R,于是 T2 等待;接着事务 T3 也申请封锁 R。当 T1 释放了 R 上的封锁后,系统首先批准了 T3 的请求,T2 仍然等待。这时事务 T4 又申请封锁 R,当 T3 释放了 R 上的封锁后,系统又批准了 T4 的请求,这样依次类推,T2 有可能永远等待,这就是活锁。

避免活锁最简单的方法就是采用先来先服务的策略。当多个事务请求封锁同一数据对象时,封锁子系统按申请封锁的先后顺序对事务进行排队,数据对象上的锁一旦释放就批准申请队列中的第一个事务获得锁。

2) 死锁

在同时处于等待状态的两个或多个事务中,其中每一个事务又在等待其他事务释放封锁后才能继续执行,这样出现多个事务彼此相互等待的状态就称为死锁。比如事务 T1 封锁了数据对象 R1,事务 T2 封锁了数据对象 R2。之后 T1 又申请封锁数据对象 R2,由于 T2 已经封锁了 R2,于是 T1 的申请被拒绝只能等待,直到 T2 释放 R2 上的锁。接着 T2 又申请封锁 R1,由于 R1 已经被 T1 封锁,于是 T2 的申请被拒绝只能等待,直到 T1 释放 R1。这样就出现了 T1 在等待 T2,而 T2 又在等待 T1 的局面,T1 和 T2 两个事务永远不能结束,形成死锁。

目前在数据库中解决死锁问题的方法主要有两类:一类是采取一定的措施来预防死锁的发生;另一类是允许死锁的发生,但需采取一定的手段定期诊断系统中有无死锁,若有则解除它。

(1) 死锁的预防。

预防死锁就是要破坏产生死锁的条件,通常有如下两种方法。

① 一次性封锁法。一次性封锁法要求每个事务必须一次将所有要使用的数据全部加锁,否则就不能继续执行。比如针对前面死锁中的例子,事务 T1 将需要的数据对象 R1 和 R2 一次加锁,T1 就可以执行,而事务 T2 等待。当 T1 执行完后释放 R1、R2 上的锁,T2 就获得 R1 和 R2 上的锁,继续执行。这样就不会发生死锁。一次性封锁法虽然可以有效地防止死锁的发生,但也存在不足:将事务以后要用的全部数据对象加锁,扩大了封锁的范围,降低了系统的并发度,从而影响了系统的效率;另外,需要事先精确地确定每个事务所要封锁的所有数据对象,这对于不断变化的数据库来讲是很困难的,因此只能扩大封锁范围,将事务可能需要用到的数据进行加锁,这会进一步降低并发度。

② 顺序封锁法。顺序封锁法是要求所有事务必须按照一个预先约定的封锁顺序对所要用到的数据对象进行封锁。比如规定事务封锁数据对象 R1、R2 的顺序依次是 R1、R2,则事务 T1 和 T2 必须先封锁 R1 再封锁 R2,当 T2 请求 R1 的封锁时,由于 T1 已经封锁了 R1,则 T2 就只能等待,T1 释放 R1 和 R2 的锁之后,T2 就继续执行,这样就不会发生死锁。顺序封锁在一定程度上可以有效地防止死锁,但仍然存在不足:很难预先确定所有数据对象的加锁顺序;当封锁的数据对象很多时,随着数据的不断更新,维护数据对象的顺序也很困难。

因此,预防死锁策略难以实施,在解决数据库死锁的问题上,DBMS 普遍采用诊断并解除死锁的方法。

(2) 死锁的诊断与解除。

死锁的解除是指允许产生死锁,在死锁发生后通过一定手段予以解除。一般使用超时法或事务等待图法。

数据库管理与维护

① 超时法。是指对每个锁设定一个时限,如果某个事务的等待时间超过了该时限,就认为发生了死锁,此时调用解锁程序,以解除死锁。超时法实现简单,但存在明显不足:时限难于设置,若设置太长,则会导致死锁发生后不能及时发现;有可能误判死锁,事务可能因为其他原因使等待超时,系统会误认为发生了死锁。

② 事务等待图法。事务等待图是一个特殊的有向图 $G = (T, U)$。T 为结点的集合,每个结点表示正在运行的事务;U 为边的集合,每条边表示事务等待的情况。若 T1 等待 T2,则 T1、T2 之间画一条有向边,从 T1 指向 T2。建立事务等待图之后,诊断死锁的问题就变成了判断有向图 G 中是否存在回路的问题。事务等待图动态地反映了所有事务的等待情况,并发控制子系统周期性地生成事务等待图,并进行检测,如果图中没有回路,则没有发生死锁,反之则说明发生了死锁。

一旦检测到系统存在死锁,DBMS 就要设法解除。通常采用的方法是选择一个处理死锁代价最小的事务,将其撤销,释放该事务持有的所有锁,使其他事务得以继续运行下去。当然,为了保证数据的一致性,对撤销事务所执行的数据更新操作必须加以恢复。

3. 并发调度的可串行性

5 并发调度的可串行性

数据库管理系统对并发事务中的操作调度是随机的,不同的调度会产生不同的结果。什么样的调度是正确的呢?显然串行调度是正确的。一般来讲,如果多个事务在某个调度下的执行结果与这些事务在某个串行调度下的执行结果相同,那么这个调度也是正确的。虽然以不同顺序串行执行事务可能会产生不同的结果,但不会将数据库置于不一致的状态,因此这个调度是正确的。

多个事务的并发执行是正确的,当且仅当结果与按某一顺序串行地执行这些事务时的结果相同,则称这种调度策略为可串行化的调度。

可串行性是并发事务正确调度的准则。按这个准则规定,一个给定的并发调度,当且仅当它可串行化时,才认为它是正确的调度。为保证并发操作的正确性,数据库管理系统的并发控制机制必须提供一定的手段来保证调度是可串行化的。

【例 5-16】 假设有两个事务 T1 和 T2,分别包含下列操作。

事务 T1:读取 B;A=B-3;写回 A。

事务 T2:读取 A;B=A-3;写回 B。

假设 A、B 的初值均为 20,若按 T1→T2 的顺序执行后,其结果 A=17,B=14;若按 T2→T1 的顺序执行后,其结果 A=14,B=17。当并发调度时,如果执行的结果是这两者之一,则认为都是正确的并发调度策略。图 5-21 给出了这个两个事务的 4 种调度策略。

图 5-21 中(1)和(2)是不同的串行调度策略,虽然执行结果不同,但它们都是正确的调度。(3)虽不是串行调度,但其执行的结果与串行调度的结果相同,所以该调度是正确的。(4)的执行结果与前两个串行调度的结果都不同,所以是错误的调度。

4. 两段锁协议

5 两段锁协议

为保证并发调度的正确性,数据库管理系统的并发控制机制必须提供一定的手段来保证调度的可串行化。目前,数据库管理系统普遍采用两段锁协议来实现并发调度的可串行化,从而保证调度的正确性。

两段锁协议是最常用的一种封锁协议。它是指所有的事务必须分为两个阶段对数据对象进行加锁和解锁。具体包括两个方面的内容:在对任何数据进行读写操作之前,要先申

T1	T2		T1	T2		T1	T2		T1	T2
B上加S锁				A上加S锁		B上加S锁			B上加S锁	
读B=20				读A=20		读B=20			读B=20	
D1=B				D2=A		D1=B			D1=B	
释放S锁				释放S锁		释放S锁				A上加S锁
A加X锁				B加X锁		A加X锁				读A=20
A=D1-3				B=D2-3		A=D1-3	A上加S锁			D2=A
写A=17				写B=17		写A=17	等待		释放S锁	
释放X锁				释放X锁		释放X锁	等待		A加X锁	释放S锁
	A上加S锁			B上加S锁			等待		A=D1-3	
	读A=17			读B=17			读A=17		写A=17	
	D2=A			D1=B			D2=A			B加X锁
	释放S锁			释放S锁			释放S锁			B=D2-3
	B加X锁			A加X锁			B加X锁			写B=17
	B=D2-3			A=D1-3			B=D2-3		释放X锁	
	写B=14			写A=14			写B=14			
	释放X锁			释放X锁			释放X锁			释放X锁

| (1) 串行调度 | (2) 串行调度 | (3) 可串行化调度 | (4) 不可串行化调度 |

图 5-21　并发事务的不同调度策略

请并获得对该数据的封锁；在释放一个封锁之后,事务不再申请和获得对该数据的封锁。

所谓"两段"锁就是事务分为两个阶段:第一阶段是申请封锁,在这个阶段,事务可以申请获得任何数据对象上的任何类型的锁,但是不允许释放任何锁;第二个阶段是释放封锁,在这个阶段,事务可以释放任何数据对象上的任何类型的锁,但不允许申请任何锁。如果并发执行的所有事务都遵守两段锁协议,则这些事务的任何并发调度策略都是可串行化的。

事务遵守两段封锁协议是可串行化调度的充分条件,而不是必要条件。也就是说,如果并发事务都遵守两段锁协议,则对这些事务的任何并发调度策略都是可串行化的。反之,若对并发事务的调度是可串行化的,并不意味着这些事务都符合两段锁协议。如图 5-22 所示,(1)遵守两段锁协议,(2)不遵守两段锁协议,但它们都是可串行化的调度。

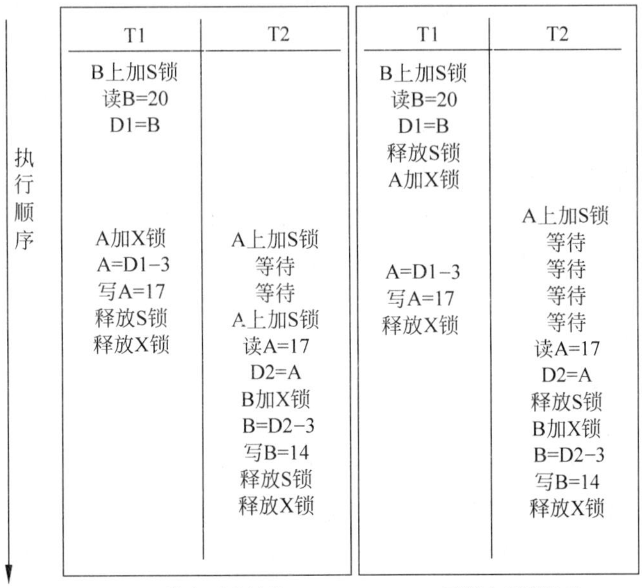

T1	T2		T1	T2
B上加S锁			B上加S锁	
读B=20			读B=20	
D1=B			D1=B	
			释放S锁	
			A加X锁	
A加X锁	A上加S锁			A上加S锁
A=D1-3	等待			等待
写A=17	等待		A=D1-3	等待
释放S锁	A上加S锁		写A=17	等待
释放X锁	读A=17		释放X锁	读A=17
	D2=A			D2=A
	B加X锁			释放S锁
	B=D2-3			B加X锁
	写B=14			B=D2-3
	释放S锁			写B=14
	释放X锁			释放X锁

| (1) 遵守两段协议 | (2) 不遵守两段协议 |

图 5-22　可串行化调度

5.3 备份及恢复管理

尽管数据库管理系统采用了许多措施来保证数据库的安全性和完整性,但故障仍不可避免,这会影响甚至破坏数据库,造成数据错误或丢失。通过备份和恢复数据库,可以防止因为各种原因而造成的数据破坏和丢失,并使数据库继续正常工作。

5.3.1 备份与恢复概述

5 数据备份

1. 数据备份

数据备份是指定期或不定期地对数据库及其相关信息进行复制,在本地机器或其他机器上创建数据库的副本。数据库备份记录了在进行备份这一操作时数据库中所有数据的状态,当数据库因意外被损坏时,副本就可在数据库恢复时用来恢复数据库。因此,数据备份是保证系统安全的一项重要措施。

1) 备份类型

根据备份数据的大小,可以把备份分成以下四种。

(1) 完全备份。

完全备份又称完全数据库备份,是数据备份常用的方式之一。完全备份将备份整个数据库,不仅包括用户表、系统表、索引、视图、存储过程等所有数据库对象,还包括事务日志部分。完全备份代表备份完成时的数据库,通过包括在备份中的事务日志可以使用备份恢复到备份完成时的数据库。

完全备份操作简单,便于使用。通常情况对于规模较小的数据库而言,可以快速完成完全备份,但随着数据库规模不断增大,进行一次完全备份,需要花费更多的时间和空间。因此,需要根据备份计划安排完全备份,对于大型数据库可以使用差分备份来补充完全备份。

(2) 差分备份。

差分备份也称增量备份,与完全备份不同,它仅备份自上次完全备份以来对数据进行改变的内容。差分备份相比完全备份而言备份速度更快,空间更节省,简化了数据备份操作,减少丢失数据的可能性。为了减少还原频繁修改数据库的时间,可以执行差分备份。

如果数据库中的部分对象频繁更改,差分备份特别有用。在这种情况下,使用差分备份可以频繁地执行备份,并且不会产生完全备份的开销。

对于规模大的数据库来讲,完全备份需要大量的磁盘空间。为了节省备份时间和存储空间,可以在一次完全备份后安排多次差分备份。

(3) 事务日志备份。

数据库事务日志是单独的文件,它记录了数据库的改变。事务日志备份是对事务日志进行备份,备份时复制自上次备份以来对数据库所做的改变,仅需要很少的时间,因此建议频繁备份事务日志,从而减少丢失数据的可能性。

用户可以使用事务日志备份将数据库恢复到特定的即时点或恢复到故障点。

事务日志备份和差分备份有所不同。差分备份无法将数据库恢复到出现故障前某一个指定的时刻,它只能将数据库恢复到上一次差分备份结束的时刻。

（4）文件或文件组备份。

数据库由磁盘上的许多文件构成。如果数据库非常大，执行完全备份是不可行的，则可以使用文件备份或文件组备份来备份数据库的一部分。

2）备份设备

在创建备份时，必须选择存放备份数据库的备份设备。数据备份是可以将数据库备份到磁盘设备或磁带设备上。磁盘备份设备就是硬盘或其他磁盘上的文件，可以像操作系统文件一样进行管理，也可以将数据库备份到远程计算机的磁盘上。

SQL Server 使用物理设备名称或逻辑设备名称标识备份设备。物理备份设备是操作系统用来标识备份设备的名称。SQL Server 使用两种方式建立备份设备。

（1）使用 Microsoft SQL Server Management Studio 建立备份设备。

【例 5-17】　建立备份设备：其物理备份设备名为"E:\Database\SuperMarket_full. bak"，逻辑备份设备名为"SuperMarket_bakdevice"。

建立步骤如下。

① 启动 Microsoft SQL Server Management Studio，并连接到目标服务器。

② 打开"对象资源管理器"窗口，展开"服务器"→"服务器对象"，再到"备份设备"。

③ 右击"备份设备"，选择"新建备份设备"，打开"备份设备"窗口，如图 5-23 所示。

④ 在"设备名称"文本框中输入"SuperMarket_bakdevice"；在不存在磁带机的情况下，"目标"选项自动选中"文件"单选按钮，在与之对应的文本框中输入文件路径和名称"E:\Database\SuperMarket_full. bak"。

⑤ 最后，单击"确定"按钮，完成备份设备创建。

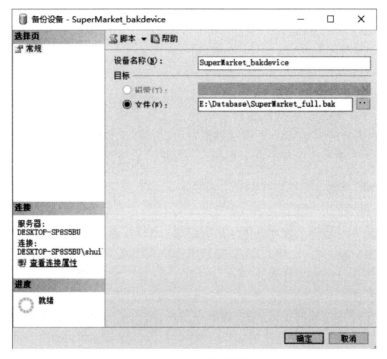

图 5-23　"备份设备"窗口

数据库管理与维护

（2）使用系统存储过程建立备份设备。

SQL Server 使用系统存储过程 sp_addumpdevice 添加物理备份设备。其语法格式如下。

```
sp_addumpdevice [@ devtype = ]'device_type'
                ,[@logicalname = ]'logical_name'
                ,[@physicalname = ]'physical_name'
```

各参数说明如下。

[@ devtype＝]'device_type'：备份设备的类型。device_type 的数据类型是 varchar(20)，无默认值，可取 disk，表示硬盘文件作为备份设备；取 tape，表示 Windows 支持的任何磁盘设备。

[@logicalname＝]'logical_name'：在备份和恢复语句中使用的备份设备的逻辑名称。logical_name 的数据类型为 sysname，无默认值，且不能为 NULL。

[@physicalname＝]'physical_name'：备份设备的物理名称。物理名称必须遵从操作系统文件名规则或网络设备的命名约定，并且必须包括完整的路径。physical_name 的数据类型为 nvarchar(260)，无默认值，且不能为 NULL。

【例 5-18】 利用系统存储过程创建例 5-17 的备份设备。

```
sp_addumpdevice @devtype = 'disk'
                ,@logicalname = 'SuperMarket_bakdevice'
                ,@physicalname = 'E:\Database\SuperMarket_full.bak'
```

在 SQL Server 中可以使用系统存储过程 sp_dropdevice 删除数据库设备或备份设备，并从 master.dbo.sysdevice 中删除相应的项。其语法格式如下。

```
sp_dropdevice [@logicalname = ]'device'
              [,[@delfile = ]'delfile']
```

各参数说明如下。

[@logicalname＝]'device'：在 master.dbo.sysdevice 中列出的数据库设备或备份设备的逻辑名称。device 的数据类型为 sysname，无默认值。

[@delfile＝]'delfile'：指定物理备份设备文件是否应删除。delfile 的数据类型为 varchar(7)。如果指定为 delfile，则删除物理备份设备磁盘文件。

【例 5-19】 删除备份设备 SuperMarket_bakdevice，并删除相关的物理文件。

```
sp_dropdevice 'SuperMarket_bakdevice', 'delfile'
```

3）备份计划

创建备份的目的是为了恢复已损坏的数据库。但是，备份和恢复数据需要使用一定的资源，在特定的环境中进行。因此，在备份数据库之前需要对备份内容、备份频率以及数据备份存储介质等进行合理的计划。

（1）备份内容。

备份数据库应备份数据库中的表、数据库用户、用户定义的数据库对象及数据库中的全部数据。表包括系统表、用户定义的表，还应该备份数据库日志等内容。

（2）备份频率。

确定备份频率需要考虑的因素：存储介质出现故障时，允许丢失的数据量的大小；数据库的事务类型,以及事故发生的频率。

不同的数据库备份频率通常不一样。一般情况下,数据库可以每周备份一次,事务日志可以每日备份一次。对于一些重要的联机数据库,数据库可以每日备份一次,事务日志甚至可以每隔数小时备份一次。

(3)备份存储介质。

常用的备份存储介质包括硬盘、磁带和命令管道等。具体使用哪一种介质,要考虑用户的成本承受能力、数据的重要程度、用户的现有资源等因素。在备份中使用的介质确定以后,一定要保持介质的持续性,一般不要轻易地改变。

2. 数据恢复

数据恢复是指当系统运行过程中发生故障时,利用数据库的备份副本和日志文件将数据库恢复到故障前的某个一致性状态。不同故障有不同的恢复策略和恢复方法。

5 数据恢复

1)事务故障的恢复

事务故障是指事务在运行到正常终止点前被中止,这时可以利用事务操作的日志文件撤销该事务对数据库进行的修改。事务故障恢复的步骤如下。

(1)反向扫描事务操作的日志文件,查找该事务的更新操作。

(2)对事务的更新操作执行反向操作。也就是对已经插入的新记录执行删除操作;对已经删除的记录执行插入操作;对已经修改的数据恢复旧值。

(3)这样从后到前逐个扫描该事务的所有更新操作,按同样的方式进行处理,直到扫描到该事务的开始标记为止,事务故障就恢复完毕。

事务故障的恢复工作由数据库管理系统自动完成,不需要用户干预。

2)系统故障的恢复

系统故障造成数据库数据不一致状态有两种情况:一是未完成事务对数据库的更新可能已写入数据库,这种情况需要强行撤销所有未完成的事务并清除事务对数据库所做的修改;二是已提交事务对数据库的更新可能还留在缓冲区,没有来得及写入磁盘上的物理数据库中,这种情况应将事务提交的更新结果重新写入数据库。因此系统故障恢复步骤如下。

(1)先正向扫描日志文件,找出在故障发生前已提交的事务,将其事务标记记入重做队列,同时找出故障发生时未完成的事务,将该事务标记记入撤销队列。

(2)接着对撤销队列中的各个事务进行撤销处理,其方法同事务故障恢复一致,也就是对已经插入的新记录执行删除操作;对已经删除的记录执行插入操作;对已经修改的数据恢复旧值。

(3)最后对重做队列中的各个事务进行重做处理,方法是正向扫描日志文件,按照日志文件中所登记的操作内容重新执行事务操作,使数据库恢复到最近的某个可用状态。

系统故障恢复仍由数据库管理系统自动完成,不需要用户干预。

3)介质故障的恢复

发生介质故障后,磁盘上的物理数据和日志文件被破坏,这是最严重的一种故障,可能会造成数据无法恢复。其恢复方法是重装数据库,然后重做已完成的事务。具体步骤如下。

(1)装入最新的数据库备份副本,使数据库恢复到最近一次存储时的一致性状态。

(2)装入最新的日志文件副本,根据日志文件中的内容重做已完成的事务。

介质故障恢复需要数据库管理员来操作,但数据库管理员只需重装最近存储的数据库副本和有关的日志文件副本,然后执行系统提供的恢复命令即可,其余的恢复操作仍由 DBMS 自动完成。

除了上述针对系统故障的恢复外,数据库还有其他恢复技术,如检查点恢复技术、数据库镜像技术等。

5.3.2　SQL Server 数据库备份操作

SQL Server 提供两种方式进行数据库备份:Microsoft SQL Server Management Studio 和 T-SQL 语句。

1. 使用 Microsoft SQL Server Management Studio 方式备份数据库

使用 Microsoft SQL Server Management Studio 方式备份数据库使用以下步骤进行。

(1) 打开 Microsoft SQL Server Management Studio,并连接到目标服务器。

(2) 在"对象资源管理器"窗口中展开"服务器",打开"数据库",右击要备份的数据库,在弹出的快捷菜单中选择"任务",在弹出的子菜单中单击"备份"命令,打开"备份数据库"窗口,如图 5-24 所示。

(3) 在"备份类型"中设置"完整"或"差分"或"事务日志"备份类型。

(4) 在"备份集"→"名称"文本框中输入备份集名称。在"说明"中输入对备份集的描述(可选)。

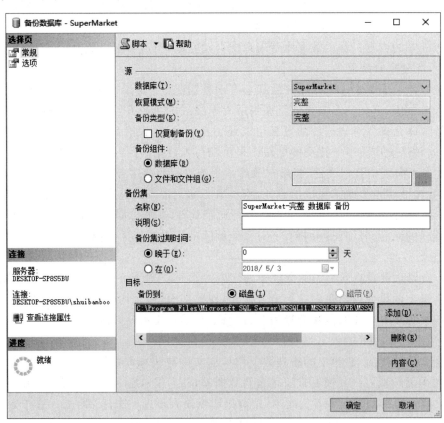

图 5-24　"备份数据库"窗口

.

（5）在"目标"选项下的"备份到"一栏中选择"磁盘"。如果没有出现备份目的地，则单击"添加"按钮以添加到现有的目的地或创建新的目的地。

（6）在"备份数据库"窗口的"选择页"中单击"选项"，如图 5-25 所示，可进行备份介质选项设置。

图 5-25　备份数据库选项

（7）单击"确定"按钮完成数据库备份。

2. 使用 T-SQL 语句备份数据库

不同的数据库备份类型，备份数据库的 T-SQL 语句略有不同。

1）完全备份

完全备份数据库的语法格式如下。

```
BACKUP DATABASE database_name
TO DISK = 'backup_device'
[WITH
    DIFFERENTIAL |
    COMPRESSION | NO_COMPRESSION |
    DESCRIPTION = 'text' |
    NAME = 'backup_set_name'
    EXPIREDATE = 'date ' |
    RETAINDAYS = days |
    NO_CHECKSUM | CHECKSUM
]
```

各参数说明如下。

database_name：指定一个数据库名，用于对该数据库进行完全备份。

TO DISK＝'backup_device'：指定备份到磁盘或磁带设备上，并指定物理路径。

DIFFERENTIAL：只能与 BACKUP DATABASE 一起使用，指定数据库备份或文件备份应该只包含上次完全备份后更改的数据库或文件备份。差异备份通常比完全备份占用的空间更少。

COMPRESSION｜NO_COMPRESSION：适用于 SQL Server 2008 Enterprise 及更高版本，指定是否对此设备执行备份压缩，优于服务器级默认设置。安装时默认行为是不进行备份压缩，但此默认设置可通过设置 backup compression default 服务器配置选项进行更改。COMPRESSION 是显式启用备份压缩，默认情况下，压缩备份时将执行校验和以检测是否存在媒体损坏的情况；NO_COMPRESSION 是显式禁止备份压缩。

DESCRIPTION＝'text'：指定说明备份集的自由格式文本。该字符串最长可以有 255 个字符。

NAME＝'backup_set_name'：指定备份集的名称。名称最长可达 128 个字符。如果不指定 NAME，它将为空。

EXPIREDATE＝'date'：指定备份集到期和允许被覆盖的日期。

RETAINDAYS＝days：指定需要经过多少天才可以覆盖该备份集。如果同时使用这个和 EXPIREDATE 选项，则它的优先级高于 EXPIREDATE。

NO_CHECKSUM｜CHECKSUM：控制是否使用备份校验和。NO_CHECKSUM 是显式禁用备份校验和的生成，是默认行为，但压缩备份除外；CHECKSUM 是启用备份校验和。

【例 5-20】 备份 SuperMarket 数据库，备份集名为 SuperMarket_full_20180615，保留 7 天。

```
BACKUP DATABASE SuperMarket
TO DISK = 'E:\Database\supermarket.bak'
WITH
    NAME = 'SuperMarket_full_20180615',
    DESCRIPTION = '数据库完全备份',
    RETAINDAYS = 7
```

2）事务日志备份

数据库备份以后，可以通过备份事务日志来备份数据库备份后的数据库变化，其语法格式如下。

```
BACKUP LOG database_name
TO DISK = 'backup_device'
[WITH
    DESCRIPTION = 'text' |
    NAME = 'backup_set_name' |
    NO_TRUNCATE
]
```

各参数说明如下。

LOG：指定仅备份事务日志。该日志是从上一次成功执行的日志备份到当前日志的末尾。必须创建完全备份，才能创建第一个日志备份。

database_name：指定要备份日志的数据库名。

TO DISK＝'backup_device'：指定备份到磁盘或磁带设备上，并指定物理路径。

NO_TRUNCATE：指定不截断日志，并使数据库引擎尝试执行备份，而不考虑数据库的状态。因此，使用 NO_TRUNCATE 执行的备份可能具有不完整性的元数据。该选项允许在数据库损坏时备份日志；如果不使用 NO_TRUNCATE 选项，则数据库必须联机。

【例 5-21】 备份 SuperMarket 数据库的事务日志，备份集名为 SuperMarket_log_20180615，保留 7 天。

```
BACKUP LOG SuperMarket
TO DISK = 'E:\Database\supermarket.bak'
WITH
    NAME = 'SuperMarket_log_20180615',
    DESCRIPTION = '日志备份',
    RETAINDAYS = 7
```

3）文件和文件组备份

使用 BACKUP DATABASE 语句来实现文件和文件组备份，需要指定某个数据库文件或文件组包含在文件备份中。其语法格式如下。

```
BACKUP DATABASE database_name
FILE = 'logical_file_name' | FILEGROUP = 'logical_filegroup_name'
TO DISK = 'backup_device'
[WITH
    DIFFERENTIAL |
    COMPRESSION | NO_COMPRESSION |
    NAME = 'backup_set_name'
    EXPIREDATE = 'date'|
    RETAINDAYS = days |
    NO_CHECKSUM | CHECKSUM
]
```

各参数说明如下。

FILE＝'logical_file_name'：文件或变量的逻辑名称，其值等于要包含在备份中的文件的逻辑名称。

FILEGROUP＝'logical_filegroup_name'：文件组或变量的逻辑名称，其值等于要包含在备份中的文件组的逻辑名称。在简单回复模式下，只允许对只读文件组执行文件组备份。

【例 5-22】 备份 SuperMarket 数据库文件组 primary，备份集名为 SuperMarket_filegroup_20180615，保留 7 天。

```
BACKUP DATABASE SuperMarket
FILEGROUP = 'primary'
TO DISK = 'E:\Database\supermarket.bak'
WITH
    NAME = 'SuperMarket_filegroup_20180615',
    DESCRIPTION = '文件组备份',
    RETAINDAYS = 7
```

数据库管理与维护

5.3.3 SQL Server 数据库恢复操作

数据库一旦出现故障,如果存在数据库备份,就可以使用备份文件来恢复数据库。SQL Server 提供两种方式进行数据库恢复:Microsoft SQL Server Management Studio 和 T-SQL 语句。

1. 使用 Microsoft SQL Server Management Studio 方式恢复数据库

使用 Microsoft SQL Server Management Studio 方式恢复数据库使用以下步骤进行。

(1)打开 Microsoft SQL Server Management Studio,并连接到目标服务器。

(2)在"对象资源管理器"窗口中展开"服务器",打开"数据库",右击要恢复的数据库,在弹出的快捷菜单中选择"任务",在弹出的子菜单中单击"还原"命令,在弹出的子菜单中选择"数据库"命令,打开"还原数据库"窗口,如图 5-26 所示。

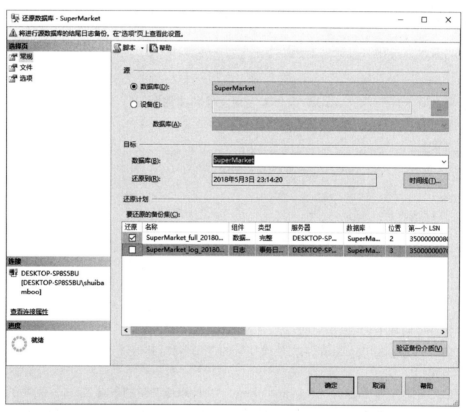

图 5-26 "还原数据库"窗口

(3)在打开的"还原数据库"窗口中,列出了可用于还原的备份集,选择需要还原的备份集,单击"确定"按钮即可完成数据库还原。

(4)如果没有列出当前可用的备份集,可选择"源"→"设备",单击右侧的按钮,打开"选择备份设备"窗口,如图 5-27 所示。

(5)在"备份介质类型"中选择"文件"或"备份设备",单击"添加"按钮,定位磁盘文件或备份设备。单击"确定"按钮返回"还原数据库"窗口,选择需要还原的备份集,单击"确定"按钮即可完成数据库的恢复。

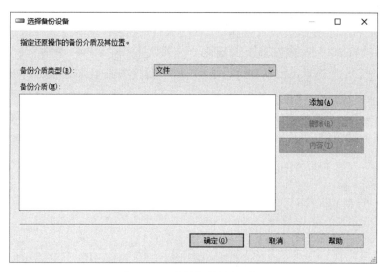

图 5-27　"选择备份设备"窗口

2. 使用 T-SQL 语句恢复数据库

恢复数据库的 T-SQL 语句与备份的 T-SQL 语句一一对应。

1）恢复数据库

语法格式如下。

```
RESTORE DATABASE database_name
FROM DISK = 'backup_device'
[WITH
    RECOVERY | NORECOVERY
    MOVE 'logical_file_name_in_backup' TO 'operating_system_file_name' [,…]|
    FILE = backup_set_file_number |
    REPLACE |
    CHECKSUM | NO_CHECKSUM
]
```

各参数说明如下。

database_name：要恢复的数据库名。

FROM DISK＝'backup_device'：指定要从哪些备份设备恢复。

RECOVERY | NORECOVERY：指示恢复操作是否回滚所有未曾提交的事务。默认的选项是 RECOVERY。RECOVERY 指示恢复操作回滚任何未提交的事务，在恢复过程后即可随时使用数据库。NORECOVERY 指示恢复操作不回滚任何未提交的事务。如果稍后必须应用另一个事务日志，则应指定 NORECOVERY。

MOVE 'logical_file_name_in_backup' TO 'operating_system_file_name' [,…]：指定对于逻辑名称由'logical_file_name_in_backup'指定的数据或日志文件，应当通过将其恢复到'operating_system_file_name'所指定的位置来对其进行移动。

REPLACE：会覆盖所有现有数据库以及相关文件，包括已存在同名的其他数据库或文件。强制还原。

FILE ＝ backup_set_file_number：标识要恢复的备份集。

CHECKSUM | NO_CHECKSUM：默认行为是在存在校验和时验证校验和,在不存在校验和时不进行验证并继续执行操作。CHECKSUM 指定必须验证备份校验和,在备份缺少备份校验和的情况下,该选项会导致恢复操作失败,并发出一条消息表明校验和不存在。默认情况下,当遇到无效校验和时,RESTORE 会报告校验和错误并停止。然而,如果指定了 CONTINUE_AFTER_ERROR,RESTORE 会在返回校验和错误以及包含无效校验和的页面编号之后继续。NO_CHECKSUM 是禁用恢复操作的校验和验证功能。

2）恢复事务日志

语法格式如下。

```
RESTORE LOG database_name
FROM DISK = 'backup_device'
[WITH
    RECOVERY | NORECOVERY
    MOVE 'logical_file_name_in_backup' TO 'operating_system_file_name' [, …] |
    FILE = backup_set_file_number
}
```

3）恢复文件或文件组

语法格式如下。

```
RESTORE DATABASE database_name
FILE = 'logical_file_name' | FILEGROUP = 'logical_filegroup_name'
FROM DISK = 'backup_device'
[WITH
    RECOVERY | NORECOVERY
    MOVE 'logical_file_name_in_backup' TO 'operating_system_file_name' [, …] |
    FILE = backup_set_file_number |
    REPLACE |
    CHECKSUM | NO_CHECKSUM
}
```

【例 5-23】 使用 SuperMarket 数据库的完整数据库备份例 5-20 进行恢复。

```
RESTORE DATABASE SuperMarket
FROM DISK = 'E:\Database\supermarket.bak'
WITH REPLACE, NORECOVERY
```

小　　结

数据库管理与维护功能用以保证数据库中数据的正确有效和安全可靠。本章从数据库的安全性管理、并发控制和数据库的备份及恢复管理三个方面进行了阐述。

数据库的安全性管理是数据库管理系统中非常重要的部分,安全性管理的好坏直接影响数据库数据的安全。本章介绍了 SQL Server 数据库的安全机制,它通过三个级别的认证：第一步验证用户是否是合法的服务器登录名,第二步验证用户是否是要访问的数据库的合法用户,第三步验证用户是否具有适当的操作权限。服务器登录名主要是身份验证,SQL Server 提供了 Windows 验证和混合验证两种验证模式。连接上 SQL Server 服务器后,用户还需要以一个数据库用户账户及对应的权限访问该数据库中的数据。为了方便对用户和权限的管理,SQL Server 采用角色的概念来管理具有相同权限的一组用户,除了可以根据实际操作情况创建用户定义的角色外,系统还提供了一些预定义好的角色,包括管理服务器一级设置的固定的服务器角色和在数据库一级进行操作的固定的数据库角色。架构是指一组数据库对象的集合,一个数据库用户可以使用多个架构,架构也可以被多个数据库用户使用。权限包括对象权限、语句权限和隐式权限三类,可以为用户授予的权限有两种:一种是对数据进行操作的对象权限,即对数据的增加、删除、修改和查询的权限,另一种是创建对象的语句权限,包括创建表、视图、存储过程等对象的权限。利用 SQL Server 提供的SSMS 工具和 T-SQL 语句,可以很方便地实现数据库的安全性管理。

本章接着介绍了事务和并发控制的概念。事务在数据库中是非常重要的一个概念,它是保证数据并发控制的基础。事务的特点是事务中的操作是一个完整的工作单元,这些操作,要么全部执行成功,要么全部执行不成功。只要数据库管理系统能够保证系统中一切事务的 ACID 特性,即事务的原子性、一致性、隔离性和持续性,也就保证了数据库处于一致状态。并发控制是当同时执行多个事务时,为了保证一个事务的执行不受其他事务的干扰所采取的措施。并发控制的主要方法是封锁,根据对数据操作的不同,锁可以分为共享锁和排他锁两种,当只对数据做读取操作时,加共享锁,当需要对数据进行修改操作时,需要加排他锁。在一个数据对象上可以同时存在多个共享锁,但只能同时存在一个排他锁。本章介绍了最常用的封锁方法和三级封锁协议。不同的封锁和不同级别的封锁协议所提供的系统一致性保证是不同的。对数据对象施加封锁会带来活锁和死锁问题,数据库一般采用先来先服务、死锁诊断和解除等技术来防止活锁和死锁的发生。为了保证并发执行的事务是正确的,一般要求事务遵守两阶段锁协议,即在一个事务中明显地划分锁申请期和释放期,它是保证事务是可并发执行的充分条件。

本章还介绍了数据库管理与维护中很重要的工作:备份和恢复数据库。SQL Server支持四种备份方式:完全备份、差分备份、事务日志备份、文件或文件组备份。完全备份是备份整个数据库,不仅包括用户表、系统表、索引、视图、存储过程等所有数据库对象,还包括事务日志部分。差分备份仅备份自上次完全备份以来对数据进行改变的内容。事务日志备份对事务日志进行备份,备份时复制自上次备份以来对数据库所做的改变,仅需要很少的时间。文件或文件组备份是备份磁盘上跟数据库相关的文件。数据库的备份地点可以是磁盘,也可以是磁带。在备份数据库时可以将数据库备份到备份设备上,也可以直接备份在磁盘文件上。数据库的恢复通常是先从完全备份开始,然后恢复最近的差分备份,然后再按备份的顺序恢复后续的日志备份。SQL Server 支持在备份的同时允许用户访问数据库,在恢复数据库过程中是不允许用户访问数据库的。利用 SQL Server 提供的 SSMS 工具和T-SQL 语句,可以很方便地实现数据库的备份和恢复管理。

习 题

一、单项选择题

1. SQL Server 的 GRANT 和 REVOKE 语句主要用来维护数据库的(　　)。

　　A. 可靠性　　　　　　B. 一致性　　　　　　C. 安全性　　　　　　D. 完整性

2. 数据库的(　　)是指数据的正确性和相容性。

  A. 并发控制　 B. 完整性　 C. 安全性　 D. 恢复

3. 一个事务执行过程中,其正在访问的数据被其他事务修改,导致处理结果不一致,这是由于违背了事务(　　)特性引起的。

  A. 一致性　 B. 原子性　 C. 隔离性　 D. 持久性

4. 如果事务 T 对数据 R 已加 S 锁,则对数据 R(　　)。

  A. 不能加 S 锁可加 X 锁　 B. 可加 S 锁不能加 X 锁

  C. 可加 S 和 X 锁　 D. 不能加任何锁

5. 数据库中的封锁机制是(　　)的主要方法。

  A. 完整性　 B. 并发控制　 C. 安全性　 D. 恢复

6. (　　)可以防止丢失修改,读"脏"数据和不可重复读。

  A. 一级封锁协议　 B. 二级封锁协议

  C. 三级封锁协议　 D. 两段锁协议

7. 如果对并发操作不加以控制,可能会带来(　　)问题。

  A. 死锁　 B. 死机　 C. 不安全　 D. 不一致

8. 在 SQL Server 中提供的四种数据库备份方式,其中(　　)是指将从最近一次完全备份结束以来所有改变的数据备份到数据库。

  A. 完全备份　 B. 差分备份

  C. 事务日志备份　 D. 文件或文件组备份

9. 下面的 SQL 命令中,用于实现数据控制命令的是(　　)。

  A. COMMIT　 B. UPDATE

  C. GRANT　 D. SELECT

10. SQL Server 的(　　)权限主要管理用户对数据库对象的访问,例如,这个用户能否进行查询、删除、修改和插入一个表中的行,能否执行一个存储过程。

  A. 语句权限　 B. 对象权限

  C. 隐式权限　 D. 以上三种权限

11. SQL Server 的(　　)权限是指用户执行数据库操作的权限,即用户执行某些 T-SQL 语句的权力,例如创建和删除对象、备份和恢复数据库。

  A. 语句权限　 B. 对象权限

  C. 隐式权限　 D. 以上三种权限

12. 系统管理员需要让 Windows 的用户和非 Windows 的用户都能够访问 SQL Server,应该使用(　　)安全模式。

  A. Windows 验证模式　 B. 混合验证模式

  C. 哪种模式均可　 D. 哪种模式都不能满足要求

13. 一个用户试图连接到一个 SQL Server 上。服务器使用的是混合验证模式,且该用户不是 Windows 的用户(即没有登录 Windows),用户需如何填写登录名和口令框中的内容才能成功连接服务器?(　　)

  A. 什么也不用填　 B. 用户的 SQL Server 账号和口令

  C. 用户的 Windows 账号和口令　 D. 以上的选项都可以

14. 在 SQL Server 中,角色有服务器角色和数据库角色两种。其中,用户可以创建和删除(   )。

    A. 服务器角色   B. 数据库角色

    C. 服务器角色和数据库角色   D. 两种角色都不行

15. 角色是一些系统定义好操作权限的用户组,其中的成员是登录账号。(   )角色不能被增加或删除,只能对其中的成员进行修改。

    A. 服务器角色   B. 数据库角色

    C. 操作员角色   D. 应用程序角色

16. (   )可以防止一个用户的工作不适当地影响另一个用户的工作。

    A. 完整性控制   B. 并发控制   C. 安全性控制   D. 访问控制

17. 下列不属于并发操作带来的问题是(   )。

    A. 不可重复读   B. 读"脏"数据   C. 死锁   D. 丢失修改

18. 数据库管理系统普遍采用(   )方法来保证调度的正确性。

    A. 授权   B. 封锁   C. 索引   D. 日志

19. 如果事务 T 获得了对数据 D 上的排他锁,则 T 对 D(   )。

    A. 既能读又能写   B. 只能读不能写

    C. 只能写不能读   D. 不能读也不能写

20. 如果有两个事务,同时对数据库中同一数据进行操作,不会引起冲突的操作是(   )。

    A. 两个都是 UPDATE   B. 一个是 SELECT,一个是 DELETE

    C. 两个都是 SELECT   D. 一个是 DELETE,一个是 SELECT

21. 假设事务 T1 和 T2 对数据库中的数据 D 进行操作,可能有如下几种情况,其中(   )不会发生冲突。

    A. T1 正在写 D,T2 也要写 D   B. T1 正在写 D,T2 要读 D

    C. T1 正在读 D,T2 要写 D   D. T1 正在读 D,T2 也要读 D

22. 在 SQL Server 中,用户进行数据备份时,应备份(   )内容。

    A. 记录用户数据的所有用户数据库

    B. 记录系统信息的系统数据库

    C. 记录数据库改变的事务日志

    D. 以上所有内容

23. 在 SQL Server 中提供的四种数据库备份方式,其中(   )是备份制作数据库中所有内容的一个副本。

    A. 完全备份   B. 差分备份

    C. 事务日志备份   D. 文件或文件组备份

24. 在 SQL Server 中提供的四种数据库备份方式,其中(   )是指将从最近一次日志备份以来所有的事务日志备份到备份设备中。

    A. 完全备份   B. 差分备份

    C. 事务日志备份   D. 文件或文件组备份

25. 在 SQL Server 中提供四种数据库备份方式,其中(   )是对数据库中的部分文件或文件组进行备份。

A. 完全备份　　　　　　　　　　B. 差分备份

C. 事务日志备份　　　　　　　　D. 文件或文件组备份

二、简答题

1. SQL Server 的两种身份验证模式的优点分别是什么？

2. 简述数据库角色的作用。

3. 简述用户自定义角色的作用。

4. 什么是事务？事务有哪些特征？

5. 简述数据库中进行并发控制的原因。

6. 简述锁的机制及锁的类型，各类锁之间的兼容性。

7. 简述死锁及其解决办法。

8. 第一次对数据库进行备份时，必须使用哪种备份方式？

9. 差分备份方式备份的是哪段时间的哪些内容？

10. 什么是数据备份？数据备份的类型有哪些？

11. SQL Server 的备份设备是一个独立的物理设备吗？

12. 简述进行数据库备份时，应备份哪些内容？

13. 数据库恢复中 RECOVERY｜NORECOVERY 选项的含义是什么？分别在什么时候使用？

14. 什么是数据库的安全性管理？

15. 什么是活锁？简述活锁产生的原因和解决方法。

16. 什么样的并发调度是正确的调度？

17. 根据不同的故障，给出对应的恢复策略和方法。

18. 简述 SQL Server 中常用的三类权限。

19. 简述两段锁协议的概念。

20. 并发操作可能产生哪几类数据不一致？用什么方法能避免各种不一致的情况？

21. 使用封锁技术进行并发操作的控制会带来什么问题？如何解决？

三、编程题

1. 使用 SQL 语句建立一个 Windows 身份验证的登录账号，登录名为 win_login。

2. 使用 SQL 语句建立一个 SQL Server 身份验证的登录账号，登录名为 SQL_login，密码为 123456。

3. 删除 Windows 身份验证的登录账号 win_login。

4. 建立一个数据库用户，用户名为 SQL_dbuser，对应的登录名为 SQL Server 身份验证的 SQL_login。

5. 将 SQL Server 身份验证的 SQL_user 登录名添加到系统管理员角色中。

6. 创建一个 SQL Server 账号 SQL_user2，并将该账号创建为 SuperMarket 数据库的用户。再授予 SQL_user2 用户查询 Category 表的权限；授予 SQL_user2 用户修改 Goods 表中 SalePrice 的权限。

7. 创建一个事务，将所有啤酒类商品的售价增加 2 元，将所有毛巾类的售价降低 1 元，并提交。

8. 分别实现数据库 SuperMarket 的备份和恢复操作。

实　　验

一、实验目的
熟悉和掌握数据库安全性管理的方法。

掌握事务机制，会创建事务。

熟悉和掌握数据库备份和恢复的方法。

二、实验平台
操作系统：Windows XP/7/8/10。

数据库管理系统：SQL Server 2012。

三、实验内容
在超市管理数据库 SuperMarket 的基础上进行实验。要求使用 SSMS 工具和 SQL 语句两种方式进行操作。

1. 设置数据库的身份验证模式（Windows 验证和混合验证）。

2. 建立登录账户，修改登录账户属性。

（1）使用 Microsoft SQL Server Management Studio 方式创建、修改登录账号。

（2）使用 SQL 语句创建、修改登录账号。

3. 建立数据库用户。

（1）使用 Microsoft SQL Server Management Studio 方式创建、删除数据库用户。

（2）使用 SQL 语句创建、删除数据库用户。

4. 权限管理。

（1）使用 Microsoft SQL Server Management Studio 方式进行权限管理。

（2）使用 SQL 语句进行权限管理。

5. 定义数据库角色。

（1）使用 Microsoft SQL Server Management Studio 方式创建用户自定义数据库角色。

（2）使用 SQL 语句创建用户自定义数据库角色。

6. 事务编写。

（1）编写一个事务处理：某学生买 5 袋薯片，如中间出现故障则回滚事务。

（2）编写一个事务，当学生购买商品时，插入购买明细到 SaleBill 中，并修改 Goods 表以保持数据一致性，如中间出现故障则回滚事务。

（3）编写一个事务，当撤销某个学生购买明细时，删除 SaleBill 中的记录，然后修改 Goods 表以保持数据一致性，如中间出现故障则回滚事务。

7. 备份数据库。

（1）使用 Microsoft SQL Server Management Studio 方式进行数据备份。

（2）使用 T-SQL 语句进行数据备份。

8. 恢复数据库。

（1）使用 Microsoft SQL Server Management Studio 方式进行数据恢复。

（2）使用 T-SQL 语句进行数据恢复。

数据库管理与维护

第6章　关系数据理论

前面已经讨论了关系数据库的基本概念、关系模型的三个组成部分以及关系数据库的标准语言。但是还有一个很基本的问题尚未涉及,针对一个具体问题,应该如何构造一个适合于它的数据库模式,即应该构造几个关系模式,每个关系由哪些属性组成等。这是数据库设计的问题,确切地讲是关系数据库逻辑设计问题。关系数据理论为用户设计数据库提供了理论支持。本章将主要介绍关系数据理论相关概念,以及如何有效消除关系中的数据冗余和更新异常等问题,对关系进行规范化,从而设计出合理的数据库模式。

6.1　问题的提出

6 不合理关系带来的问题

6.1.1　关系数据库的回顾

关系数据库是以关系模型为基础的数据库,它利用关系来描述现实世界,一个关系既可以用来描述一个实体及其属性,又可以用来描述实体间的联系。关系模式是用来定义关系的,一个关系数据库包含一组关系。定义这些关系的关系模式的全体就构成了该数据库的模式。

关系实质上是一张二维表。表的每一行叫作一个元组,每一列叫作一个属性。因此,一个元组就是该关系所涉及的属性集的笛卡儿积的一个元素。关系是元组的集合,也就是笛卡儿积的一个子集。

关系模式就是这个元组集合的结构上的描述。通常,一个关系是由赋予它的元组语义来确定的,元组语义实质上是一个 n 目谓词(n 是属性集中属性的个数)。n 目谓词为真的笛卡儿积中的元素(或者说凡符合元组语义的元素)的全体就构成了该关系模式的关系。现实世界随着时间在不断地变化,因而,在不同的时刻,关系模式的所有可能的关系也会有所变化。但是现实世界的许多已知事实却限定了关系模式的所有可能的关系必须满足一定的完整性约束条件,这些约束或者通过对属性取值范围的限定,例如,学生性别只能是"男"或者"女",或者通过对属性取值间的相互关连(主要体现于值的相等与否)反映出来。后者称为数据依赖,它是数据库模式设计的关键,关系模式应当刻画出这些完整性约束条件。于是一个关系模式应当是一个五元组,在第 2 章已经给出关系模式的形式化定义:

$$R(U,D,\mathrm{DOM},F)$$

其中,R 为关系名,U 为组成该关系的属性名集合,D 为属性组 U 中属性所来自的域,DOM 为属性向域的映像集合,F 为属性间数据的依赖关系集合。

由于 D、DOM 对模式设计关系不大,因此在本章中仅把关系模式看作一个三元组 $R<U,F>$。当且仅当 U 上的一个关系 r 满足 F 时,r 称为关系模式 $R<U,F>$ 的一个关系。

6.1.2 一个例子

关系,作为一张二维表,我们对它有一个最起码的要求:每一个分量必须是不可分的数据项。满足这个条件的关系模式就属于第一范式(1NF)。

例如,表 6-1 就是不符合第一范式的关系。

表 6-1 不符合第一范式的关系

员工工号	员工姓名	员工工资	
		基本工资	绩效工资
G00029	张明	1850	3500
G00030	王芳	1920	3900

在关系模式设计中,需要设计一个模式,它比一个包含单个关系模式的模式在某个指定的方面更合理。以下将通过一个例子来说明一个"不合理"的模式会有什么毛病,分析它们产生的原因,从中找出设计一个"合理"的关系模式的办法。

在举例之前,先简单地讨论一下数据依赖。从前面章节可知,现实系统中数据间的语义,需要通过完整性来维护,例如,每个学生都应该是唯一区分的实体,这可通过实体完整性来保证。不仅如此,数据间的语义,还会对关系模式的设计产生影响。这种数据语义在关系模式中的具体表现就是数据依赖。

数据依赖是通过一个关系中属性间值的相等与否体现出来的数据间的相互关系,它是现实世界属性间相互关联的抽象,是数据内在的性质,是语义的体现。

数据依赖有很多种,其中最重要的是函数依赖(Functional Dependency,FD)和多值依赖(Multivalued Dependency,MVD)。

函数依赖极为普遍地存在于现实生活中。例如结合校园超市数据库的案例,商品是该数据库中的一个关系,商品有商品编码(GoodsNO)、商品名称(GoodsName)、商品售价(SalePrice)等属性。由于一个商品编码值对应一个商品名称,一个商品名称只有一个售价。因而,当"商品编码"确定之后,商品名称及所对应的而商品售价也就被唯一地确定了。就像自变量 x 确定之后,相应的函数值 $f(x)$ 也就唯一地确定了一样,即 GoodsNO 函数决定 GoodsName 和 SalePrice,或者说,GoodsName 和 SalePrice 函数依赖于 GoodsNO,记为:GoodsNO→GoodsName,GoodsNO→SalePrice。

【例 6-1】 设校园超市数据库中有一个记录超市员工每天销售量的关系模式 SALE(U),其中,SALE 的属性由员工编号、日期、销售量、分组、组长等属性组成,U 的定义如下:

$U = \{ENO, SaleDate, SaleAmount, Group, GName\}$

现有如下语义,每个员工每天会有一个销售额,每个员工只能属于一个分组,每个分组只有一个组长。结合现实世界的已知事实,分析如下。

每个分组会有多个员工,但一个员工只属于一个分组。

每个组只有一个组长。

每个员工每天会有一个销售额。

于是得到了属性组 U 上的一组函数依赖集 F。

$$F = \{ENO \rightarrow Group, Group \rightarrow GName, (ENO, SaleDate) \rightarrow SaleAmount\}$$

这组函数依赖如图 6-1 所示。

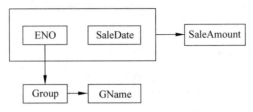

图 6-1　关系 SALE 上的一组函数依赖

如果只考虑函数依赖,就得到了一个关系模式 SALE$<U,F>$。SALE 关系的部分数据如表 6-2 所示。

表 6-2　SALE 关系的部分数据

ENO	SaleDate	SaleAmount	Group	GName
E0001	2018-05-08	1536	G1	孙宏
E0001	2018-05-10	987	G1	孙宏
E0001	2018-05-15	1230	G1	孙宏
E0002	2018-06-01	1980	G1	孙宏
E0002	2018-06-03	1520	G1	孙宏
E0010	2018-06-15	809	G2	张丽
E0010	2018-06-17	1200	G2	张丽
...	...	...	...	...

不难看出,SALE 关系存在着如下问题。

1. 数据冗余

数据冗余太大,如每个分组及组长重复出现,重复次数与该组每个员工的每一日销售额出现的次数一样多,如表 6-2 所示。这将大大浪费存储空间。

2. 更新异常

由于存在数据冗余,就可能导致数据更新异常,这主要体现在以下几个方面。

1) 插入异常

由于主码中所包含的属性值不能取空值,如果新成立一个组,由于这个组还没分配员工,就无法将这个分组插入关系中;如果一个组分配了员工,但这些员工还没有进行销售,同样也无法将这个分组的信息插入。

2) 更新异常

由于数据冗余,当更新数据库中的数据时,系统要付出很大的代价来维护数据库的完整性,否则会面临数据不一致的危险。例如,如果更改一名员工到另外一个组,则需要将这个员工的所有销售对应的分组和组长进行更新。如果仅部分修改,部分不修改,就会造成数据的不一致性。同样的情形,如果一个分组更换负责人,则对应的员工的所有元组都必须修改。这就增加了系统的维护代价。

3) 删除异常

如果某个分组的所有员工被调到其他分组,则这个组的信息会随着所有组员的调动而全部丢失。

综上所述,关系 SALE 虽然能满足一定的需求,但存在的问题太多,因而它不是一个合理的关系模式。一个合理的关系模式应当不会发生插入异常和删除异常,同时冗余数据应尽可能少。

那么,为什么会发生以上的异常现象呢?这是由于关系模式中属性间存在的这些复杂的依赖关系。一般地,一个关系至少有一个或多个码,其中之一为主码。根据实体完整性规则,主码的各属性不能为空,且主码唯一决定其他属性值,主码取值不能重复。在设计关系模式时,如果将各种有关联的实体数据集中于一个关系模式中,不仅造成关系模式结构冗余、包含的语义过多,也使得其中的数据依赖变得错综复杂,不可避免地要违背以上的某些限制,从而产生异常。

而数据冗余产生的原因较为复杂。虽然关系模式充分地考虑到文件之间的相互关联而有效地处理了多个文件间的联系所产生的冗余问题,但在关系本身内部数据之间的联系还没有得到充分的解决。如例 6-1 中,员工与分组及组长属性之间存在的依赖关系,使得数据冗余大量出现,引发各种异常。

解决数据间的依赖关系常常采用对关系的分解来消除不合理的部分,从而设计出合理的管理模式。例如,把这个单一的关系模式 SALE 改造一下,分解成以下三个关系模式。

```
S1(ENO,SaleDate,SaleAmount)
S21(ENO,Group)
S22(Group,GName)
```

对关系 SALE 进行分解后,可以看出有以下几个方面的改善。

1) 数据冗余大大减少

原来重复存储多次的组长信息只用存储一次。分组信息也只需要每个员工存储一次,而不是像以前那样有一天销售记录就要存储一次。

2) 更新数据更加方便

新成立一个分组,无须有组员,无须有员工销售记录也可以存放到数据库中;员工在不同组之间的调动,不会影响分组信息的丢失;更新一个分组的组长信息只需更新一次,而不是像以前那样需要根据员工人数和员工销售天数更新多次。

由此可见,在关系数据库的设计中,不是任何一种关系模式都合理,都可以投入实际的应用。一个关系模式的函数依赖会有那些不好的性质,如何改造一个不合理的关系模式,这就是关系数据库的规范化理论。

6.2 基 本 概 念

规范化理论是指导人们进行数据库设计的理论,主要致力于改造关系模式,通过分解关系模式来消除其中不合适的数据依赖,以解决插入异常、删除异常、更新异常和数据冗余问题。本节介绍规范化理论的相关基本概念。

6.2.1 函数依赖

由前面的讨论可知,数据依赖可分为多种类型,而函数依赖是非常重要的数据依赖。

定义 6.1 设 R 是一个关系模式，U 是 R 的属性集合，X 和 Y 是 U 的子集。对于 $R(U)$ 上的任何一个可能的关系 r，如果 r 中不存在两个元组，它们在 X 上的属性值相同，而在 Y 上的属性值不同，则称 X 函数决定 Y 或 Y 函数依赖于 X，记作 $X \to Y$。X 称为决定因素或决定属性集。

说明：

(1) 函数依赖不是指关系模式 R 的某个或某些关系实例满足的约束条件，而是指 R 的所有关系实例均要满足的约束条件。

(2) 函数依赖是语义范畴的概念。只能根据数据的语义来确定函数依赖。例如，"学生姓名→学生专业"这个函数依赖只有在不允许有同名人的条件下成立。

(3) 数据库设计者可以对现实世界做强制的规定。例如，规定不允许同名人出现，函数依赖"学生姓名→学生专业"成立。所插入的元组必须满足规定的函数依赖，若发现有同名人存在，则拒绝装入该元组。

(4) 若 $X \to Y$，并且 $Y \to X$，则记为 $X \longleftrightarrow Y$。

(5) 若 Y 不函数依赖于 X，则记为 $X \nrightarrow Y$。

定义 6.2 在关系模式 $R(U)$ 中，对于 U 的子集 X 和 Y，如果 $X \to Y$，但 $Y \nsubseteq X$，则称 $X \to Y$ 是非平凡函数依赖；若 $X \to Y$，但 $Y \subseteq X$，则称 $X \to Y$ 是平凡函数依赖。

例如，在关系 S1(ENO,SaleDate,SaleAmount)中，存在：

非平凡函数依赖：(ENO,SaleDate)→SaleAmount。

平凡函数依赖：(ENO,SaleDate)→ENO,(ENO,SaleDate)→SaleDate。

对于任一关系模式，平凡函数依赖都是必然成立的，它不反映新的语义，因此若不特别声明，我们总是讨论非平凡函数依赖。

定义 6.3 在关系模式 $R(U)$ 中，如果 $X \to Y$，并且对于 X 的任何一个真子集 X'，都有 $X' \nrightarrow Y$，则称 Y 完全函数依赖于 X，记作 $X \xrightarrow{\text{F}} Y$。若 $X \to Y$，但 Y 不完全函数依赖于 X，则称 Y 部分函数依赖于 X，记作 $X \xrightarrow{\text{P}} Y$。

例如，在关系 S1(ENO,SaleDate,SaleAmount)中，由于 ENO $\nrightarrow$ SaleAmount,SaleDate $\nrightarrow$ SaleAmount，因此(ENO,SaleDate) $\xrightarrow{\text{F}}$ SaleAmount。

定义 6.4 在关系模式 $R(U)$ 中，如果 $X \to Y$，$Y \to Z$，且 $Y \nsubseteq X$，$Y \nrightarrow X$，则称 Z 传递函数依赖于 X，记作 $X \xrightarrow{\text{传递}} Z$。

注：如果 $Y \to X$，即 $X \longleftrightarrow Y$，则 Z 直接依赖于 X。

例如，在关系 SALE(ENO,SaleDate,SaleAmount,Group,GName)中，由于 ENO→Group,Group→GName，则 GName 传递函数依赖于 ENO。

6.2.2 码

码是关系模式中的一个重要概念。前面章节已经给出了有关码的定义，这里用函数依赖的概念来定义码。

定义 6.5 设 K 为 $R(U,F)$ 中的属性或属性组合。若 $K \xrightarrow{\text{F}} U$，则 K 为 R 的候选码(Candidate key)。若候选码多于一个，则选定其中的一个作为主码(Primary Key)。

说明：

（1）候选码可以唯一地识别关系的元组。

（2）一个关系模式可能具有多个候选码，可以指定一个候选码作为识别关系元组的主码。

（3）包含在任何一个候选码中的属性，叫作主属性（Prime Attribute）。不包含在任何候选码中的属性称为非主属性（Nonprime Attribute）或非码属性（Non-key Attribute）。

（4）最简单的情况下，候选码只包含一个属性。

（5）最复杂的情况下，候选码包含关系模式的所有属性，称为全码（All-key）。

【例 6-2】 假设有一学生班级排名关系 SCR(SNO，CLASS，RANK)，其中，SNO 为学号，CLASS 为班级，RANK 为学生的排名。给定语义，每个学生只属于一个班级，在这个班级只有一个排名，每个班级的排名没有并列的情况。求 SCR 的候选码、主属性和非主属性。

由现实情况和语义可知，每个学生只属于一个班级，在这个班级只有一个排名，因此(SNO)是 SCR 关系的候选码；此外，每个班级的排名没有并列的情况，则班级和排名可以唯一确定一名学生，因此(CLASS，RANK)也是 SCR 关系的候选码。由于包含在候选码中的属性是主属性，不包含在任何候选码中的属性称为非主属性，所以关系 SCR 的主属性是SNO、CLASS、RANK，没有非主属性。

定义 6.6 关系模式 R 中属性或属性组 X 并非 R 的码，但 X 是另一个关系模式的码，则称 X 是 R 的外部码，简称外码（Foreign Key）。

【例 6-3】 校园超市数据库中存在两关系：

商品(商品编码，供应商编码，商品分类，商品名，条形码，进价，售价，数量，单位，备注)

供应商(供应商编码，供应商名，地址，联系人，电话)

其中，商品关系中的"供应商编码"就是商品关系的一个外码，它与供应商关系的主码"供应商编码"相对应。

需要注意的是，在定义中说 X 不是 R 的码，并不是说 X 不是 R 的主属性，X 不是码，但可以是码的组成属性，或者是任一候选码中的一个主属性。

【例 6-4】 校园超市数据库中存在如下关系：

学生(学号，姓名，出生年份，性别，学院，专业，微信号)

商品(商品编码，供应商编码，商品分类，商品名，条形码，进价，售价，数量，单位，备注)

销售(商品编码，学号，销售时间，数量)

其中，(商品编码，学号)是销售关系的码，商品编码、学号又分别是组成主码的属性（但不是码），它们分别是商品关系和学生关系的主码，所以是销售关系的两个外码。

6.3 范　　式

前面已经提过关系必须是规范化的（Normalization），即每一个分量必须是不可分的数据项，但是这只是最基本的规范化。例 6-1 说明并非所有这样规范化的关系都能很好地描述现实世界，必须做进一步的分析，以确定如何设计一个好的、反映现实世界的模式。

关系数据库中的关系是要满足一定要求的，满足不同程度要求的关系等级称为范式（Normal Form，NF）。满足最低要求的叫作第一范式。

范式的概念是 Codd 最早提出的。1971—1972 年,Codd 提出了规范化的问题,并系统地提出了 1NF、2NF、3NF 的概念。1974 年,Codd 和 Boyce 又共同提出了一个新的范式的概念——BCNF。1976 年,Fagin 提出了 4NF。后来又有人提出了 5NF。

所谓"第几范式"是表示关系的某一种级别,所以经常称某一关系模式 R 为第几范式。现在把范式这个概念理解成符合某一种级别的关系模式的集合,则 R 为第几范式就可以写成 $R \in n$NF。

在第一范式中进一步满足一些要求的为第二范式,其余以此类推。对于各种范式之间的联系有 5NF $\subset$ 4NF $\subset$ BCNF $\subset$ 3NF $\subset$ 2NF $\subset$ 1NF 成立,如图 6-2 所示。

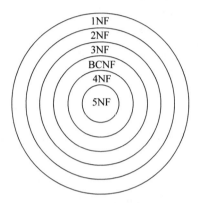

图 6-2 各种范式之间的关系

一个低一级范式的关系模式,通过模式分解可以转换为若干个高一级范式的关系模式的集合,这种过程就叫作规范化。规范化的过程实质上是将关系模式简单化、单一化的过程,以减少关系模式出现更新异常的问题。需要说明的是,在各级范式中,1NF 级别最低,5NF 级别最高。高一级别的范式真包含在低一级别的范式中。

6.3.1 第一范式

6 第一范式

定义 6.7 如果一个关系模式 R 的所有属性都是不可分的基本数据项,则 R 是第一范式,简称 1NF,记作 $R \in$ 1NF。

第一范式是关系最基本的规范形式,简单地说,就是 R 的每一个列,不能再分割成多个列。满足第一范式的关系称为规范化关系。在关系数据库中只讨论规范化的关系,非规范的关系必须转换成规范化的关系。这种转换通常可以采用横向或纵向展开,如表 6-1 是一个非规范化关系,对其进行转换可得到如表 6-3 所示的符合 1NF 的规范化关系。

表 6-3 转换之后的规范化关系

员工工号	员工姓名	员工基本工资	员工绩效工资
G00029	张明	1850	3500
G00030	王芳	1920	3900

但是满足第一范式的关系模式并不一定是一个好的关系模式。前面讨论的 SALE 关系模式属于第一范式,但它存在大量的数据冗余,以及插入异常、删除异常、更新异常等问题。那么为什么会存在这些问题呢?我们来分析一下 SALE 关系中的函数依赖。由例 6-1

可知,SALE 关系的码是员工编号和日期(ENO,SaleDate),因此 SALE 关系存在如下函数依赖。

$$(ENO, SaleDate) \xrightarrow{\ F\ } SaleAmount$$

$$ENO \xrightarrow{\ F\ } Group$$

$$(ENO, SaleDate) \xrightarrow{\ P\ } Group$$

$$Group \xrightarrow{\ F\ } GName$$

$$ENO \xrightarrow{\ 传递\ } GName$$

$$(ENO, SaleDate) \xrightarrow{\ P\ } GName$$

由以上例子可以看出,有两类非主属性,一类是如 SaleAmount,它对码是完全函数依赖的,另一类如 Group,GName,它们对码是部分函数依赖,且还存在传递函数依赖。正是由于关系中存在着复杂的函数依赖,才造成了关系模式在实际的数据操作中会出现各种异常。因此必须要将关系模式进行分解,向高一级的范式进行转换,解决复杂的函数依赖带来的问题。

6.3.2 第二范式

6 第二范式

定义 6.8 若关系模式 $R \in 1NF$,且每一个非主属性都完全函数依赖于码,则称 R 为第二范式,简称 2NF,记作 $R \in 2NF$。

第二范式也可以理解为,不允许关系模式中存在这样的依赖:如果 X' 是码 X 的真子集,有 $X' \rightarrow Y$,其中,Y 是该关系模式的非主属性。

由第一范式向第二范式转换的方法是:消除其中的部分函数依赖,一般是将一个关系模式分解成多个 2NF 的关系模式。即将部分函数依赖于码的非主属性及其决定属性移除,另外形成一个关系,从而满足 2NF。

由前面的分析可知,关系 SALE 是 1NF,但存在非主属性 Group、GName 对码的部分函数依赖,采用投影分解法,把 SALE 分解为以下两个关系模式。

```
S1(ENO, SaleDate, SaleAmount)
S2(ENO, Group, GName)
```

其中,S1 的码为(ENO,SaleDate),S2 的码为 ENO。

分解之后的关系模式 S1 和 S2 中,非主属性都完全函数依赖于码了。S1 和 S2 的函数依赖图如图 6-3 和图 6-4 所示。

图 6-3　S1 的函数依赖图

分解之后的 S1 和 S2 能部分解决 SALE 的更新异常问题。

(1) 新成立的组即使没有分配员工,也可以插入到数据库中。

(2) 由于销售与分组的信息分别存放在两个关系中,因此更新一个员工到另外一个组

关系数据理论

图 6-4　S2 的函数依赖图

只需修改一次,而无论这个员工的销售记录有多少,这就减轻了系统的维护代价。

（3）如果某个组的员工均无销售记录,则只是在 S1 中没有相应的记录,而 S2 中仍然会有该组的记录,不会造成组的信息丢失。

（4）同时由于销售与分组信息分开存放,无论销售记录有多少条,则分组的信息只会存放一次,这就大大降低了数据冗余程度。

显然,一个规范的关系模式,如果它的码只包含一个属性,那么它一定属于第二范式,因为它不可能存在非主属性对码的部分函数依赖。

SALE 关系分解之后得到的 S1 关系和 S2 关系都是第二范式,在一定程度上能够减轻原关系中存在的各种异常问题。但是将一个 1NF 关系分解为多个 2NF 关系,并不能完全消除关系模式中的各种异常情况和数据冗余。也就是说,一个属于 2NF 的关系模式也不一定是一个好的关系模式。再回到之前的例子,S2(ENO,Group,GName)是一个 2NF 的关系模式,S2 中不存在非主属性对码的部分函数依赖。但 S2 关系中仍然存在冗余度大和插入异常、删除异常、更新异常等问题。

（1）数据冗余度大:每个分组的组长是同一个人,但在关系中组长的信息会随着组员人数重复多次。

（2）插入异常:如果要增加一个新的分组信息,如果没有分配组员,则分组的信息无法添加。

（3）删除异常:如果调整一个组所有成员到其他分组,则该组的信息将无法存储,因为员工号是主码,主码取值不能为空。

（4）更新问题:当一个分组需要更换组长时,必须要修改该组所有员工的组长信息,修改次数随着组员人数重复多次。

对 S2 关系进行分析,发现存在如下函数依赖。

$$ENO \xrightarrow{F} Group$$
$$Group \xrightarrow{F} GName$$
$$ENO \xrightarrow{传递} GName$$

综上可知,GName 传递依赖于 ENO,即在 S2 中存在非主属性对码的传递函数依赖。这是造成 S2 仍然存在操作异常的原因。

6.3.3　第三范式

定义 6.9　如果关系 R 为 2NF,并且 R 中每一个非主属性都不传递依赖于 R 的候选码,则称 R 为第三范式,简称 3NF,记作 $R \in 3NF$。

第三范式定义也可以理解为:关系模式 $R<U,F>$ 中若不存在这样的码 X,属性组 Y 及非主属性 $Z(Z \nsubseteq Y)$ 使得 $X \rightarrow Y(Y \nrightarrow X)$,$Y \rightarrow Z$ 成立,则称 $R<U,F> \in 3NF$。

显然,若 $R \in 3NF$,则 R 的每一个非主属性既不部分函数依赖于候选码也不传递函数依赖于候选码。如果 R 只包含两个属性,则 R 一定属于第三范式,因为它不可能存在非主属性对码的传递函数依赖。

174

6 第三范式

第二范式向第三范式转换就是消除非主属性对码的传递函数依赖。前面讨论的关系模式 S2 就是存在非主属性 GName 传递依赖于码 ENO。为了消除传递函数依赖,可以采用投影分解法,把 S2 分解为以下两个关系模式。

```
S21(ENO,Group)
S22(Group,GName)
```

其中,S21 的码是 ENO,S22 的码是 Group。分解之后的关系模式 S21 和 S22 中,不存在非主属性对码的传递函数依赖了。S21 和 S22 的函数依赖图如图 6-5 和图 6-6 所示。

图 6-5 S21 的函数依赖图   图 6-6 S22 的函数依赖图

在关系模式 R21 和关系模式 R22 中,既没有非主属性对码的部分函数依赖也没有非主属性对码的传递函数依赖,基本上可以解决前面提到的各种异常问题。

(1) 数据冗余度小,分组和组长信息只需要存放一次。

(2) 在未分配组员的情况下,可以新增加分组信息。

(3) 如果调整一个组所有成员到其他分组,该组的信息依然可以保留。

(4) 当一个分组需要更换组长时,只需修改一次 S22 关系。

采用投影分解法将一个 2NF 的关系分解为多个 3NF 的关系,可以在一定程度上解决原 2NF 关系中存在的插入异常、删除异常、数据冗余度大、修改复杂等问题。但是将一个 2NF 关系分解为多个 3NF 的关系后,并不能完全消除关系模式中的各种异常情况和数据冗余。

【例 6-5】 假设校园超市数据库中有一个记录仓库商品管理的关系模式 SM(GoodsNO,StorageNO,ManagerNO,SNUM),各属性分别是商品编码、仓库编码、仓库管理员编码、商品的存放数量。现有语义如下:一个管理员只在一个仓库工作;一个仓库只由一个管理员管理;一个仓库可以存储多种商品,一种商品可以存放在不同仓库;每种商品在一个仓库存放有一个存放数量。

分析 SM 存在如下函数依赖。

```
(GoodsNO,StorageNO)→ManagerNO
(GoodsNO,StorageNO)→SNUM
(GoodsNO,ManagerNO)→StorageNO
(GoodsNO,ManagerNO)→SNUM
StorageNO→ManagerNO
ManagerNO→StorageNO
```

由此可得,(GoodsNO,StorageNO) 和 (GoodsNO,ManagerNO) 都是 SM 的候选码,关系中的唯一非主属性是 SNUM,它是完全依赖于候选码的,且不是传递依赖于候选码的。因此 SM 是符合第三范式的。但是 SM 仍然会存在如下异常情况。

(1) 删除异常:当仓库被清空后,所有商品和数量相关信息被删除的同时,仓库信息和管理员信息也被删除了。

(2) 插入异常:当仓库没有存储任何商品时,无法给仓库分配管理员。

（3）更新异常：如果仓库换了管理员，则表中所有行的管理员编码都要修改。

（4）数据冗余：仓库里存放了多少种商品，该仓库的管理员信息就会存储多少次。

由此可见，虽然 SM 属于 3NF，满足所有非主属性不存在对码的部分函数依赖和传递函数依赖，但是它仍然会存在很多问题。原因在于 3NF 没有限制主属性对码的依赖关系。为了消除主属性对码的依赖关系，1974 年，Boyce 与 Codd 提出了一个新的范式 BCNF（Boyce Codd Normal Form），也称 BC 范式。

6.3.4 BC 范式

6 BC 范式

定义 6.10 关系模式是 1NF，如果对于 R 的每个函数依赖 $X \rightarrow Y$，若 Y 不属于 X 时 X 必含有候选码，则称 R 为 BC 范式，简称 BCNF，记作 $R \in \text{BCNF}$。

BCNF 的定义可以这样理解：如果关系 R 为 1NF，并且 R 中不存在任何属性对码的部分依赖或传递依赖，那么称 R 为 BCNF。

一个满足 BCNF 的关系模式具有以下特性。

（1）所有非主属性对每一个码都是完全函数依赖。

（2）所有的主属性对每一个不包含它的码，也是完全函数依赖。

（3）没有任何属性完全函数依赖于非码的任何一组属性。

由定义可知，3NF 和 BCNF 之间的区别在于，对一个函数依赖 $X \rightarrow Y$，3NF 允许 Y 是主属性，而 X 不为候选码。但 BCNF 要求 X 必为候选码。因此 BCNF 的限制比 3NF 更严格，3NF 不一定是 BCNF，而 BCNF 一定是 3NF。

【例 6-6】 在学生班级排名关系 SCR(SNO,CLASS,RANK)中，SNO 为学号，CLASS 为班级，RANK 为学生的排名，假设每个学生只属于一个班级，在这个班级中只有一个排名，每个班级的排名没有并列的情况。

根据语义可以得到如下函数依赖。

```
SNO→CLASS
SNO→RANK
(CLASS,RANK)→SNO
```

分析可知(SNO)和(CLASS,RANK)是 SCR 关系的候选码。SCR 没有非主属性，就不会存在非主属性对码的部分或传递函数依赖，所以一定属于 3NF。同时对于 SCR 的每个函数依赖 $X \rightarrow Y$，X 都包含候选码，所以 SCR 也属于 BCNF。

并不是所有的 3NF 都是 BCNF，要将 3NF 关系向 BCNF 关系转换就是要消除主属性对码的部分和传递函数依赖。例 6-5 讨论的 SM 是一个 3NF，存在主属性 ManagerNO 和 StorageNO 对码的部分函数依赖。为了消除主属性对码的部分函数依赖，可以把 SM 分解为以下两个关系模式。

```
SM1(GoodsNO,StorageNO,SNUM)
SM2(StorageNO,ManagerNO)
```

其中，SM1 的候选码是（GoodsNO,StorageNO），SM2 的候选码是 StorageNO 或者 ManagerNO。分解之后的关系模式 SM1 和 SM2 中，不存在主属性对码的部分函数依赖了。

分解之后的关系模式 SM1 和 SM2,既没有非主属性对码的部分或传递函数依赖,也没有主属性对码的部分或传递函数依赖,基本上可以解决前面提到的各种异常问题。

如果仅考虑函数依赖这一种数据依赖,BCNF 已完成了模式的彻底分解,消除了插入、删除和更新异常,数据冗余度大大降低。在函数依赖范畴,属于 BCNF 的关系模式规范化程度已经是最高了。但如果考虑其他数据依赖,如多值依赖,那么属于 BCNF 的关系模式仍然存在问题,不能算是一个完美的关系模式。

6.3.5　第四范式

6 第四范式

以上完全是在函数依赖的范畴内讨论问题。属于 BCNF 的关系模式是否就很完美了呢?下面来看一个例子。

【例 6-7】 校园超市有一仓库商品管理的关系模式 WMG(W,M,G),其中,W 表示仓库,M 表示仓库管理员,G 表示商品。假设每个仓库有若干个仓库管理员,有若干种商品。每个仓库管理员管理多个仓库的多种商品,每种商品可以存放在多个仓库。用二维表列出关系的一个实例如表 6-4 所示。

表 6-4　WMG 的一个实例

W	M	G
W_1	M_1	G_1
W_1	M_1	G_2
W_1	M_1	G_3
W_1	M_2	G_1
W_1	M_2	G_2
W_1	M_2	G_3
W_2	M_3	G_4
W_2	M_3	G_5
W_2	M_4	G_4
W_2	M_4	G_5

关系模式 WMG 的码是(W,M,G),即全码,因而 WMG∈BCNF。按照上述语义规定,当某个仓库增加一个仓库管理员时,就要向这个 WMG 表中增加相应商品数目的元组。同样,某个仓库要删掉一个商品时,则必须删除相应数目的元组。这样对数据的增、删、改操作都很不方便,而且关系中数据冗余也十分明显。仔细分析后发现,在 WMG 的属性间存在一种有别于函数依赖的依赖关系,它具有如下特点。

(1) 对于一个 W 值,如 W_1,会有一组 M 值与之对应,如 M_1,M_2 与之对应。

(2) 仓库与仓库管理员的对应关系,与商品的取值无关。

上述这种依赖被称为多值依赖(Multi-Valued Dependency,MVD)。

定义 6.11　设 $R(U)$ 是一个属性集 U 上的一个关系模式,X、Y 和 Z 是 U 的子集,并且 $Z=U-X-Y$,多值依赖 $X \rightarrow\rightarrow Y$ 成立当且仅当对 R 的任一关系 r,r 在(X,Z)上的每个值对应一组 Y 的值,这组值仅决定于 X 值而与 Z 值无关。

若 $X \rightarrow\rightarrow Y$,而 $Z=\varphi$,则称 $X \rightarrow\rightarrow Y$ 为平凡的多值依赖,否则称 $X \rightarrow\rightarrow Y$ 为非平凡的多值依赖。

在关系模式 WMG 中,很显然存在着非平凡的多值依赖,即 $W \rightarrow\rightarrow M$,$W \rightarrow\rightarrow G$。

多值依赖具有以下性质。

(1) 多值依赖具有对称性。若 $X \rightarrow\rightarrow Y$,则 $X \rightarrow\rightarrow Z$,其中,$Z = U - X - Y$,即多值依赖具有对称的性质。从例 6-7 中可以看出,因为每个仓库管理员管理所有商品,同时每种商品被所有管理员管理,显然若 $W \rightarrow\rightarrow M$,必然就有 $W \rightarrow\rightarrow G$。

(2) 多值依赖具有传递性。若 $X \rightarrow\rightarrow Y$ 且 $Y \rightarrow\rightarrow Z$,则 $X \rightarrow\rightarrow Z - Y$。

(3) 函数依赖可以看作多值依赖的特殊情况。若 $X \rightarrow Y$ 则 $X \rightarrow\rightarrow Y$,即函数依赖可以看作多值依赖的特殊情况。这是由于当 $X \rightarrow Y$ 时,对 X 的每一个值 x,Y 有一个确定的值 y 与之对应。所以 $X \rightarrow\rightarrow Y$。

(4) 若 $X \rightarrow\rightarrow Y$ 且 $X \rightarrow\rightarrow Z$,则 $X \rightarrow\rightarrow YZ$。

(5) 若 $X \rightarrow\rightarrow Y$ 且 $X \rightarrow\rightarrow Z$,则 $X \rightarrow\rightarrow Y \bigcap Z$。

(6) 若 $X \rightarrow\rightarrow Y$ 且 $X \rightarrow\rightarrow Z$,则 $X \rightarrow\rightarrow Y - Z$,$X \rightarrow\rightarrow Z - Y$。

多值依赖与函数依赖相比,具有下面两个基本的区别。

(1) 在关系模式 $R(U)$ 中函数依赖 $X \rightarrow Y$ 的有效性仅决定于 X,Y 这两个属性集的值。只要在 $R(U)$ 的任何一个关系 r 中,元组在 X 和 Y 上的值满足定义 6.1,则函数依赖 $X \rightarrow Y$ 在任何属性集 $W(XY \subseteq W \subseteq U)$ 上成立。但是对于多值依赖并非如此,多值依赖的有效性与属性集的范围有关。即 $X \rightarrow\rightarrow Y$ 在 U 上成立则在 $W(XY \subseteq W \subseteq U)$ 上一定成立。反之则不然。一般地,在 $R(U)$ 上若有 $X \rightarrow\rightarrow Y$ 在 $W(W \subset U)$ 上成立,则称 $X \rightarrow\rightarrow Y$ 为 $R(U)$ 的嵌入型多值依赖。

(2) 若函数依赖 $X \rightarrow Y$ 在 $R(U)$ 上成立,则对于任何 $Y' \subset Y$ 均有 $X \rightarrow Y'$ 成立;而多值依赖 $X \rightarrow\rightarrow Y$ 若在 $R(U)$ 上成立,却不能断言对于任何 $Y' \subset Y$ 有 $X \rightarrow\rightarrow Y'$ 成立。

定义 6.12 关系模式 $R<U,F> \in 1NF$,如果对于 R 的每个非平凡多值依赖 $X \rightarrow\rightarrow Y(Y \not\subseteq X)$,$X$ 都含有候选码,则称 R 为第四范式,简称 4NF,记作 $R \in 4NF$。

由定义可知,4NF 就是限制关系模式的属性之间不允许有非平凡且非函数依赖的多值依赖。一个关系模式若属于 4NF,则必然属于 BCNF。

BCNF 关系向 4NF 转换就是要消除非平凡且非函数依赖的多值依赖,以减少数据冗余,即将 BCNF 关系分解成多个 4NF 关系模式。

以 WMG 为例,在 WMG 中,$W \rightarrow\rightarrow M$,$W \rightarrow\rightarrow G$,它们都是非平凡的多值依赖。而关系模式 WMG 的码是 All-Key,即码为 (W,M,G)。W 不是码,对照 4NF 的定义 WMG $\not\in$ 4NF。

前面分析了一个关系模式如果已达到了 BCNF 但不是 4NF,这样的关系模式仍然具有不好的性质。比如关系 WMG $\in$ BCNF,但是 WSC $\not\in$ 4NF,对于 WMG 的某个关系,若某一仓库 W_i 有 n 个管理员,存放 m 件商品,则关系中分量为 W_i 的元组数目一定有 $m \times n$ 个。每个保管员重复存储 m 次,每种物品重复存储 n 次,数据的冗余太大。

仍采用分解的方法消去非平凡且非函数依赖的多值依赖。例如,可以把 WMG 分解为 WM(W,M),WG(W,G)。在 WM 中虽然有 $W \rightarrow\rightarrow M$,但这是平凡的多值依赖,且都不是函数依赖。WM 中已不存在非平凡且非函数依赖的多值依赖。所以 WM $\in$ 4NF,同理 WG $\in$ 4NF。

函数依赖和多值依赖是两种最重要的数据依赖。如果只考虑函数依赖,则属于 BCNF 的关系模式规范化程度已最高了。如果考虑多值依赖,则属于 4NF 的关系模式规范化程度是最高的了。

6.3.6　规范化小结

在关系数据库中,对关系模式的基本要求是满足第一范式。这样的关系模式就是合法的、允许的。但是,人们发现有些关系模式存在插入异常、删除异常、修改复杂、数据冗余等问题。人们寻求解决这些问题的方法,这就是规范化的目的。

关系模式的规范化过程是通过对关系模式的分解来实现的,把低一级别的关系模式分解为若干个高一级别的关系模式。其具体可分为以下几步。

(1) 从1NF关系到2NF关系要消除关系模式中非主属性对码的部分函数依赖,将1NF关系分解为若干个2NF关系。

(2) 从2NF关系到3NF关系要消除关系模式中非主属性对码的传递函数依赖,将2NF关系分解为若干个3NF关系。

(3) 从3NF关系到BCNF关系要消除关系模式中主属性对码的部分函数依赖和传递函数依赖,将3NF关系分解为若干个BCNF关系。

(4) 从BCNF关系到4NF关系要消除关系模式中非平凡且非函数依赖的多值依赖,得到若干个4NF关系。

关系模式从1NF到4NF的规范化过程如图6-7所示。

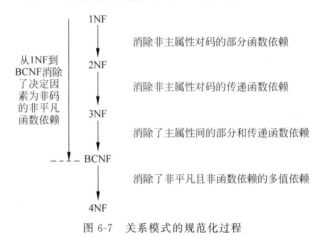

图 6-7　关系模式的规范化过程

关系模式的规范化过程,就是要消除关系模式属性间不合适的数据依赖,使模式中的各关系模式达到某种程度的“分离”,通常采用“一事一地”的模式设计原则。即让一个关系描述一个概念、一个实体或者实体间的一种联系。若多于一个概念就把它“分离”出去,这也是所谓的规范化,实质上是概念的单一化。关系模式的规范化结果并不是唯一的,在设计数据库模式结构时,必须对现实世界的实际情况和用户应用需求做进一步分析。不能说规范化程度越高的关系模式就越好,要根据实际情况确定一个合适的、能够反映现实世界的模式。如图6-7所示的规范化步骤可以在其中任何一步终止。

小　　结

本章由关系数据库中关系模式的存储异常问题引出了关系规范化理论的各种基本概念,包括函数依赖、平凡函数依赖、非平凡依赖、完全函数依赖、部分函数依赖和传递函数依

关系数据理论

赖等。这些概念是规范化理论的重要依据。

本章介绍了范式的概念,范式是关系数据库中的关系要满足一定要求的关系等级,满足关系中每个分量都是不可分的数据项,就是 1NF。这是规范化关系需要满足的最基本要求,1NF 也是最低一级范式。在关系数据库中,范式级别过低可能会存在插入异常、删除异常、更新异常和数据冗余等问题,这就需要将低一级范式向高一级范式进行转换,这就是关系模式的规范化。从 1NF 到 BCNF 时在函数依赖范畴讨论关系模式的规范化,在这个范围中,BCNF 即是最高级别的范式。4NF 是在多值依赖的范畴中最高级别的范式。

关系模式的规范化程度并不是越高越好,要根据现实世界实际情况,充分考虑系统效率,选择合适的数据库模式。

习　　题

一、单项选择题

1. 关系模式规范化的最起码的要求是达到第一范式,即满足(　　　)。

    A. 每个非码属性都完全依赖于主码

    B. 主码属性唯一标识关系中的元组

    C. 关系中的元组不可重复

    D. 每个属性都是不可分解的

2. 从第一范式(1NF)到第二范式(2NF)做了下列(　　　)操作。

    A. 消除非主属性对主码的传递函数依赖

    B. 消除非主属性对主码的部分函数依赖

    C. 消除非主属性对主码的部分和传递函数依赖

    D. 没有做什么操作

3. 由于关系模式设计不当所引起的插入异常指的是(　　　)。

    A. 两个事务并发地对同一关系进行插入而造成数据库不一致

    B. 由于码值的一部分为空而不能将有用的信息作为一个元组插入到关系中

    C. 未经授权的用户对关系进行了插入

    D. 插入操作因为违反完整性约束条件而遭到拒绝

4. 以下关于数据依赖的描述,错误的是(　　　)。

    A. 若 $X \rightarrow Y, Y \rightarrow X$,则 $X \longleftrightarrow Y$

    B. 若 $X \rightarrow\rightarrow Y$,而 $Z = \Phi$,则称 $X \rightarrow\rightarrow Y$ 为平凡的多值依赖

    C. $X \rightarrow Y$,但 $Y \subseteq X$,则称 $X \rightarrow Y$ 是非平凡的函数依赖

    D. 若 Y 函数依赖于 X,则记作 $X \rightarrow Y$

5. 若关系模式 R 中只包含两个属性,则以下描述正确的是(　　　)。

    A. R 肯定属于 2NF,但 R 不一定属于 3NF

    B. R 肯定属于 3NF,但 R 不一定属于 BCNF

    C. R 肯定属于 BCNF,但 R 不一定属于 4NF

    D. R 肯定属于 4NF

6. 以下关于 BCNF 的描述中,错误的是(　　)。

    A. 所有非主属性对每一个码都是完全函数依赖

    B. 所有的主属性对每一个码也是完全函数依赖

    C. 没有任何属性完全函数依赖于非码的任何一组属性

    D. 每一个决定因素都包含码

7. 设有关系 $R(A,B,C)$ 的值如下:

$$
\begin{array}{ccc}
A & B & C \\
3 & 6 & 9 \\
2 & 7 & 3 \\
2 & 8 & 9 \\
\end{array}
$$

下列叙述正确的是(　　)。

    A. 函数依赖 $C \rightarrow A$ 在上述关系中成立

    B. 函数依赖 $AB \rightarrow C$ 在上述关系中成立

    C. 函数依赖 $A \rightarrow C$ 在上述关系中成立

    D. 函数依赖 $C \rightarrow AB$ 在上述关系中成立

8. 关于多值依赖的性质,以下描述中(　　)是不正确的。

    A. 若 $X \rightarrow\rightarrow Y, X \rightarrow\rightarrow Z$,则 $X \rightarrow\rightarrow YZ$

    B. 若 $X \rightarrow\rightarrow Y, X \rightarrow\rightarrow Z$,则 $X \rightarrow\rightarrow Y \cap Z$

    C. 若 $X \rightarrow\rightarrow Y$,则若 $X \rightarrow\rightarrow Z$,其中,$Z = U - X - Y$

    D. 若 $X \rightarrow\rightarrow Y \cap Z$,则 $X \rightarrow\rightarrow Z, Y \rightarrow\rightarrow Z$

9. 以下关于规范化的描述,错误的是(　　)。

    A. 高一级范式真包含于低一级范式中

    B. 规范化程度越高的关系模式就越好

    C. 一个全码的关系一定属于 BC 范式

    D. 4 范式不允许有非平凡且非函数依赖的多值依赖

10. 在关系模式 R 中,函数依赖 $X \rightarrow Y$ 的语义是(　　)。

    A. 在 R 的某一关系中,若任意两个元组的 X 值相等,则 Y 值也相等

    B. 在 R 的某一关系中,Y 值应与 X 值相等

    C. 在 R 的一切可能关系中,若任意两个元组的 X 值相等,则 Y 值也相等

    D. 在 R 的一切可能关系中,Y 值应与 X 值相等

二、简答题

1. 简述以下术语的含义。

函数依赖、平凡函数依赖、非平凡函数依赖、部分函数依赖、完全函数依赖、传递函数依赖、候选码、外码、1NF、2NF、3NF、BCNF、多值依赖、4NF。

2. 在进行数据库设计时,构造的关系模式不合适会带来哪些问题?

3. 什么是规范化? 关系模式为什么要进行规范化?

4. 什么是范式? 简述各级范式之间的关系。

5. 简述 3NF 和 BCNF 的区别和联系。

6. 什么是全码? 证明全码必为 BCNF。

7. 试举出三个多值依赖的例子。

8. 简述从 1NF 到 4NF 的规范化步骤和方法。

9. 简述函数依赖和多值依赖的区别。

10. 多值依赖有哪些性质？解释之。

三、综合题

1. 设关系模式 $R(S\#,C\#,GRADE,TNAME,TADDR)$，其属性分别表示学生学号、选修课程的编号、成绩、任课教师姓名、教师地址等意义。如果规定每一个学生学一门课只有一个成绩；每门课只有一个教师任课；每个教师只有一个地址(此处不允许教师同名同姓)。

(1) 试写出该关系模式 R 基本的函数依赖集和候选码。

(2) 试把 R 分解成满足 2NF 的模式集，并说明理由。

(3) 试把 R 分解成满足 3NF 的模式集，并说明理由。

2. 现有图书借阅关系 $R(BorroeNo,BookNo,Time,WNo,Mno)$，其属性分别表示借书证号、图书编号、借书时间、书库编号、管理员编号等意义。给定语义如下：每个借阅者借一本书有一个借阅时间；每本书只属于一个书库；每个书库只有一个管理员。

(1) 试写出该关系模式 R 基本的函数依赖集和候选码。

(2) 关系模式 R 在使用中存在哪些不足？

(3) 给出一个能够避免以上不足的解决方案。

3. 下列关系模式的候选码是什么？属于第几范式？为什么？

(1) $R(A,B,C,D)$，函数依赖有：$A \rightarrow B,A \rightarrow C,A \rightarrow D,C \rightarrow D$。

(2) $R(A,B,C)$，函数依赖有：$A \rightarrow B,A \rightarrow C,B \rightarrow C$。

(3) $R(A,B,C,D,E)$，函数依赖有：$(A,B) \rightarrow D,(A,D) \rightarrow E,(A,B) \rightarrow C$。

(4) $R(A,B,C,D,E)$，函数依赖有：$(A,B) \rightarrow E,B \rightarrow C,C \rightarrow D$。

4. 现有某企业销售部门签订的销售合同如表 6-5 所示及部分样本数据。请完成下列问题。

(1) 如果用关系 XSHT(CNO,PNO,PNAME,PRICE,QTY,DATE,DNAME,TEL) 来描述该销售合同，存在什么问题？

(2) 根据表中合同数据的描述，写出关系模式 XSHT 的基本函数依赖。

(3) 找出关系模式 XSHT 的候选码。

(4) 将 XSHT 分解成满足 3NF 的关系模式集。

表 6-5　销售合同表

合同号 CNO	产品号 PNO	产品名 PNAME	单价 PRICE	数量 QTY	供货日期 DATE	购买单位 DNAME	电话 TEL
C1	P1	BOLT	0.30	1500	2013.12	NA1	678542
	P2	NUT	0.80	500			
C2	P1	BOLT	0.30	800	2013.03	NA2	675432
	P3	CAM	25	350			
	P5	GEAR	31	175			
C3	P4	AMM	20	2000	2013.04	NA3	456322
C4	P3	CAM	25	500	2013.08	NA1	678542

第 7 章　数据库设计

随着信息技术的发展，数据库已经广泛应用于各类信息系统，大到航空、列车售票系统、电子政务系统、生产制造企业 ERP 系统、银行管理系统，小到家庭理财系统、个人事务管理软件、办公自动化（OA），无一没有数据库技术的支撑。实际上，数据库已经成为现代信息系统的基础和核心，从小型的单项事务处理系统到大型的信息系统，大都用先进的数据库技术来保持系统数据的整体性、完整性和共享性。而这一切都来自于良好的数据库设计，可以说数据库设计的优劣将直接影响信息系统的质量和运行效果，没有合理的数据库设计，不可能开发出优秀的信息系统。数据库设计是数据库在应用领域中主要的研究课题。

7.1　数据库设计概述

7 数据库设计概述

数据库设计（Database Design）是指对于一个给定的应用环境，构造最优的数据库模式，建立数据库及其应用系统，使之能够有效地存储数据，满足各种用户的应用需求（信息要求和处理要求）。在数据库领域内，常常把使用数据库的各类系统统称为数据库应用系统。因此，数据库设计也是研究数据库及其应用系统的技术。

数据库设计在信息系统开发中具有非常重要的地位。因为数据库是信息系统的核心和基础，它把信息系统中大量的数据按一定的模型组织起来，提供存储、维护、检索数据的功能，使信息系统可以方便、及时、准确地从数据库中获得所需的信息。一个信息系统的各个部分能否紧密地结合在一起以及如何结合，关键在数据库。因此只有对数据库进行合理的逻辑设计和有效的物理设计才能开发出完善而高效的信息系统。数据库设计是信息系统开发和建设的重要组成部分。大型数据库的设计是一项庞大的工程，属于软件工程范畴。其开发周期长、耗资多，失败的风险也大，所以必须把软件工程的原理和方法应用到数据库建设中来。

7.1.1　数据库设计的一般方法

设计方法（Design Methodology）是指设计数据库所使用的理论和步骤。数据库设计方法目前主要可分为三类：直观设计法、规范设计法、计算机辅助设计法。

1. 直观设计法

直观设计法也叫手工试凑法，是最早使用的数据库设计方法。由于信息结构复杂，应用环境多样，在相当长的一段时间内数据库设计主要采用这种方法。使用这种方法与设计人员的经验和水平有直接关系，对于缺少数据库设计知识和设计经验的设计人员来说，往往需要经历大量尝试和失败的过程。由于缺乏科学理论的指导和工程原则的支持，直观设计法的设计质量很难保证。因此这种方法越来越不适应信息管理发展的需要。

2. 规范设计法

为了让数据库设计能够循序渐进,目前的数据库设计多采用规范设计法。规范设计法比较常见的方法有新奥尔良(New Orleans)方法、基于 E-R 模型的数据库设计方法、基于3NF(第三范式)的设计方法等。

(1) 新奥尔良(New Orleans)方法。为了改变直观设计法设计数据库的不足,1978 年10 月,来自三十多个国家的数据库专家在美国新奥尔良市专门讨论了数据库设计。他们运用软件工程的思想和方法,提出了数据库的设计规范,这就是著名的新奥尔良法,它是目前公认的比较完整和权威的一种规范设计法。新奥尔良法将数据库设计分为四个阶段:需求分析(分析用户要求)、概念设计(信息分析和定义)、逻辑设计(设计实现)和物理设计(物理数据库设计)。其后,S. B. Yao 等又将数据库设计分为五个步骤。又有 I. R. Palmer 等主张把数据库设计当成一步接一步的过程,并采用一些辅助手段实现每一过程。

(2) 基于 E-R 模型的方法。基于 E-R 模型的数据库设计方法是由 P. P. S. Chen 于1976 年提出的,其基本思想是在需求分析的基础上,用 F-R(实体-联系)图构造一个反映现实世界实体之间联系的企业模式,然后再将此企业模式转换成基于某一特定的 DBMS 的概念模式。

(3) 基于 3NF 的方法。基于 3NF 的数据库设计方法是由 S. Atre 提出的结构化设计方法,其基本思想是在需求分析的基础上,确定数据库模式中的全部属性和属性间的依赖关系,将它们组织在一个单一的关系模式中,然后再分析模式中不符合 3NF 的约束条件,将其进行投影分解,规范成若干个 3NF 关系模式的集合。其设计主要分为五个阶段:设计企业模式、设计数据库的概念模式、设计数据库的物理模式(存储模式)、对物理模式进行评价、实现数据库。

除了以上三种方法外,规范设计方法还有实体分析法、属性分析法和基于视图的设计方法等,这里不再详述。规范设计方法从本质上看仍然是手工设计方法,其基本思想是过程迭代和逐步求精。

3. 计算机辅助设计方法

计算机辅助设计方法主要是指为加快数据库设计速度,在数据库设计的某些过程中模拟某一规范化设计的方法,并以人的知识或经验为主导,通过人机交互方式实现设计中的某些部分。目前有很多计算机辅助软件工程(Computer Aided Software Engineering,CASE)工具,如 Rational 公司的 Rational Rose,CA 公司的 Erwin 和 Bpwin,Sybase 公司的PowerDesigner 以及 Oracle 公司的 Oracle Designer 等。这些工具软件可以自动地或辅助设计人员完成数据库设计过程中的很多任务,特别是大型数据库的设计离不开这类工具的支持。此外,数据库设计和应用设计应该同时进行,目前的许多 CASE 工具已经开始支持这两方面的结合应用。

7.1.2 数据库设计的步骤

数据库设计开始之前,首先必须选定参加设计的人员,包括系统分析人员、数据库设计人员和程序员、用户和数据库管理员。系统分析和数据库设计人员是数据库设计的核心人员,他们将自始至终参与数据库设计,他们的水平决定了数据库系统的质量。用户和数据库管理员在数据库设计中也是举足轻重的,他们主要参加需求分析和数据库的运行维护,他们的积极参与不但能加速数据库设计,而且也是决定数据库设计的质量的重要因素。程序员则在系统实施阶段参与进来,分别负责编制程序和准备软硬件环境。

目前,数据库设计人员使用最为广泛的仍然是以逻辑数据库设计和物理数据库设计为核心的规范设计方法。按照这种规范设计方法以及数据库应用系统的开发过程,数据库的设计可划分为六个阶段(如图 7-1 所示):需求分析阶段、概念结构设计阶段、逻辑结构设计阶段、物理结构设计阶段、数据库实施阶段、数据库运行和维护阶段。

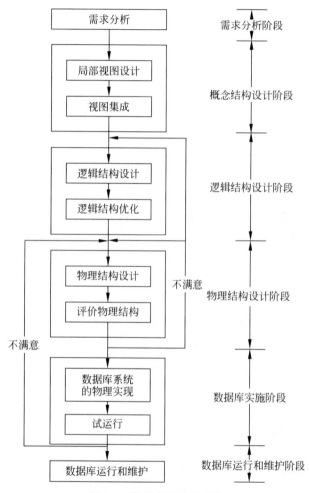

图 7-1　数据库设计的步骤

1. 需求分析阶段

需求分析是指收集和分析组织内将由数据库应用程序支持的那部分信息,并用这些信息确定新系统中用户的需求。需求分析是数据库设计的第一个阶段,也是整个设计过程中最耗时、最困难的一步。需求分析做得是否充分与准确,直接关系到数据库设计的质量,直接影响到数据库应用程序的设计与开发。

2. 概念结构设计阶段

概念结构设计就是对用户需求进行综合、归纳与抽象,建立一个独立于具体 DBMS 并且与所有物理因素均无关的企业信息模型的过程,是整个数据库设计的关键。

3. 逻辑结构设计阶段

逻辑结构设计阶段的目的是将概念设计阶段设计好的全局 E-R 模型转换成与选用的 DBMS 所支持的数据模型,并对其进行优化。逻辑模型只与所选用的 DBMS 所支持的数据模型有关,而与特定的 DBMS 和其他物理因素无关。

4. 物理结构设计阶段

数据库的物理结构设计是为逻辑数据模型选取一个最适合应用环境的物理结构(包括存储结构和存取方法)。逻辑模型是与 DBMS 无关的,但它的建立参照了一个特定的数据模型,如关系模型、层次模型或网状模型,而数据库物理设计是面向特定的 DBMS 系统,所以在进行物理设计时,必须首先确定使用的数据库系统。

5. 数据库实施阶段

在数据库实施阶段,数据库设计人员根据前面各阶段的设计文档,利用 DBMS 提供的数据定义语言来描述数据库的结构,生成数据库,完成数据的加载,编制与调试应用程序,并将数据库投入试运行。

6. 数据库运行和维护阶段

在数据库经过一定阶段的试运行并对其进行一定的评审、修改后,数据库就可以进入正式运行阶段。由于应用环境在不断变化,数据库运行过程中物理存储也会不断变化,因此在数据库的正式运行阶段,还必须不断地对数据库进行评价、调整与修改等维护工作。

数据库设计是结构设计和行为设计相结合的过程,数据库设计步骤也是从数据库应用系统设计和开发的全过程来考察数据库设计的问题。因此,它既是数据库也是应用系统的设计过程。因此,在设计过程中要努力把数据库设计和系统其他成分的设计紧密结合。把数据和处理的需求收集、分析、抽象、设计、实现在各个阶段同时进行,相互参照,相互补充,以完善两方面的设计。数据库应用系统的设计也不是一蹴而就的,它往往是上述六个阶段的不断反复。如果所设计的数据库应用系统比较复杂,应该考虑使用计算机辅助软件工程(CASE)工具以简化各阶段的设计工作。

7.1.3 数据库设计的特点

数据库设计和一般软件系统的设计在开发和运行维护上有很多共同的特点,更有其自身的一些特点。

1. 数据库设计是涉及多学科的综合技术

大型数据库设计和开发是一项庞大工程,既涉及应用领域的专业知识,也涉及计算机领域的知识,是涉及多学科的综合性技术,对于从事数据库设计的人员来讲,应该具备多方面的技术和知识,主要有:

(1) 计算机科学基础知识和程序设计技术;

(2) 数据库基本知识和数据库设计技术;

(3) 软件工程的原理和方法;

(4) 应用领域的知识(随着应用系统的不同而不同)。

2. 数据库设计是硬件、软件和干件的结合

人们把技术和管理的界面称为"干件"。数据库设计要考虑应用的信息需求和处理需求,既要考虑数据的存储方式,还要考虑数据的使用方法。所以,优秀的数据库设计不但要求设计人员对数据在磁盘上的组织方式十分熟悉,以充分利用其特点设计出访问性能尽可能高的数据库,而且也要求设计人员能够有效地对整个设计过程进行控制。所以数据库设计是硬件、软件和干件的结合。

3. 数据库设计具有反复性、试探性,应分步进行

数据库设计不可能一气呵成,往往需要经过反复推敲和修改才能完成。为了保证设计的质量和进度,数据库设计通常是分阶段进行,逐级审查。尽管后阶段会向前阶段反馈其要求,但在规范设计的指导下,这种反馈引起的修改不应该是大量的。并且对于同样一个应用需求,由于设计人员的不同,设计出来的数据库也是有差别的,很难说哪一个是最佳方案,设计过程中各式各样相互矛盾的要求和制约因素决定了不同的设计方案必定各有长短,具体需要什么样的设计,还得取决于数据库设计人员和单位的决策。因此数据库设计具有反复性和试探性(如图 7-1 所示)。

4. 数据库设计需要将结构设计和行为设计密切结合

数据库设计应该和应用系统设计相结合。数据库中的数据不是为存储而存储,存储是为了更好的利用,是为了分析处理,所以结构(数据)的设计必须充分考虑到行为(业务处理)的可用性和方便性。早期的数据库设计致力于数据模型和建模方法的研究,着重结构特性的设计,对行为设计几乎没有提供指导,因此结构设计与行为设计是分离的,如图 7-2 所示。

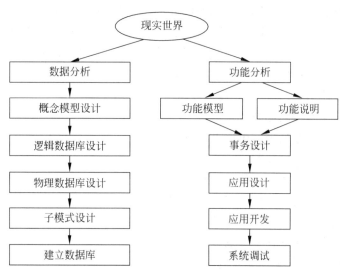

图 7-2　结构和行为分离的设计

7.2　需 求 分 析

需求分析简单地说就是分析用户的要求。需求分析是设计数据库的起点,需求分析的结果是否准确地反映了用户的实际要求,将直接影响到后面各个阶段的设计,并影响到设计结果是否合理和实用。

以房子装修为例,在工人开始工作之前,装修设计师必须和客户(新房主人)进行全面的交流,必须询问客户对装修的基本构想和要求,然后再与客户商讨确定新房在功能上、视觉上、风格上及装修总价位上等各方面的具体要求,要具体到客户准备投入多少资金? 要求使用什么类型的材料? 有没有什么特殊造型? 各地方颜色如何搭配 ……,所有这些问题无论是整体目标还是具体细节问题都必须在装修设计之前清晰考虑,否则做出来的装修设计要么是装修出来整体不协调,要么就是资金可能无法控制,总体要求达不到客户的要求,成为一个失败设计的案例。

数据库设计和装修设计是一样的道理,在进行数据库设计之前,必须明确了解客户(未来将使用该数据库的人)对数据库的所有需求。不符合需求的数据库可能很好设计,但最终只能是浪费时间和金钱。数据库设计和信息系统的开发是一项成本比较昂贵的投资,失败了不但造成资金的浪费,而且会滞后企业信息化的发展。

7.2.1 需求分析的任务

需求分析是设计一个成功的数据库所必需也是极其关键的一个过程,其任务是通过详细调查现实世界要处理的对象(组织、部门、企业等),充分了解原系统(手工系统或计算机系统)工作概况,明确用户的各种需求,然后在此基础上确定新系统的功能。由于技术和信息需求不断进步和提高,因此新系统的需求分析必须充分考虑今后可能的扩充和改变,不能仅按当前应用需求来设计数据库。

需求分析调查的重点是“数据”和“业务处理”,业务处理的对象是数据,业务处理也会产生数据。所以在建模过程中,将业务处理和数据统一考虑是十分重要的。在确定了基本的数据和业务处理后,还必须确定数据库应用系统的业务规则。所谓业务规则就是业务处理数据以及产生数据的方法和步骤。在进行需求分析时,通常需要收集以下一些信息。

(1) 对每个业务处理使用或产生的数据的详细描述。

(2) 数据如何使用和产生的细节。

(3) 数据库应用程序的额外需求。

(4) 企业每一个业务处理是由谁来完成的。

(5) 业务处理是如何完成的。

(6) 不同的职能单位所处理的数据有何不同。

(7) 哪些业务处理由特定的职能部门完成。

(8) 每一个独立的业务处理所涉及的数据是什么。

(9) 业务处理之间是如何交互的。

(10) 职能单位之间是如何交互的。

(11) 是否还存在影响业务处理的其他因素。

确定用户的最终需求是一件很困难的事,因此设计人员必须不断深入地与用户交流,才能逐步确定用户的实际需求。

7.2.2 需求信息的收集

需求分析是数据库设计最困难也最耗时的一个阶段。确定需求并不是简单地与用户在一起聊天就能够确定的,很多情况下,由于用户和调研人员对计算机和信息系统知识了解程度的不同,用户很可能提不出有效的需求。所以需求调研不但要求用户的积极参与,而且需要掌握一定的科学方法,才能够挖掘出用户的需求。具体来说,进行需求信息收集步骤如下。

1. 业务知识的研究

在准备调研前,调研人员必须对用户的专业知识和业务进行一定的研究,准备对被调研对象所提的问题。在调研开始,就必须让用户了解到调研人员需要了解的业务需求和目标。同时调研小组对自己所了解的业务和专业知识进行集体讨论,从而确定哪些是已经明确的知识、哪些是还需要进一步向用户了解的知识、还缺少哪些知识,这样可以使得调研有明确的方向,大大减少调研的时间,也可以减少用户的厌烦感,毕竟用户是不愿意和调研人员长时间讨论问题的。

2. 制定调研计划

需求分析是一项工作量繁重、涉及人员众多、时间跨度较大的工作。任何系统的开发都是有一定时间限制的,而且用户也不是能够随叫随到,所以为了能在有限的时间内顺利地高质量地完成需求分析工作,必须及时制定调研计划,这样才能按照调研计划安排调研工作的进展。调研计划包括被调研对象、调研人员以及设计阶段的最终用户反馈过程。

3. 选用调研方法进行调研

在调研过程中,根据调研的不同特点、条件和需要,可以使用不同的调研方法。常用的有跟班作业、开调查会、请专人介绍、询问、设计调查表请用户填写、查阅记录等方法。在调研时,往往是各种方法综合使用,无论使用何种调查方法,都必须有用户的积极参与和配合。

在收集业务需求信息之前,还必须明确谁最有"发言权"?谁最了解系统?谁最了解数据?谁有权决定业务系统的目标和功能以及系统设计方法?不同类型的用户提供的需求信息有很大的差别,所以调研也要针对不同的用户分别进行。

需求信息的来源主要有客户、最终用户和管理人员。"由于客户的存在,业务才会存在",数据库的开发是由于客户的存在而存在的。要准确地获取客户需求信息,调研人员必须站在客户的角度,帮助客户提出需求信息。因为有时候客户也不知道自己到底需要什么,所以调研人员只有站在客户的角度与客户进行交流,花点儿时间来了解客户的业务和需求,才可能完全了解客户心里的真实想法,才能落实调研人员的理解和客户的想法是否完全一致,千万不要期望客户能够提供数据库设计所需的全部需求。

最终用户可能就是客户,也可能是独立的用户。如果最终用户就是客户或者是客户中的一员,那么对客户的调研也就是对最终用户的调研,如果最终用户是独立的用户,那么必须向最终用户调研,最终用户是新系统的直接使用者,对用来与数据库进行交互的应用软件最为关心,最终用户对应用软件的意见将有助于开发小组制定正确的方案,这些方案将直接影响数据库设计。

管理人员是一个组织中的决策制定者,他有权批准或不批准某个项目,因此获得管理人员对所设计的数据库系统目标的看法非常重要。如果最终用户和客户可能会属于不同的组织,在这种情况下,调研人员还必须调研不同组织的管理人员,客户管理人员最了解业务系统的目标,而作为最终用户的管理人员最了解客户数据的管理方法。而且管理人员对业务的大框架也更为熟悉,他可能并不了解所有业务,但他可以很好地安排部门内的合作以便优化工作。所以必须对管理人员进行调研。

7.2.3 需求分析的内容

在制定了详细的调研计划后,就可以按计划进行调研。进行需求分析首先是调查清楚用户的实际要求,与用户达成共识,然后再分析与表达这些需求。要调查的主要需求具体有以下内容。

(1)调查组织机构情况:包括了解该组织的部门组成情况、各部门的职责等。

(2)调查各部门的业务活动情况:包括了解各个部门输入和使用什么数据,如何加工处理这些数据,输出什么信息,输出到什么部门,输出结果的格式是什么,这是调查的重点。

(3)协助用户明确对新系统的各种要求:包括信息要求、处理要求、安全性与完整性要求,这是调查的又一个重点。

(4)确定新系统的边界:对前面调查的结果进行初步分析,确定哪些功能由计算机完成或将来准备让计算机完成,哪些活动由人工完成。由计算机完成的功能就是新系统应该实现的功能。

收集了需求信息之后,对调研阶段所获得的需求信息进行分析的过程叫作需求分析。在设计人员对数据库建模之前,设计人员必须对业务和数据以及对它们的使用有完全的理解,其中最主要的就是对业务及数据分析处理的表达。

7.2.4 业务及数据分析

业务是企业、组织为实现自身目标、职能的一系列有序的活动过程。例如,扫码、装货、收款、开票等是超市收银员的业务工作。业务分析就是对上述各种流动及其交织过程的详细分析过程。数据是信息的载体,是数据库存储的主要对象。数据分析就是把数据在组织内部的业务流动情况,以数据流动的方式抽象出来,从数据流动过程来分析业务系统的数据处理模式。业务及数据分析主要包含以下几点。

1. 确定业务

首先需要确定企业、组织中包含哪些业务。判断业务的标准是:是否为实现组织目标的有序活动过程。在确定业务过程中,可以忽略与目标系统的实现关系不紧密、不重要的一些业务活动。例如,校园超市管理系统数据库设计的需求分析中,超市管理的主要目标是实现超市商品的进销存管理,因此,对超市员工的考勤等业务活动,就没有必要纳入该业务分析活动之中。这样可以简化业务分析工作。

2. 业务流程分析

业务流程是业务的活动过程,是指企业或组织为完成某一项目标或任务,而进行的跨时间或空间并在逻辑上相关的一系列活动的有序集合。业务流程分析就是从“流”的视角来理解、分析和阐述企业、组织各种管理活动的思想、观点和方法。分析过程应顺着原系统信息流动的过程逐步地进行,明确系统内部各单位、人员之间的业务关系、作业顺序和管理信息流向等。

进行业务流程分析能帮助数据库分析设计人员全面了解和描述业务处理流程,发现和处理调查过程中的错误和疏漏,找出并改进不合理的业务流程部分,优化业务处理流程。

3. 业务规则分析

业务规则是保证业务流程正常运转的一致性和相关性的必须被遵循的约束性条件。在企业管理中,业务规则通常以政策、规定、章程和制度等形式表现。在业务分析中,除分析上述显现的业务规则之外,还需要洞察在业务活动中隐藏的各种业务规则,这些规则可能是企业都会遵守的潜规则,也可能是企业独创的但还没有被明确描述出来的经验。

4. 数据流程分析

数据流程分析就是在业务流程分析的基础上,舍去物化因素,重点发现和解决数据流动过程中的问题,比如数据流程不畅、前后数据不匹配以及数据处理过程不合理等。主要工作要做好以下几点。

(1)收集现行系统全部的输入单据、报表和输出单据、报表,以及这些数据存储的介质的典型格式。

(2)明确业务处理过程的处理方法和计算方法。

(3)调查、确定上述各种数据的产生者、报送者、存储者、发生频率、发生的高峰时段及发生量等。

(4)注明各项数据的类型、长度、取值范围、约束条件和精度等。

业务及数据分析的具体过程可以用业务流程图和数据流程图来表达。这种流程图的绘制方法并无统一、标准的步骤,读者可以参阅不同教材的具体描述,但其基本的方法是相同的。本书第8章校园超市案例中有对流程图绘制的详细描述。

7.2.5 数据字典

7 需求分析中的数据字典

数据字典(Data Dictionary,DD)是各类数据描述的集合。对数据库设计来讲,数据字典是进行详细的数据收集和数据分析所获得的主要结果。数据字典通常包括数据项、数据结构、数据流、数据存储和处理过程五个部分,其中,数据项是数据的最小组成单位,若干数据项可以组成数据结构,数据字典通过对数据项和数据结构的定义来描述数据流、数据存储和处理过程的逻辑内容。

1. 数据项

数据项是不可再分的数据单位。对数据项的描述通常包括以下内容。

数据项描述=｛数据项编号,数据项名,数据项含义说明,别名,数据类型,长度,取值范围,取值含义,与其他数据项的逻辑关系｝

其中,取值范围、与其他数据项的逻辑关系定义了数据的完整性约束条件,是设计数据检验功能的依据。

【例 7-1】 校园超市案例中,关于学生"学号"的数据项描述如下。

数据项:学号。

含义说明:唯一标识每个学生。

别名:学生编号。

类型:字符型。

长度:10。

取值范围:0 000 000 000～9 999 999 999。

取值含义:前两位表明学生所在年级,3～6 位表明学生所在专业,7、8 位表明学生所在班级,最后两位按顺序编号。

2. 数据结构

数据结构反映了数据间的组合关系。它可以是由若干个数据项组成,也可以是由若干个数据结构组成,或者由若干数据项和数据结构混合组成,对数据结构的描述通常包括以下内容。

数据结构描述＝｛数据结构编号,数据结构名称,含义说明,组成：｛数据项名或数据结构名｝｝

【例 7-2】 "学生"数据结构的描述如下。

数据结构：学生。

含义说明：是校园超市管理系统的主体数据结构,定义了一个学生的有关信息。

组成：学号,姓名,出生年份,性别,学院,专业微信号。

3. 数据流

数据流是数据结构在系统内的传输途径,表示某一处理过程的输入或输出。对数据流的描述通常包括以下内容。

数据流描述＝｛数据流名,说明,数据流来源,数据流去向,组成：｛数据结构｝,平均流量,高峰期流量｝

其中,数据流来源是说明该数据流来自哪个过程；数据流去向是说明该数据流将到哪个过程去；平均流量是指在单位时间(每天、每周、每月等)里的传输次数；高峰期流量则是指在高峰时期的数据流量。

【例 7-3】 "入库单"数据流的描述如下。

数据流：入库单。

说明：采购员采购入库商品时提交的入库信息。

数据流来源：采购员。

数据流去向：审核。

组成：商品编码,商品名称,数量,……

平均流量：200 张/天。

高峰期流量：300 张/天。

4. 数据存储

数据存储是数据结构停留或保存的地方,也是数据流的来源和去向之一。对数据存储的描述通常包括以下内容。

数据存储描述＝｛数据存储名,说明,编号,流入的数据流,流出的数据流,组成：｛数据结构｝,数据量,存取方式｝

其中,数据量是指每次存取多少数据,每天(或每小时、每周等)存取几次等信息。存取方法包括是批处理还是联机处理,是检索还是更新,是顺序检索还是随机检索等。另外,流入的数据流要指出其来源,流出的数据流要指出其去向。

【例 7-4】 "库存台账"数据存储的描述如下。

数据存储：库存台账。

说明：记录库存的基本情况。

流入数据流：入库单。

流出数据流：……

组成：商品编码,商品名称,数量,……

数据量：每年 3000 张。

存取方式：随机存取。

5. 处理过程

处理过程描述业务处理的处理逻辑和输入、输出。具体的处理逻辑一般用判定表或判定树来描述。数据字典只需要描述处理过程的说明性信息，通常包括以下内容。

处理过程描述＝{处理过程编号,处理过程名,说明,输入:{数据流},输出:{数据流},处理:{简要说明}}

其中,简要说明中主要说明该处理过程的功能及处理要求。功能是指该处理过程用来做什么(而不是怎么做),处理要求包括处理频度要求,如单位时间里处理多少事务,多少数据量;响应时间要求等。这些处理要求是后面物理设计的输入及性能评价的标准。

【例 7-5】 "审核"处理过程的描述如下。

处理过程：审核。

说明：审核入库单信息是否合格。

输入：入库单。

输出：合格或不合格入库单。

处理：对采购员提交的入库单进行审核,检查入库单填写是否符合要求,产品实际入库数量和金额与入库单上填写的数据是否一致。

由此可见,数据字典是关于数据库中数据的描述,即元数据,而不是数据本身。数据字典是在需求分析阶段建立,在数据库设计过程中不断修改、充实、完善的。

需求分析需要注意不能仅按当前应用来设计数据库,而应充分考虑到可能的扩充和改变,使设计易于变动。否则以后再想加入新的实体、新的数据项和实体间新的联系不但十分困难,而且新数据的加入会影响数据库的概念结构,最终将影响逻辑结构和物理结构。

7.3 概念结构设计

需求分析阶段的任务是调研,从而能够明确数据库设计小组需要"做什么"的问题,而概念结构设计是将需求调研阶段所获取的应用需求抽象为信息世界某种数据模型即概念模型。本节将介绍概念模型的特点、概念模型的 E-R 表示方法以及概念结构的设计方法和步骤。

7.3.1 概念模型的特点

早期的数据库设计在进行需求分析之后,直接把用户信息需求转换为 DBMS 能处理的逻辑模型,导致了设计的注意力往往被牵扯到更多的细节限制方面,而不能集中在最重要的信息组织结构和处理模型上。为了改变这种局面,在需求分析阶段和逻辑设计之间增加了概念设计阶段,从而使得设计人员可以仅从用户观点来看待数据及处理需求和约束,便于设计人员和用户之间的交流,也使得数据库设计各阶段的任务趋于单一化。概念模型是现实世界和机器世界的中介,既独立于数据库的逻辑结构,也独立于某一数据库管理系统(DBMS),概念模型必须能够真实充分地反映现实世界。所以作为概念模型,至少有以下一些特点。

(1)能充分真实地反映现实世界,包括实体和实体之间的联系,能满足用户的数据和处理的要求,是现实世界的一个真实模型。

（2）易于被人们理解，能够为非计算机专业人员所接受，方便开发人员和用户间的沟通。

（3）易于更改，当现实世界改变时概念模型也能够容易地修改和扩充。

（4）易于向关系、网状或层次等各种数据模型转换。

概念模型是各种数据模型的共同基础，它比数据模型更独立于机器、更抽象，从而更加稳定。描述概念模型的方法很多，其中较早出现的、最著名最常用的是实体-联系法（Entity-Relationship Approach，E-R 方法）。下面将介绍这种方法。

7.3.2 概念模型的 E-R 表示方法

在 1.3.3 节了解到概念模型是对现实世界的抽象表示，是现实世界到机器世界的一个中间层次。可以利用概念模型进行数据库的设计以及在设计人员和用户之间进行交流。并简单地介绍了 E-R 模型涉及的主要概念，包括实体、属性、实体之间的联系等。下面首先对实体之间的联系做进一步介绍，然后讲解 E-R 图。

7 概念模型中的联系

1. 实体之间的联系

（1）两个实体之间的联系可以分为三类：一对一联系（1∶1）、一对多联系（1∶n）、多对多联系（m∶n）。

① 一对一联系（1∶1）。

若有实体集 A 和 B，对于实体集 A 中的每一个实体，实体集 B 中有 0 个或 1 个实体与之联系，反之亦然，则称实体集 A 与实体集 B 具有一对一的联系，记为 1∶1。

例如，在校园超市管理中，一个学生对应一个学生证，一个学生证也只与一个学生相对应，则学生与学生证之间是一对一的联系，如图 7-3 所示。

② 一对多联系（1∶n）。

若有实体集 A 和 B，对于实体集 A 中的每一个实体，实体集 B 中有 0 个或多个实体与之联系，反之，对于实体集 B 中的每一个实体，实体集 A 中有 0 个或 1 个实体与之联系，则称实体集 A 与实体集 B 具有一对多的联系，记为 1∶n。

例如，校园超市的商品类型，一个商品类型可以包含多种商品，但每一种商品只能属于一种商品类型，则商品类型与商品间的联系就为一对多的联系，如图 7-3 所示。

③ 多对多联系（m∶n）。

若有实体集 A 和 B，对于实体集 A 中的每一个实体，实体集 B 中有 0 个或多个实体与之联系，反之，对于实体集 B 中的每一个实体，实体集 A 中有 0 个或多个实体与之联系，则

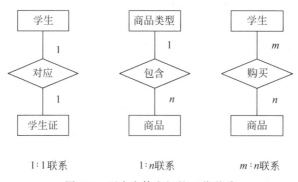

图 7-3　两个实体之间的三种联系

称实体集 A 与实体集 B 具有多对多的联系。

例如，一个学生可以购买多种商品，每种商品可以被多个学生购买，则学生和商品之间的联系就是多对多联系，如图 7-3 所示。

在实体之间的这三种联系中，一对一联系是一对多联系的特例，而一对多联系又是多对多联系的特例。

（2）两个以上的实体之间也存在一对一、一对多和多对多联系。

例如，在大学里，一个学生拥有唯一的身份证和学生证，则学生与身份证和学生证之间是一对一的联系，如图 7-4 所示。

又如，学校毕业生进行毕业设计时，一个教师可以指导多个毕业生，一个毕业生只有一位老师指导；同时一个教师指导的毕业设计题目也可以有多个，但每个题目只由一个老师来指导。教师、毕业生和毕业设计题目这三者之间是一对多的联系，如图 7-5 所示。

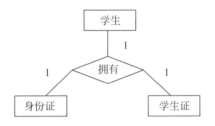

图 7-4　三个实体之间的一对一联系实例

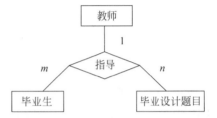

图 7-5　三个实体之间的一对多联系实例

再如，一个厂家可以生产多种零件组装成多种产品，每个产品可以使用多个厂家生产的零件，每种零件可以有不同的厂家生产，则在厂家、零件和产品之间是多对多的联系，如图 7-6 所示。

（3）单个实体内部也存在一对一、一对多和多对多联系。

例如，如图 7-7 所示，人这个实体中的"夫妻"关系在法律规定一夫一妻制的语义下即是实体内部的一对一联系；又如，员工实体内部之间有领导与被领导的一对多联系，即某一员工"领导"若干员工，而一个员工只被一个员工直接领导；课程之间的先修联系，由于一门课程可以有多门先修课，同时一门课程也可以作为多门课程的先修课，因此课程实体内部的"先修"联系即是多对多联系。

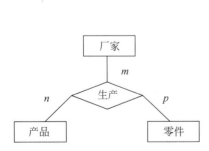

图 7-6　三个实体之间的多对多联系实例

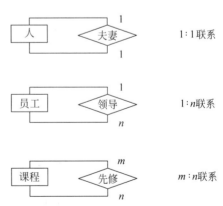

图 7-7　单个实体内部之间的三种联系

第 7 章

数据库设计

2. 用 E-R 图表示概念模型

使用 E-R 图工具来描述现实世界的概念模型,规则如下。

实体:用矩形表示,矩形框内写明实体名。

属性:用椭圆形表示,并用无向边将其与相应的实体连接起来。

联系:用菱形表示,菱形框内写明联系名,并用无向边分别与有关实体连接起来,同时在无向边旁标上联系的类型($1:1$、$1:n$ 或 $m:n$)。

注:联系本身也是一种实体,也可以有属性。如果一个联系具有属性,则这些属性也要用无向边与该联系连接起来。

例如,学生实体具有学号、姓名、出生年份、性别、学院、专业、微信号等属性,用 E-R 图表示如图 7-8 所示。

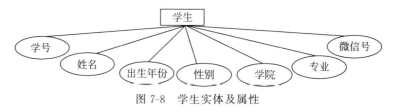

图 7-8　学生实体及属性

3. E-R 模型实例

【例 7-6】　用 E-R 图表示校园超市案例中学生、商品和商品类型之间的关系的概念模型。每个实体有如下属性。

学生:学号,姓名,出生年份,性别,学院,专业,微信号。

商品:商品编码,商品名,条形码,进价,售价,单位,备注。

商品类型:类型编码,类型名称。

这些实体之间有如下联系。

一个学生可以购买多种商品,每种商品可以被多个学生购买,则学生和商品之间的联系就是多对多联系。

一种商品类型可以包含多种商品,但每种商品只能属于一种商品类型。

通过分析,得到学生、商品和商品类型的概念模型如图 7-9 所示。

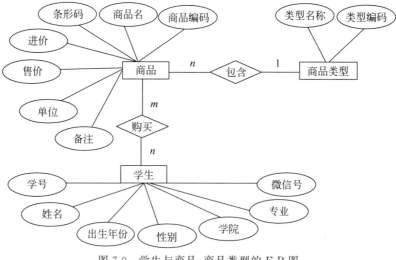

图 7-9　学生与商品、商品类型的 E-R 图

7.3.3 概念结构设计的方法与步骤

对一个单位的需求调研分析可能来自于不同的部门、不同的用户组,甚至是不同的应用需求,也就是说,一个数据库应用程序可能有一个或多个用户视图。用户视图是指从一个单独的工作角色(如经理或主管),或者从企业应用领域(如销售、人事或库存管理)的角度来定义数据库应用程序的需求。不同来源的需求分析之间的矛盾和不一致现象是不可避免的,因此用户视图之间可能是相互独立的,也可能存在重叠的部分。如何在多用户视图需求基础上设计出合理的概念模型? 一般有下列几种方法。

1. 自顶向下(top-down)方法

从全局出发,先设计出全局概念模型框架,然后在全局框架中进行逐步细化、具体化,如图 7-10 所示。

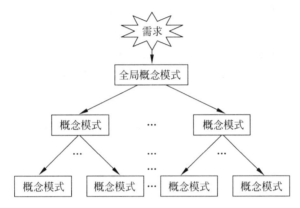

图 7-10 自顶向下的设计方法

2. 自底向上(bottom-up)方法

从局部应用出发,先设计出各局部应用的概念模型,然后再对局部应用的概念模型进行综合,形成全局概念模型,如图 7-11 所示。

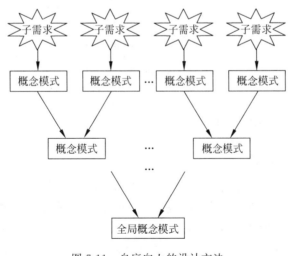

图 7-11 自底向上的设计方法

3. 逐步扩张(inside-out)方法

首先定义最基本、最核心的概念模型,逐步扩大至其相关的概念模型,以滚雪球的方式进行概念模型的扩张,最终形成全局的概念模型,如图 7-12 所示。

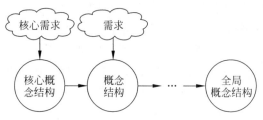

图 7-12　逐步扩张的设计方法

4. 混合策略方法

采用自顶向下和自底向上相结合的方法。用自顶向下策略设计一个全局概念结构的框架,以它为骨架集成由自底向上策略中设计的各局部概念结构。

无论采取哪一种概念模型设计方法,在实际应用中,最常用的策略是自底向上的方法,即采用自顶向下的方法进行需求分析,然后采用自底向上的方法进行概念模型设计,如图 7-13 所示。

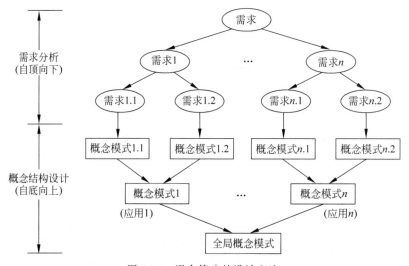

图 7-13　混合策略的设计方法

采用这种方法的概念模型设计一般可分三步来完成:进行数据抽象,设计局部视图;将局部视图综合成全局视图及全局概念模型;评审,如图 7-14 所示。

7.3.4　数据抽象与局部视图设计

7 数据抽象与局部视图设计

概念模型是对现实世界的一种抽象。一般来讲,抽象是对实际的人、物、事和概念的人为处理,它抽取人们关心的共同特性,忽略非本质的细节,并把这些特性用各种概念精确地加以描述。在设计概念模型时,常用的抽象方法有分类(Classification)、聚集(Aggregation)和概括(Generalization)。分类定义某一概念作为现实世界中一组对象的类型,这些对象具有某些共同的特性和行为,它抽象了对象值和型之间的"is member of"的语义。在 E-R 模

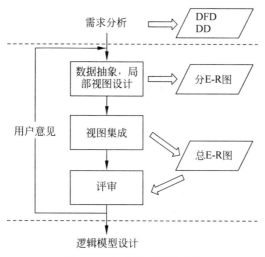

图 7-14　概念模型设计步骤

型中,实体就是这种抽象。聚集是将若干对象和它们之间的联系组合成一个新的对象,它抽象了对象内部类型和成分之间"is part of"的语义。在 E-R 模型中,若干属性的聚集组成了实体,就是这种抽象;概括将一组具有共同特性的对象合并成更高一层意义上的对象,它抽象了类型之间的"is subset of"的语义。例如,学生是一个实体,本科生、研究生也是实体,本科生、研究生均是学生的子集。我们把学生称为超类(Superclass),本科生、研究生称为学生的子集(Subclass)。

局部用户的信息需求是构造全局概念模型的基础,因此在设计概念模型时,首先要根据需求分析的结果从单个用户或某个局部应用需求出发,分别建立相应的局部概念模型,即分 E-R 图。具体做法如下。

1. 选择局部应用

需求分析阶段所产生的文档可以确定每个局部 E-R 图描述的范围。每个应用系统都可以分成几个子系统,每个子系统又可以进一步划分成更小的子系统。设计局部 E-R 图的第一步就是选择适当层次的子系统,这些子系统中的每一个都对应了一个局部应用。从这些子系统出发,设计各个局部 E-R 模型。

2. 逐一设计各局部应用的 E-R 图

选择好局部应用之后,接下来就该设计出每个局部应用的分 E-R 图。设计分 E-R 图需要确定实体类型、标识联系类型、标识属性并将属性与实体类型和联系类型相关联、确定属性域、确定实体的码、检查模型中的冗余并结合用户事务和用户一起审查局部概念数据模型。

在设计分 E-R 图时,大量的数据都可以从该局部应用相对应的数据流图和数据字典中进行抽取。在现实世界中,具体的应用环境常常对实体和属性做了大体的自然的划分,这种划分体现在数据字典的"数据结构""数据流"和"数据存储"中,它们已是若干属性有意义的聚合。在设计分 E-R 图时,为了简化数据库设计的结果,都遵循一个原则:现实世界中能作为属性对待的,尽量作为属性对待。但有时候标识一个特定的对象是实体还是属性并不是显而易见的,在这种情况下,决定一个对象是否作为属性对待,可以参考下面两条准则。

（1）作为"属性"，不能再具有需要描述的性质。即属性不能是另一些属性的聚集。

（2）属性不能与其他实体具有联系，即 E-R 图中的联系是实体之间的联系。

符合上述两条的"事物"一般作为属性来对待。能够作为属性的，尽量作为属性对待，目的在于简化 E-R 图的处置。

【例 7-7】　商品是一个实体，商品编码、商品名、商品类型、条形码、进价、售价、单位、备注是商品的属性。商品类型如果没有再需要描述的性质，则作为属性对待，如图 7-15 所示。商品类型如果还有类型编号、类型名称等属性描述，就只能作为实体来对待，并与商品实体之间存在联系，如图 7-16 所示。

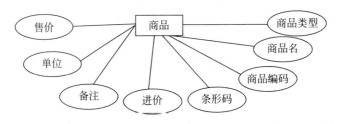

图 7-15　商品类型作为商品的属性

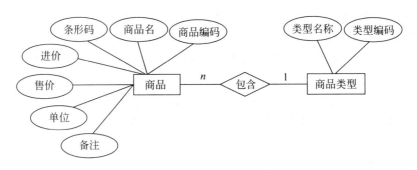

图 7-16　商品类型作为实体

下面来看一个设计分 E-R 图的例子。

【例 7-8】　对校园超市的库存管理和销售管理部分进行概念模型设计，其中，库存管理涉及仓库、仓库管理员、商品、商品类型、等信息，有以下语义约束。

（1）一个仓库可以由多个管理员来管理，一个仓库管理员只在一个仓库工作。

（2）一个仓库可以存放多种商品，每种商品只存放在一个仓库中，存放有存放的数量。

（3）商品在进行库存管理时，需要按类型来存放，一种商品类型可以包含多种商品，但每种商品只能属于一种商品类型。

销售管理涉及商品、学生等信息，有以下语义约束。

（1）一个学生可以购买多种商品，每种商品可以被多个学生购买，则学生和商品之间的联系就是多对多联系。

（2）学生在购买商品时只用考虑商品本身，而无须考虑商品类型。

根据上述约定，可以得到如图 7-17 所示的库存管理局部 E-R 图、如图 7-18 所示的销售管理局部 E-R 图。

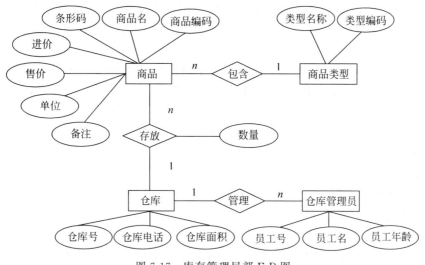

图 7-17　库存管理局部 E-R 图

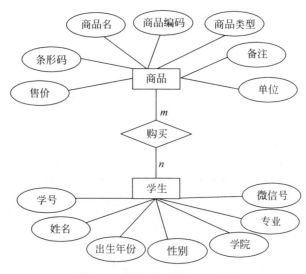

图 7-18　销售管理局部 E-R 图

7.3.5　视图集成

综合各分 E-R 图从而得到反映所有用户需求的全局概念模型的过程就是视图集成的过程。根据集成的过程不同,视图集成可分为一次集成方法和逐步集成的方法。一次集成法由于在集成时要同时考虑所有分 E-R 图,比较复杂,难度也比较大;而逐步集成法采用逐步叠加的方式进行视图集成,因此相对比较简单,也是目前使用较多的一种方法。无论采用哪一种方法,视图集成一般都分为两步走:第一步是合并,即将各分 E-R 图合并生成初步 E-R 图;第二步是修改和重构,即消除初步 E-R 图中不必要的冗余,生成基本 E-R 图。

1. 合并分 E-R 图,生成初步 E-R 图

由于各分 E-R 图是来自于不同的用户或应用需求,不同的应用通常又由不同的设计人员进行概念结构的设计,因此在视图集成过程中就会发现各分 E-R 图之间存在一些不一致

7 视图集成

201

第 7 章

数据库设计

定义甚至是矛盾的现象即冲突。各分 E-R 图之间的冲突主要有三类：属性冲突、命名冲突和结构冲突。

1) 属性冲突

(1) 属性域冲突，即属性值的类型、取值范围或取值集合不同。例如，商品编码在销售管理分 E-R 图设计中是以整型定义的，而在库存管理分 E-R 图中则以字符型定义。

(2) 属性取值单位冲突，比如同样是单价，有的以元为单位，有的以万元为单位。

属性冲突一般通过讨论协商手段加以解决。

2) 命名冲突

此类冲突在属性名、实体名、联系名之间均可发生。

(1) 同名异义，即不同意义的对象在不同的局部应用中具有相同的名字。例如，"单位"既可作为商品长度或重量的度量等属性，又可作为员工所在的部门。

(2) 异名同义(一义多名)，即同一意义的对象在不同的局部应用中具有不同的名字。例如，有的局部应用把学生叫作"学生"，有的局部应用则把学生看成"用户"，但实际上是同一实体，相应地，属性也应得到统一。

命名冲突通常通过讨论、协商等行政手段加以解决。

3) 结构冲突

(1) 同一对象在不同应用中具有的不同抽象。例如，商品类型，在库存管理应用中为实体，在销售管理应用中为属性。

解决方法：把属性变换为实体或把实体变换为属性，使同一对象具有相同的抽象。

(2) 同一实体在不同分 E-R 图中属性组成不同，包括属性个数、次序。例如，商品实体在库存管理中具有"售价"属性，而在销售管理中则没有。

解决方法：使该实体的属性取各分 E-R 图中属性的并集，再适当调整属性的次序。

(3) 实体之间的联系在不同分 E-R 图中呈现不同的类型。例如，在局部应用 A 中实体 E_1 和 E_2 是一对一联系，而在局部应用 B 中却是多对多联系。

解决方法：根据应用的语义对实体联系的类型进行综合或调整。

视图集成的目的不在于把若干分 E-R 图形式上合并为一个 E-R 图，而在于消除冲突使之成为能够被全系统中所有用户共同理解和接受的统一的概念模型。

2. 修改和重构，生成基本 E-R 图

由于初步 E-R 图来自于各分 E-R 图的简单合并，各分 E-R 图所对应的局部应用间有可能存在内容叠加的现象，因此在初步 E-R 图中会存在一些冗余的数据和实体间冗余的联系。所谓冗余数据是指可由基本数据导出的数据。冗余的联系是可由其他联系导出的联系。冗余的存在容易破坏数据库的完整性，给数据库维护增加困难，应当加以消除。消除了冗余的 E-R 图称为基本 E-R 图。

消除冗余的方法主要有分析法和规范化理论方法。当然在生成基本 E-R 图时并不是所有的冗余都必须消除，有时候适当地保留冗余能够提高数据库应用程序的效率。因此哪些冗余信息必须消除，哪些冗余信息可以保留，还应根据用户的具体应用需求加以确定。

【例 7-9】 将例 7-8 设计的分 E-R 图生成全局基本 E-R 图。

在集成例 7-8 设计的销售管理分 E-R 图和库存管理分 E-R 图时发现，在销售管理中，商品类型是作为属性，而在库存管理中是实体，出现了结构冲突的第一种情况。分析后可知,商品类型具有再需要描述的性质,因此合并后商品类型作为实体。此外,商品实体在销售管理中没有"进价"属性,而在库存管理中具有"进价"属性,出现了结构冲突的第二种情况,合并时对两个分 E-R 图商品的属性求并集。经过解决冲突以及消除冗余后得到的全局基本 E-R 图如图 7-19 所示。

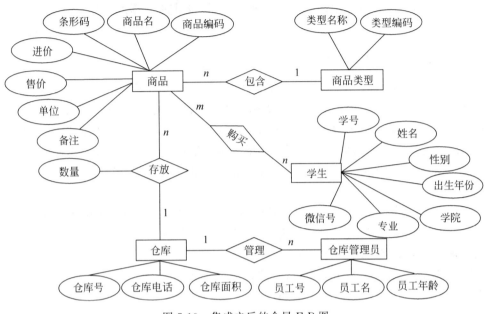

图 7-19 集成之后的全局 E-R 图

7.3.6 评审

消除了所有冲突和冗余信息后,还应该把全局概念模型提交评审。评审分为用户评审与 DBA 及应用开发人员评审两部分。用户评审是让用户确认全局概念模型是否准确完整地反映了用户的信息需求和现实世界事物的属性间的固有联系;DBA 及应用开发人员评审则侧重于确认全局概念模型是否完整,各种划分是否合理,是否存在不一致,以及各种文档是否齐全等。

7.4 逻辑结构设计

概念设计的结果是得到一个与 DBMS 无关的概念模型,概念模型设计阶段的主要用途有以下两个。

(1) 让数据库设计人员不要过早地介入设计中的一些细节问题,而应把全部精力投入到数据库的全局结构和宏观规划中。

(2) 概念模型通俗易懂,便于设计人员和用户之间的充分交流。

逻辑结构设计的任务就是把概念模型转换为基于特定数据模型(选用的 DBMS 所支持的数据模型)但独立于特定 DBMS 和其他物理条件的企业信息模型的过程。这些模型在功能上、完整性和一致性约束及数据库的可扩充性等方面均应满足用户的各种需求。现行的 DBMS 一般只支持关系、网状或层次三种模型中的某一种,逻辑设计主要把概念模型转换成 DBMS 能处理的逻辑模型。因此逻辑模型设计过程分为以下三步进行。

(1) 把概念模型向一般的关系、网状、层次模型转换。

(2) 对数据模型进行优化。

(3) 设计用户子模式。

由于关系模型是目前使用最广泛的数据模型,新设计的数据库应用系统都普遍采用支持关系数据模型的 RDBMS,所以下文只讨论概念模型向关系数据模型转换的原则与方法。

7.4.1 概念模型向关系模型的转换

关系模型的逻辑结构是一组关系模式的集合。而 E-R 图则是由实体、实体的属性和实体之间的联系三个要素组成的。所以将 E-R 图转换为关系模型实际上就是要将概念设计中所得到的 E-R 图的实体和实体间的联系转换成等价的关系模式。E-R 图中实体和联系都可以转换成关系,实体的属性转换成关系的属性。这种转换一般遵循如下原则。

(1) 一个实体转换成一个关系模式,实体的属性就是关系的属性,实体的码就是关系的码。

例如,图 7-19 中的每个实体都可以转换为如下关系模式,关系的码用下画线标注。

商品(<u>商品编码</u>,商品名,条形码,进价,售价,单位,备注)

商品类型(<u>类型编码</u>,类型名称)

学生(<u>学号</u>,姓名,性别,出生年月,学院,专业,微信号)

仓库(<u>仓库号</u>,仓库电话,仓库面积)

仓库管理员(<u>员工号</u>,员工名,员工年龄)

对于实体间的联系有以下不同的情况。

(2) 一个 1∶1 联系可以转换成一个独立的关系模式,也可以与任意一端对应的关系模式合并。如果转换成一个独立的关系模式,则与该联系相连的各实体的码以及联系本身的属性均转换为关系的属性,每个实体的码均是该关系的候选码。如果与某一段实体的关系合并,则需要在该关系模式的属性中加入另一个关系模式的码和联系本身的属性。

【例 7-10】 现有员工实体有员工号、员工姓名、员工性别、工资等属性,其中,员工号是员工实体的码;工资账户实体有开户行、账号、银行地址、电话等属性,其中,账号是工资账户的码;员工实体与工资账户实体之间是一对一联系,如图 7-20 所示。

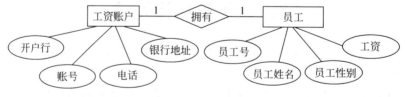

图 7-20 员工与工资账户 E-R 图

① 将该 1∶1 联系转换成独立的关系模式如下。

拥有(<u>员工号</u>,账号)或者拥有(员工号,<u>账号</u>)

② 将该 1∶1 联系合并到员工端结果如下。

员工(<u>员工号</u>,员工姓名,员工性别,工资,账号)

工资账户(开户行,<u>账号</u>,电话,银行地址)

7 概念模型向关系模型的转换-实体

7 概念模型向关系模型的转换-联系

7 概念模型向关系模型的转换-其他

204

③ 将该 1∶1 联系合并到工资账户端结果如下。

员工(员工号,员工姓名,员工性别,工资)

工资账户(开户行,账号,电话,银行地址,员工号)

(3) 一个 1∶n 联系可以转换为一个独立的关系模式,也可以与 n 端对应的关系模式合并。如果转换为一个独立的关系模式,则与该联系相连的各实体的码以及联系本身的属性均转换为关系的属性,而关系的码为 n 端实体的码。

例如,图 7-19 中商品和仓库之间的一对多联系如果转换为独立的关系模式,结果如下。

存放(商品编码,仓库号,数量)

如果与 n 端的关系模式合并,则结果如下。

商品(商品编码,商品名,条形码,进价,售价,单位,备注,数量,仓库号)

仓库(仓库号,仓库电话,仓库面积)

(4) 一个 m∶n 联系转换为一个独立的关系模式,与该联系相连的各实体的码以及联系本身的属性均转换为关系的属性,各实体的码共同组成该关系模式的码。

例如,图 7-19 中学生与商品之间的多对多联系转换之后得到独立的关系模式,结果如下。

购买(商品编码,学号)

(5) 三个或三个以上的实体间的一个多元联系可以转换为一个关系模式,与该多元联系相连的各实体的码以及联系本身的属性均转换为关系的属性,关系的码为诸实体码的组合。

例如,图 7-6 中厂家、产品、零件三者之间的多对多联系转换为一个独立的关系模式,结果如下。

生产(厂家号,产品号,零件号)

(6) 具有相同码的关系模式可以合并。

按照上述原则,图 7-19 中的实体和联系可转换为下列关系模式,其中,下画线表示属性是该关系模式的码。

商品(商品编码,商品名,条形码,进价,售价,单位,备注,数量,类型编码,仓库号)

商品类型(类型编码,类型名称)

学生(学号,姓名,性别,出生年月,学院,专业,微信号)

仓库(仓库号,仓库电话,仓库面积)

仓库管理员(员工号,员工名,员工年龄,仓库号)

购买(商品编码,学号)

7.4.2 关系模型的优化

从 E-R 图转换而来的关系模式还只是逻辑模式的初步形式,而且数据库逻辑设计结果也不是唯一的。为进一步提高数据库应用系统的性能以及更方便数据的一致性处理,还应该根据实际应用的具体需求对逻辑模式进行适当的修改、调整数据模型的结构,即对逻辑数据模型进行优化处理。关系模型的优化即是对所得到的关系模式进行规范化处理,其一般步骤如下。

(1) 确定数据依赖。按需求分析阶段所得到的语义,分别写出每个关系模式内部各属性间的数据依赖以及不同关系模式属性之间的数据依赖。

（2）对于各个关系模式之间的数据依赖进行极小化处理，消除冗余的联系。

（3）按照数据依赖的理论对关系模式逐一进行分析，考查是否存在部分函数依赖、传递函数依赖、多值依赖等，确定各关系模式分别属于第几范式。

（4）按照需求分析阶段得到的各种应用对数据处理的要求，分析对于这样的应用环境这些模式是否合适，确定是否要对它们进行合并或分解。但需要注意，并不是规范化程度越高的关系就越优，需要同时考虑时间效率，需要权衡响应时间和潜在问题两者的利弊。

（5）对关系模式进行必要的合并和分解。

① 对于多个关系模式具有相同的主码，并且对这些关系模式的处理主要是多关系的查询操作，则可对这些关系模式按照组合使用频率进行合并。

② 关系模式的分解可分为水平分解和垂直分解。

水平分解是把关系模式按分类查询的条件分解成几个关系模式，这样可以减少应用系统每次查询需要访问的记录次数，从而提高查询效率。

垂直分解是把关系模式中经常在一起使用的属性分解出来，形成一个子关系模式。

7.4.3 用户子模式设计

根据用户需求设计了局部应用视图，并将局部应用视图进行集成后形成了数据库应用系统的概念模型，用 E-R 图表示。在将概念模型转换为逻辑模型后，即生成了整个应用系统的模式后，还应该根据局部应用需求，结合具体 DBMS 的特点，设计用户的外模式。外模式的设计也是逻辑设计的一部分。

目前，关系数据库管理系统一般都提供了视图概念，支持用户的虚拟视图。可以利用这一功能设计更符合局部用户需要的用户外模式。

定义数据库模式主要是从系统的时间效率、空间效率、易维护等角度出发。由于用户外模式与模式是独立的，因此在定义用户外模式时应该更注重考虑用户的习惯与方便。具体包括以下几个方面。

（1）使用更符合用户习惯的别名。用视图机制可以在设计用户视图时重新定义某些属性名，使其与用户习惯一致，以方便使用。

（2）针对不同级别的用户定义不同的外模式，以满足系统对安全性的要求。例如，对于关系模式商品（商品编码，商品名，条形码，进价，售价，单位，备注，数量，类型编码，仓库号），对于顾客不允许查询商品的进价、仓库号、类型、备注等属性，则可以创建一个视图商品1（商品编码，商品名，条形码，售价，单位，数量）。通过该视图，可以防止顾客访问本不允许访问的数据，保证了系统的安全性。

（3）简化用户对系统的使用。如果某些局部应用中经常要使用某些复杂的查询，为了方便用户，可以将这些复杂查询定义为视图，用户每次只对定义好的视图进行查询，大大简化了用户的使用。

7.5 物理结构设计

从前面章节可以看到，逻辑结构设计阶段完全独立于数据库的实现细节，如目标 DBMS 的特定功能和应用程序，但依赖于目标数据模型。在完成了逻辑结构设计之后，数据库设计人员必须明确怎样将数据库的逻辑设计转换为可以使用目标 DBMS 实现的物理数据库设计。如果说逻辑数据库设计关注于"是什么",那么物理数据库设计则关注于"怎么做",数据库物理设计者必须知道计算机系统怎样处理 DBMS 操作,并需要对目标 DBMS 的功能有充分的了解。所以数据库的物理结构设计就是对于一个给定的逻辑数据模型选取一个最适合应用环境的物理结构的过程,包括存储结构、存取方法以及为实现数据高效访问而建立的索引和任何完整性约束、安全策略等。数据库的物理设计通常分为以下三步。

(1) 确定数据库的物理结构,在关系数据库中主要指存取方法和存储结构。

(2) 对物理结构进行评价,评价的重点是时间和空间效率。

(3) 撰写物理设计说明书和相关文档。

7.5.1 确定数据库的物理结构

数据库的物理结构主要是指数据库的存储记录格式、存储记录安排和存取方法。而物理结构设计就是要对于给定的基本数据模型选取一个最合适的应用环境的物理结构的过程,完全依赖于给定的硬件环境和数据库产品。数据库物理结构设计的主要目的之一就是高效地存取数据。度量数据库存储效率的常用参数有事务吞吐量、响应时间和磁盘存储空间等。并且各参数之间是互相影响、互相制约的,如数据存储量的增加会导致响应时间的增加或事务吞吐量的减小,所以数据库设计者必须在多个影响因素之间取得平衡。物理结构设计的主要内容包括存储记录的结构设计、确定数据的存放位置、存取方法的设计、确定系统配置等。当然,不同的 DBMS 所能提供的对数据进行物理安排的手段、方法差异很大,因此设计人员必须仔细了解 DBMS 在这方面提供了什么方法,再针对具体的应用需求,对数据进行合理的安排。

1. 存储记录的结构设计

包括记录的组成、数据项的类型、长度以及逻辑记录到存储记录的映射;并且对数据项类型特征做分析,对存储记录进行格式化,决定如何进行数据压缩或代码化。确定存储记录的结构要综合考虑存取时间、存取空间和维护代价等各方面的综合因素,有时候适当的冗余能够有效提高数据查询效率,这种情况下就可以牺牲一定的磁盘空间来换取更快的查询。

2. 确定数据的存放位置

根据其属性和使用频率的不同,可将数据分为易变部分、稳定部分、存取频率高的部分和存取频率低的部分。为了提高数据库系统的性能,有必要将不同类型的数据分开存放,指定不同的存放位置。如数据库备份文件、日志文件备份等,由于只在故障恢复时使用,而且数据量很大,可以考虑放在磁带上;如果条件允许,可以将表和索引分别存放在不同的磁盘,以提高数据的查询性能。

3. 存取方法的设计

物理结构设计中最重要的一个考虑,是把存储记录在全范围内进行统一物理安排。数据库系统是多用户共享的系统,对同一个关系要建立多条存取路径才能满足多用户的多种应用要求。物理结构设计的任务之一就是要确定选择哪些存取方法,即建立哪些存取路径。数据库常用的存取方法有三类:索引方法、聚簇(Cluster)方法和 Hash 方法。

1) 索引存取方法的选择

索引是一种可以使 DBMS 更快地检索到文件记录,从而提高用户查询响应速度的数据结构。数据库中的索引类似于书后索引,作为与文件关联的辅助结构,检索信息时使用,通过使用索引,可以避免每次寻找信息时都顺序检索整个文件,从而提高数据库的查询效率。

所谓选择索引存取方法实际上就是根据应用要求确定对关系的哪些属性建立索引、哪些属性列建立组合索引、哪些索引要设计为唯一索引等。一般情况下,对于在查询条件和连接条件中经常出现的属性以及经常作为聚合函数的参数的属性,有必要为其建立索引。

索引对使用 DBMS 并不是必需的,但它对性能有十分重要的影响。当然关系上定义的索引数并不是越多越好,系统为维护索引要付出代价,查询索引也要付出代价。例如,若一个关系的更新频率很高,这个关系上定义的索引数不能太多。因为更新一个关系时,必须对这个关系上有关的索引做相应修改。

2) 聚簇存取方法的选择

所谓聚簇就是把有关的元组集中在一个物理块内或物理上相邻的区域,以提高对某些数据的访问速度。

在聚簇存取方法中,由于将不同类型的相关联的记录分配到相同的物理区域中去,可以充分利用物理顺序性的优点,从而提高访问速度,即把经常在一起使用的记录聚簇在一起,以减少物理 I/O 次数。所以聚簇功能可以大大提高按聚簇码进行查询的效率。例如,要查询日化用品类的所有商品,设日化用品有 500 种商品,在极端情况下,这 500 种商品所对应的数据元组分布在 500 个不同的物理块上。尽管对商品关系已按所属类型建有索引,由索引很快找到了日化用品类商品的元组标识,避免了全表扫描,然而再由元组标识去访问数据块时就要存取 500 个物理块,执行 500 次 I/O 操作。如果将同一类型的商品元组集中存放,则每读一个物理块可得到多个满足查询条件的元组,从而显著地减少了访问磁盘的次数。一般在满足下列条件时,才考虑建立聚簇。

(1) 当应用中主要是通过聚簇键进行访问或连接时。

(2) 对应每个聚簇键值平均元组数适当的情况。如果太少,簇集的效益不明显,甚至浪费空间;如果太多,需采用多个连接块,同样不利于提高性能。

(3) 聚簇键值应相对稳定,以减少修改簇集键所引起的维护开销。

注意:聚簇只能提高某些应用的性能,而且建立与维护聚簇的开销是相当大的。对已有关系建立聚簇,将导致关系中元组移动其物理存储位置,并使此关系上原有的索引无效,必须重建。当一个元组的聚簇码值改变时,该元组的存储位置也要做相应移动,聚簇码值要相对稳定,以减少修改聚簇码值所引起的维护开销。

3) Hash 存取方法的选择

有些数据库管理系统提供了 Hash 存取方法。Hash 存取方法是使用散列函数根据记录的一个或多个字段的值来计算存放记录的页地址。可以按以下规则来考虑是否选择 Hash 存取方法。

如果一个关系的属性主要出现在等值连接条件中或主要出现在相等比较选择条件中,而且满足下列两个条件之一,则此关系可以选择 Hash 存取方法。

(1) 如果一个关系的大小可预知,而且不变。

(2) 如果关系的大小动态改变,而且数据库管理系统提供了动态 Hash 存取方法。

4. 确定系统配置

DBMS产品一般都提供了一些系统配置变量、存储分配参数,供设计人员和DBA对数据库进行物理优化。初始情况下,系统都为这些变量赋予了合理的默认值。但是这些值不一定适合每一种应用环境,在进行物理设计时,需要重新对这些变量赋值,以改善系统的性能。

系统配置变量很多,例如,同时使用数据库的用户数、同时打开的数据库对象数、内存分配参数、缓冲区分配参数(使用的缓冲区长度、个数)、存储分配参数、物理块的大小、物理块装填因子、时间片大小、数据库的大小、锁的数目等。这些参数值影响存取时间和存储空间的分配,在物理结构设计时就要根据应用环境确定这些参数值,以使系统性能最佳。

在物理结构设计时对系统配置变量的调整只是初步的,在系统运行时还要根据系统实际运行情况做进一步的调整,以期切实改进系统性能。

7.5.2 评价物理结构

数据库物理设计过程中需要对时间效率、空间效率、维护代价和各种用户要求进行权衡,其结果可以产生多种方案,数据库设计人员必须对这些方案进行细致的评价,从中选择一个较优的方案作为数据库的物理结构。对物理设计者来说,主要应考虑以下一些开销。

(1) 查询和响应时间。

响应时间定义为从查询开始到查询结果开始显示之间所经历的时间,包括CPU服务时间、CPU队列等待时间、I/O队列等待时间、封锁延迟时间和通信延迟时间。

一个好的应用程序设计可以减少CPU服务时间和I/O服务时间,例如,如果有效地使用数据压缩技术,选择好访问路径和合理安排记录的存储等,都可以减少服务时间。

(2) 更新事务的开销:主要包括修改索引,重写物理块或文件,写校验等方面的开销。

(3) 报告生成的开销:主要包括检索,重组,排序和结果显示方面的开销。

(4) 主存储空间开销:包括程序和数据所占有的空间的开销。一般对数据库设计者来说,可以对缓冲区分配(包括缓冲区个数和大小)做适当的调整,以减少空间开销。

(5) 辅助存储空间:分为数据块和索引块两种空间。设计者可以控制索引块的大小、装载因子、指针选择项和数据冗余度等。

评价物理数据库的方法完全依赖于所选用的DBMS,主要是从定量估算各种方案的存储空间、存取时间和维护代价入手,对估算结果进行权衡、比较,选择出一个较优的合理的物理结构。如果该结构不符合用户需求,则需要修改设计。

7.5.3 撰写物理设计说明书和相关文档

物理设计的结果是物理设计说明书,其内容包括存储记录格式,存储记录位置分布及访问方法,能满足的操作需求,并给出对硬件和软件系统的约束。在设计过程中,效率问题的考虑只能在各种约束得到满足且确定方案可进行之后进行。

目前,随着DBMS功能和性能的提高,特别是在关系型DBMS中,物理结构设计的大部分功能和性能可由RDBMS来承担,所以选择一个合适的DBMS能使数据库物理结构设计变得十分简单。

7.6 数据库的实施

在完成了数据库的物理结构设计并对数据库的物理结构设计进行初步评价后,就可以根据前面的物理设计说明书开始着手建立数据库和组织数据入库了,即数据库的实施阶段。数据库的实施主要包括以下几个方面。

1. 定义数据库结构

使用所选用的 DBMS 提供的数据定义语言来严格描述数据库的结构,或者直接采用 CASE 工具根据需求分析和设计阶段的成果直接生成数据库结构,既可以直接创建数据库,也可以先生成 SQL 脚本,再用生成的 SQL 脚本创建数据库。

2. 组织数据入库

一般数据库系统中,数据量都很大,而且数据来源于部门中的各个不同的单位,数据的组织方式、结构和格式都与新设计的数据库系统有相当的差距,组织数据录入就要将各类源数据从各个局部应用中抽取出来,输入计算机,再分类转换,最后综合成符合新设计的数据库结构的形式,输入数据库。因此这样的数据转换、组织入库的工作是相当费力费时的工作。

如果存在老系统,要入库的数据在原来的系统中的格式可能与新系统中不完全一样,有的差别可能还比较大,不仅向计算机内输入数据时发生错误,转换过程中也有可能出错。因此在源数据入库之前要采用多种方法对它们进行检验,以防止不正确的数据入库,这部分的工作在整个数据输入子系统中是非常重要的。

3. 应用程序的调试

数据库应用程序的设计应该与数据库设计同时进行,因此在组织数据入库的同时还要调试应用程序。有关应用程序的设计、编码和调试的方法及步骤请参考相关课程。

4. 数据库试运行

加载了一定的数据,并调试好应用程序之后,就可以开始数据库的试运行。数据库的试运行阶段还要进行联合调试,在试运行阶段主要工作如下。

1) 测试系统的功能需求

实际运行数据库应用程序,执行对数据库的各种操作,测试应用程序的功能是否满足设计要求。如果不满足,对应用程序部分则要修改、调整,直到达到设计要求为止。

2) 测试系统的性能需求

测试系统的性能指标,分析其是否达到设计目标。在对数据库的物理设计阶段评价数据库的物理性能时已经确定了一些系统的物理参数值,但设计时的考虑只是近似的估计,和实际系统运行总有一定的差距,因此必须在试运行阶段实际测量和评价系统性能指标。如果测试的结果与设计目标不符,则要返回物理结构设计阶段,重新调整物理结构,修改系统参数,某些情况下甚至要返回逻辑结构设计阶段,修改逻辑结构。

重新设计物理结构甚至逻辑结构会导致重新组织数据入库。因此在组织数据入库时最好分期分批进行,先输入小批量数据做调试用,待试运行基本合格后,再大批量输入数据,逐步增加数据量,逐步完成运行评价。值得注意的是,在数据库试运行阶段,由于系统还不稳定,硬、软件故障随时都可能发生。而系统的操作人员对新系统还不熟悉,误操作也不可避免,因此应首先调试运行 DBMS 的恢复功能,做好数据库的转储和恢复工作。一旦故障发生,能使数据库尽快恢复,尽量减少对数据库的破坏。

7.7 数据库的运行和维护

数据库经过试运行后,如果符合设计目标,就可以投入正式运行了。这就标志着数据库设计和应用开发工作的结束和运行维护阶段的开始。本阶段的主要工作如下。

1. 数据库的转储与恢复

数据库的转储和恢复是数据库系统正式运行后最重要的维护工作之一。数据库管理员要针对不同的应用需求制定不同的转储计划,以保证一旦发生故障能尽快将数据库恢复到某种一致性状态,并尽可能减少对数据库的破坏。

2. 维护数据库的安全性和完整性

在数据库系统运行过程中,要针对应用环境的变化,及时调整安全策略;同样,数据库的完整性约束条件也会变化,也需要数据库管理员不断修正,以满足用户要求。

3. 检测并改善数据库性能

在数据库系统运行过程中,监督系统运行,分析数据库存储空间和响应时间,不断改进系统性能。

4. 数据库的重组织和重构造

数据库运行一段时间后,由于记录的不断增、删、改,会使数据库的物理存储变坏,从而降低数据库存储空间的利用率和数据的存取效率,使数据库的性能下降。这时需要数据库管理员对数据库进行重组织或部分重组织,以提高系统性能。

数据库应用环境也有可能发生变化,这将会导致实体及实体间的联系也发生相应的变化,使原有的数据库设计不能很好地满足新的需求增加新的功能,这时就需要对现有功能按用户需要进行修改或扩充,即进行数据库的重构造。

当然,如果应用变化太大,重构也无济于事,说明此数据库应用系统的生命周期已经结束,应该设计新的数据库应用系统了。

小　　结

设计一个数据库应用系统需要经历需求分析、概念结构设计、逻辑结构设计、物理结构设计、数据库的实施、数据库运行和维护六个阶段,设计过程中往往还会有许多反复。

数据库的各级模式正是在这样一个设计过程中逐步形成的。需求分析阶段综合各个用户的应用需求(现实世界的需求),在概念结构设计阶段形成独立于机器特点、独立于各个 DBMS 产品的概念模式(信息世界模型),用 E-R 图来描述。在逻辑设计阶段将 E-R 图转换成具体的数据库产品支持的数据模型如关系模型,形成数据库逻辑模式。然后根据用户处理的要求,安全性的考虑,在基本表的基础上再建立必要的视图(View)形成数据的外模式。在物理设计阶段根据 DBMS 特点和处理的需要,进行物理存储安排,设计索引,形成数据库内模式。

为加快数据库设计速度,目前很多 DBMS 都提供了一些辅助工具(CASE 工具),设计人员可根据需要选用。例如,需求分析完成之后,设计人员可以使用 PowerDesigner 对业务处理进行建模,设计概念模型,将概念模型转换为关系数据模型,最终生成物理数据库。但是利用 CASE 工具生成的仅仅是数据库应用系统的一个雏形,比较粗糙,数据库设计人员需要根据用户的应用需求进一步修改该雏形,使之成为一个完善的系统。

习　　题

一、单项选择题

1. 数据字典中,描述数据结构停留和存储位置的是(　　)。
　　A. 数据项　　　　　　　　　　B. 数据存储
　　C. 数据流　　　　　　　　　　D. 处理过程

2. 反映了数据之间的组合关系的是(　　)。
　　A. 数据项　　　B. 数据结构　　　C. 数据流　　　D. 数据存储

3. 在学校里,教师和学生两个实体之间的联系是(　　)。
　　A. 一对一　　　B. 一对多　　　C. 多对多　　　D. 多对一

4. 首先定义局部应用的概念结构,然后将它们集成起来,这是概念结构设计的(　　)方法。
　　A. 自顶向下　　　　　　　　　　B. 自底向上
　　C. 逐步扩张　　　　　　　　　　D. 混合策略

5. 概念设计中,首先定义最重要的核心概念结构,然后向外扩充,直至总体概念结构的方法是属于(　　)的方法。
　　A. 混合策略　　　　　　　　　　B. 逐步扩张
　　C. 自顶向下　　　　　　　　　　D. 自底向上

6. 在合并分 E-R 图中,实体间的联系在不同的分 E-R 图中为不同的类型,这属于(　　)。
　　A. 属性冲突　　　　　　　　　　B. 联系冲突
　　C. 命名冲突　　　　　　　　　　D. 结构冲突

7. 有的部门把零件号定义为整数,有的部门把它定义为字符型,这属于(　　)。
　　A. 同名异义　　　　　　　　　　B. 异名同义
　　C. 属性值单位冲突　　　　　　　D. 属性域冲突

8. 以下冲突中,属于属性冲突的是(　　)。
　　A. 零件重量有的以千克为单位,有的以斤为单位
　　B. 科研处把项目称为课题,生产管理处把项目称为工程
　　C. 职工在某一局部应用中被当作实体,而在另一局部应用中被当作属性
　　D. 实体间联系在不同分 E-R 图中为不同类型

9. 下面有关 E-R 模型向关系模型转换的叙述中,不正确的是(　　)。
　　A. 一个实体转换为一个关系模式
　　B. 一个 1：1 联系可以转换为一个独立的关系模式,也可以与联系的任意一端实体所对应的关系模式合并

C. 一个 1∶n 联系可以转换为一个独立的关系模式,也可以与联系的任意一端实体
所对应的关系模式合并

D. 一个 m∶n 联系转换为一个关系模式

10. 下列说法中正确的是(　　)。

A. 聚簇索引可以加快查询速度,因此在进行数据库物理设计时,要尽量多建聚簇
索引

B. 如果一个属性经常在查询条件中出现,则考虑这个属性上建立索引

C. 聚簇索引可以建立多个

D. 索引技术主要解决数据量大的问题

二、简答题

1. 试述数据库设计的基本步骤。

2. 简述数据库设计的特点。

3. 需求分析阶段的任务和目标是什么? 如何调查客户需求?

4. 什么是数据字典? 数据字典包含哪几个部分?

5. 什么是数据库的概念结构? 简述其设计策略。

6. 简述数据库概念结构设计的重要性及其步骤。

7. 什么是数据库的逻辑结构设计? 简述其设计步骤。

8. 试述将 E-R 模型转换成关系模型的一般规则。

9. 简述数据库物理设计的内容和步骤。

10. 数据库实施阶段的内容包含哪几方面?

11. 数据库的运行维护主要包含哪些工作?

三、综合题

1. 某公司的药品销售中,一个审核员可以审核多张订单,一张订单只能由一个审核员
审;一张订单包含多个订单条目,也可以订购多种药品;每个订单条目可以包含于多个订
单中;每种药品可以由多张订单订购,订购包括订购时间和订购数量。用 E-R 图画出此概
念模型。

2. 设某汽车运输公司数据库中有三个实体集。

一是"车队"实体集,属性有车队号、车队名等。

二是"车辆"实体集,属性有牌照号、厂家、出厂日期等。

三是"司机"实体集,属性有司机编号、姓名、电话等。

其中,车队与司机之间存在"聘用"联系,每个车队可聘用若干司机,但每个司机只能应
聘于一个车队,车队聘用司机有"聘用开始时间"和"聘期"两个属性。

车队与车辆之间存在"拥有"联系,每个车队可拥有若干车辆,但每辆车只能属于一个
车队。

司机与车辆之间存在着"使用"联系,司机使用车辆有"使用日期"和"千米数"两个属性,
每个司机可使用多辆汽车,每辆汽车可被多个司机使用。

(1) 画出相应的 E-R 图。

(2) 将该 E-R 图转换成关系模型,并注明每个关系的主码、外码。

3. 现有某企业销售部门签订的销售合同如表 7-1 所示及部分样本数据。

表 7-1 销售合同表

合同号 CNO	产品号 PNO	产品名 PNAME	单价 PRICE	数量 OTY	供货日期 DATE	购买单位 DNAME
C1	P1	BOLT	0.30	1500	2013.12	NA1
	P2	NUT	0.80	500		
C2	P1	BOLT	0.30	800	2013.03	NA2
	P3	CAM	25	350		
	P5	GEAR	31	175		
C3	P4	AMM	20	2000	2013.04	NA3
C4	P3	CAM	25	500	2013.08	NA1

根据以上信息，完成以下问题。

(1) 用 E-R 图表示该问题的概念模型。

(2) 请将 E-R 图转换为关系模式，并标明每个关系模式的主码和外码。

4. 某课程管理系统涉及如下实体：学生实体，包含学号、姓名、性别、年龄；课程实体，包含课程号、课程名、学分；教师实体，包含教师号、教师名、职称。

有如下语义：一个学生可以选修多门课程，每门课程可由多个学生选修，选修会获得一个成绩；学生选修每门课都有对应教师指导；一个教师可以讲授多门课程，每门课程可由多个教师讲授。

根据以上描述完成以下题目。

(1) 分别设计学生选课和教师授课的两个分 E-R 图。

(2) 根据概念结构设计方法，将以上分 E-R 图集成为总 E-R 图。

(3) 将此总 E-R 图转换为关系模式，并标明每个关系模式的主码和外码。

第8章 数据库设计案例——校园超市管理

8.1 背景分析

超市是现在最为常见的一种实体零售业态,与其他实体类零售业态相比,超市的销售额增速仅次于购物中心,比百货店、专业店要高出许多。超市进入校园也已经是很久之前的事了,作为高校里面学生和老师获取基本生活物品的重要来源,同时也是现在人们生活中商品的主要来源之一。校园超市作为校园环境内重要的商品交易场所,也同时为学生和老师提供诸多的方便,但是校园学生的活动存在一定的规律性,比如下课期间人多,上课期间超市相对光顾的人少,如何提高超市的线下支付效率,是目前很多小型超市面临的问题。通过对超市系统的信息化升级,可以在一定程度上提高超市商品的管理效率,以及提高商品交易时的支付效率。

21世纪,超市的竞争也进入了一个全新的阶段,竞争已不再是规模的竞争,而是技术的竞争、管理的竞争、人才的竞争。技术的提升和管理的升级是连锁超市业的竞争核心。零售领域目前呈多元发展趋势,多种业态,如超市、仓储店、便利店、特许加盟店、专卖店、货仓等并存。如何在激烈的竞争中扩大销售额、降低经营成本、扩大经营规模,成为超市努力追求的目标。

随着社会经济的发展,大学校园设施和建设不断完善,校园用户的生活需求增长,校园超市如今随处可见且业绩蒸蒸日上。目前,一个大学校区内往往有多个超市。这些超市都本着"情系教育,服务师生"的经营理念,以校园后勤服务为依托,以确保师生身心健康为前提,以现代商业管理现代化为手段,实行现代超市管理模式经营。为何如今校园超市发展速度如此之快?期间到底有哪些有利因素和不利因素?接下来将从SWOT角度分析校园超市的发展。SWOT分析是目前战略管理与规划领域中广泛使用的分析工具,其中的S指的是优势(Strength),W指的是弱点(Weakness),O指的是机会或者机遇(Opportunity),T指的是威胁(Threats)。通过分析,作者给出有关校园超市内外环境、问题的有效信息,清晰地展示出现有情况下校园超市的优势与不足,并激励组织调动其优势,从而最大限度地利用机会,规避风险。

1. 优势

1) 良好的地理环境

校园超市地处学校内部,客源充足,客流量稳定。校园超市一般地理位置优越,位于每天学生来往学校食堂的必经之路,如此,学生会顺便在超市买东西。或者超市会分布在女生宿舍和男生宿舍楼下,这是学生每天回宿舍的必经之路。按几千名学生进进出出的人次来算,数量是相当惊人的,其利润也是相当惊人的。

216

2）美观整洁的内部环境

"佛要金装，人要衣装"。一个人衣着整齐会看起来精神饱满，令人赏心悦目。平时我们去学校超市买东西，会发现学校超市的内部环境、整体布局还是比较美观整齐的，货架上的货物摆放整齐、有条不紊，具有一定的规律性。区域划分明确，分类清楚，进入超市就算没有导购员的指导，依然能很快找到所需的商品。此外，超市内部墙壁的装潢也很别致，以黄色为主的超市看起来很亮丽、很独特；以粉色为主的超市很符合女生的风格，处在女生楼下也比较吸引女生，看起来很温馨；以蓝色为主的超市处在男生宿舍楼下，很符合男生风格，看起来很沉稳。一句话，学校超市的内部环境可以给人带来视觉上的冲击、精神上的享受。

3）庞大的消费市场

学校超市的主要消费群体是学生，学生群体虽然没有收入，但学生一般有一定的生活费，其消费能力是不容忽视的。首先，大学生总是偏于就近原则，为了方便，学生一般都在学校里买各种生活用品，需要什么买什么。其次，大学生这个年龄段对于零食的需求虽然无法与中小学生相比，但也是不容忽视的，而且他们对零食的口感、包装等的要求也很高，所以他们往往会选择一些价格贵且好吃的零食，这无形中会提高他们的消费水平，同时也增加超市的收入。此外，校园超市还有教师和家属作为小部分的消费群体，他们的消费水平虽然不能跟占据数量优势的学生相比，但也可起到一定作用。

2. 劣势

1）缺乏高水平的形象管理人员

走进学校的超市我们都会有这样一个疑惑：超市的营业人员没有校外的超市统一着装，而且大多数营业人员是校内的学生兼职，他们没有经过专业的培训，管理上也有欠缺。如果在超市购买高峰期，他们就会显得手忙脚乱，效率低下，有时排了很久的队才可以付账离开，无形中情绪便会消极，服务态度也变得僵硬了。

2）商品结构和价格不合理

此外，在超市购物，总会遇到这样的事，商品在货架上的标价跟在柜台上实际的付款价格不等，而营业人员总会以很"充分"的理由解释。部分商品价格过高，比如零食一类，价格比校外超市贵5角钱到1元钱不等。商品结构不合理主要体现在商品的份额上，比如日化商品占超市营业额的比重较小，但是其占用面积却很多。

3）拒绝使用校园一卡通付款

在校园超市买东西的另一个不便就是不能使用校园一卡通消费，如果平时不带现金只带一卡通就没有办法在超市购物；如果只收现金，人多的时候营业员就会显得很忙乱，而且超市买东西总要多找零钱，如果使用一卡通就不会很麻烦。

4）缺乏长久经营的理念

当今的学校超市面临着另一个严重问题：由于价格贵给大多数学生心理上带来阴影。现今的校园超市虽然占据着有利的地理环境，却丢失了人和，好景是不会长的。如果学校超市的利润之高令人驻足，不出意外的话，以后学校就会增加更多的超市、小卖部，这样学生完全可以货比三家，到了那个时候学生的报复心理就随之产生，即使地理环境再好，只要是对钱有概念的人都不会再去以前的超市购物了，这是一个可怕的潜在危机。

3. 机遇

1）会员积分制

在诸如沃尔玛、家乐福这样的大超市付账时，营业员总会问类似这样的问题：请问有会员卡吗？多少积分可以换某种礼品；如果有会员卡的话这个产品可以打八折。有了会员卡，顾客在购买商品时就会有一种买赚了的心理。现在校园超市都没有实现会员积分制，如果有了这个制度，同学们在买东西时就算价格没有减少很多，有会员卡积分换礼品总还是会起到吸引回头客的作用的。

2）假日折扣活动

可以在十一、五一、端午、清明小长假期间推出一系列折扣活动，毕竟小长假也还是有很多同学在校园里不回家，这时可趁机推出折扣活动，吸引更多同学，换回人缘、客源，博得广大同学认可，毕竟口碑的作用也是不可小觑的。

3）提高管理水平

校园超市的老板可以加强对营业员营业能力的培训，通过专项资金进行营业培训，提高职业道德素质，聘请专职人员，而不能为了贪图工资便宜，而雇佣太多的兼职学生。只有营业员的营业态度提高了，同学们的满意度才会提高，切勿对顾客感到厌烦或者情绪化。

4）实现一卡通消费制

校园不比校外复杂，校园里更多的消费者是学生，学生每个人都会有一卡通，如果每个超市都可以实现一卡通消费，那么学生在购买东西时就会比较便利，同时也可以提高营业员的效率，不用再为找零钱或者数钱而耽误时间。

4. 威胁

1）竞争者众多

随着社会经济的发展，目前学校周边已经有很多的商店、超市，例如好又多超市、多多超市、华容超市、天外天超市等，这些超市的规模不但比校园超市大，而且商品种类多，可选择的机会也比较多，部分商品在价格上也比校内超市便宜5角到1元钱不等。相比之下，如果时间允许，同学们更愿意到校外超市购物。此外，校内的超市也逐年增多，校内超市之间的竞争也渐渐加大。

2）超市自身不利因素

校园超市处在学校里面，虽然有着丰厚稳定的利润，但是其租金和相关业务费也比校外超市贵。学校超市面积小，规模不大，商品种类不齐全，比如说生活用品就相对较少，无法满足大多数同学的购物需求。部分商品价格不合理。

3）消费人群单一

虽然校内超市有学生作为稳定的消费人群，但从另一方面来说，仅有学生这一消费人群就太单一了，校外超市的消费人群众多，对于不同商品的需求就会增多；而学生在一定程度上对于消费品的要求不是很多，学生在日常生活中对于商品的需求大多是零食而已，而校外人群的需求范围就广了，衣食住行不等。

5. SWOT 分析结果

优势 VS 机遇：加强对营业人员的专业培训，提高营业人员的服务态度，进而提高管理水平。进一步美化内部环境。充分利用地理位置的优越性，向大中型超市发展。利用会员卡积分和一卡通消费在节假日进行促销折扣，以积分换礼品。

优势 VS 威胁：增加商品种类，扩大消费人群，随着商品种类的增多，越来越多的教师和教师家属便会渐渐在校内超市驻足，渐渐扩大超市的市场份额。适当实行减价策略，争取与校外超市做到同质同价。

劣势 VS 机遇：尽快与学院领导协商解决校园一卡通进驻超市，更早实现，更好保证找零无失误；内部调整商品价格不明确问题，减少洗化类商品的摆放，调整商品结构；在超市楼下和各个宿舍楼前建立宣传栏，张贴每日促销活动，并适当协商在各个楼下建立小的促销点，在学生闲暇时段进行销售。

劣势 VS 威胁：仅针对日化用品这一项来说，调整货源，提高产品质量，同时在学生中展开调查最喜爱的洗化品牌是什么？针对调查结果调整商品。购物尽快实现校园一卡通以方便学生。吃饭时段将面包、饼干、奶制品适量放到各个宿舍楼下建立小的促销点，以解决学生赶时间问题等购物不便利的缺陷。

8.2 需 求 分 析

8.2.1 校园超市现状

校园超市的发展必须要解决以下问题。

(1) 物流管理方式落后，很难根据销售、库存情况，及时进行配货、补货、退货、调拨。

经过调查发现，校园超市在物流管理方面，仍使用传统的人工管理模式，浪费人力资源，效率低，准确率低。有些商品紧缺，学生们要排队购买或商品供不应求，特别是在有限的课间时间，使同学们大为不满。还有一些商品，长期积压，损坏严重，造成重大经济损失，引起销售人员的极大不满，已多次向校园超市的管理人员反映，但此类问题仍屡屡发生，得不到根本性的解决。

连锁超市是以零售为前导，以商品进销、存配、流转管理为基础。一个大型超市，它的物流管理势必非常复杂，如果没有一个强大的信息系统来支持，那么就会造成一部分商品大量积压，而另一些商品供不应求的局面，这种局面必然会给超市带来巨大的经济损失。有些超市为了避免这样的情况发生，就会对物流管理投入大量的人力。虽然这样解决了物流方面的问题，但是这又有悖于管理学的原则，效率低，浪费了人力资源，解决不了根本性的问题。

通过 Internet 加强超市与供货商之间的信息连接，可帮助超市完成物流管理。经过以上分析，本系统必须具有以下功能。

① 销售人员可以通过系统将销售量、库存量报告给经理。

② 顾客可通过系统传达需求量信息。

③ 经理通过系统可以查询到销售、库存、需求的信息。

④ 系统通过网络与供货商传递价格、需求量等信息。

⑤ 系统可以做信息分析。

⑥ 经理查询数据分析，并做出决策。

(2) 学生顾客难与超市互动，使购物效率大大降低。

顾客购物，最想了解的就是商品的价格和质量。而在超市里面，销售人员数量很少，顾客无法询问到商品的优缺点，不能就商品的价格和质量进行对比，这样就降低了顾客的购买欲。还有,很多顾客对超市货物摆放的位置不了解,常常会因为要去找某个商品而耽误大量时间,给顾客购物造成了很大的不便。还有在购物高峰期,经常出现收费台收费速度跟不上,造成学生缴费时拥挤不堪,排很长的队伍。校园超市应有会员服务,对会员的管理也是一个复杂的问题。经过调查,校园超市由于规模较大,上述这些问题都存在,且比较严重。经过分析,超市应该能够支持如下操作。

① 学生可从导购台上通过触摸屏查询到超市介绍、营业区分布、商品购买指南,声文并茂地获得所需的信息,查询信息内容可定制。

② 通过安装条码扫描仪,顾客可从查询机上查到商品价格、有关商品证书等,通过输入密码,超收工作人员可以进行盘货,核对价格。

③ 支持多种收款方式:顾客交款、营业员交款。

④ 支持会员制折扣卡销售,可以采用严格会员制或自由会员制。

⑤ 记录学生信息、累计学生消费金额等功能。

⑥ 支持多种促销方式:折扣、折让、VIP 优惠卡、赠送。

⑦ 允许退货及错误更正。

⑧ 收款员非常规操作记录,有助于减少财务损失,方便汇总打印各种营业报表。

⑨ 前台交易开单、收款、退货、会员卡、折扣和优惠等。

⑩ 下载后台资料和将清款后的业务数据上传后台。

⑪ 完成前台交易中的扫描条码或输入商品编码、收款、打印收据、弹出银箱等一系列操作。

(3)财务,账务管理混乱,透明度低。

超市财务管理一直都存在一些问题。

① 财务人员工作量大,存在大量的报表,如日报表有收款员明细日报表、收银员部门日报表、收款机明细日报表、收款机部门日报表、营业员明细日报表、大类时段分析表、日商品实时明细表、日商品销售排名表、供应商日销售明细、日商品优惠明细表、日商品退货表;月报表有月度分类统计表、月商品销售排名表、月商品优惠统计表、月商品退货统计表;账务有商品账、柜组账、部门账、客户账。

② 财务管理不透明。

因此,系统需要能够支持:

① 报表、账务、进货退货表可自动运行,减少系统管理员的工作量。

② 可及时发现计算机系统或人为造成的错误。

③ 生成监测报告通知系统管理员。

(4)系统存在安全问题。

信息系统尽管功能强大,技术先进,但由于受到自身体系结构,设计思路以及运行机制等限制,也隐含许多不安全因素。常见因素有:数据的输入与输出,存取与备份,源程序以及应用软件、数据库、操作系统等漏洞或缺陷,硬件、通信部分的漏洞,超市内部人员的因素,病毒,"黑客"等因素。因此,为使本系统能够真正安全、可靠、稳定地工作,必须考虑如下问题。

① 为保证安全,不致使系统遭到意外事故的损害,系统应该能防止火、盗或其他形式的人为破坏。

② 系统要能重建。

③ 系统应该是可审查的。

④ 系统应能进行有效控制,抗干扰能力强。

⑤ 系统使用者的使用权限是可识别的。

8.2.2 业务需求及分析

超市的基本工作流程如下:首先超市有专人进行定期采购商品,或者根据超市库存量进行采购,还有一种方式就是由供应商定期进行供货。商品采购回来后,需要对采购商品进行基本的审核、分装及入库处理。商品入库后,才能够将商品上架。商品上架后,顾客将所需商品选中后,到超市前台收银柜台进行结账支付。另外,超市管理人员定期要对超市里面的商品进行盘点、清理。

超市管理员要定期对商品的类型进行整理或添加,因为为了迎合顾客需求,超市可能随时对商品种类进行调整,这时就需要对超市的基本信息进行管理,先有库存管理人员对仓库商品数量进行管理,并对库存量达到警戒的商品进行采购提示,然后由采购人员根据相应周期和超市对接的供应商采购进行需求沟通,并制定采购计划,审核通过后就进行商品采购,同时在商品的基本维护中还包括如下基本功能:对商品类别、商品计量单位等进行维护。

基本采购流程如图 8-1 所示。

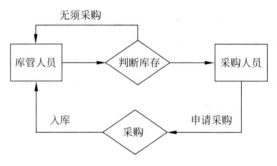

图 8-1 采购业务流程

同时,商品上架销售的过程中除了基本销售之外,还要对库存进行日常基本的盘点。库管人员需要周期性地对库存情况进行盘点,从而获取仓库的实际情况,对仓库的商品进行补仓、补货。流程图如图 8-2 所示。

图 8-2 库存盘点流程

顾客从货架上挑选自己所需要的商品,然后将所选取的商品由销售人员通过扫码设备对商品进行扫码询价,设备自动对所购商品进行价格合计,最后顾客根据合计金额进行结算,流程图如图 8-3 所示。

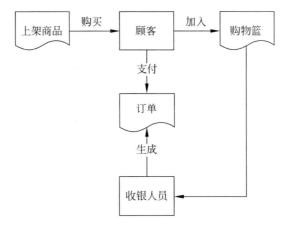

图 8-3　销售结算流程图

8.2.3　数据需求及分析

在校园超市管理中,结合业务需求,需要对超市中整体系统进行数据需求的分析调研。校园超市主要的数据与普通超市的数据需求类似,首先是商品的基本信息、商品的销售信息,围绕这两个关键信息,超市还需要进行外围信息的准备和维护。

数据需求分析可以用数据流程图来描述,数据流程图的图例如图 8-4 所示。

图 8-4　数据流程图的图例

外部实体:指系统以外,又和系统有联系的人或事物,它说明了数据的外部来源和去处,属于系统的外部和系统的界面。外部实体中支持系统数据输入的实体称为源点,支持系统数据输出的实体称为终点。

数据流:一组顺序、大量、快速、连续到达的数据序列。一般情况下,数据流可被视为一个随时间延续而无限增长的动态数据集合。

逻辑处理:一个实体单元为了向另一个实体单元提供服务,应该具备的规则与流程和处理方式。

数据存储:数据流在加工过程中产生的临时文件或加工过程中需要查找的信息。数据以某种格式记录在计算机内部或外部存储介质上。

1. 库房盘点数据流

超市的库房管理人员,会定期对超市仓库和货架上的货品进行清点。首先,库管员手上应该先拿有超市的商品名录或系统自动导出的商品清单数据,然后进行商品盘点,最后得到实时的商品盘点数据,如图 8-5 所示。

2. 商品采购数据流

通过上述流程获取商品的实时库存情况,采购人员根据实时的库存数据和事先制定好的库存采购标准,进行采购清单的编写,如图 8-6 所示。

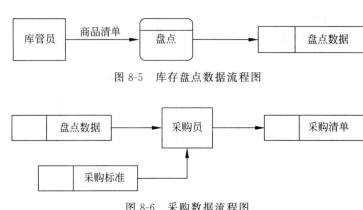

图 8-5　库存盘点数据流程图

图 8-6　采购数据流程图

3. 商品销售数据流

顾客进入超市后,选择自己所需的商品,然后前往收银台扫描条形码,寻价并结算,收银员在结算商品的同时会对库存商品进行库存数量的修改,并产生顾客消费的消费清单,后台记录下销售记录为后续的查询统计积累基础业务数据,如图 8-7 所示。

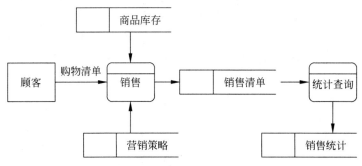

图 8-7　超市销售流程图

8.2.4　利用 BPM 对业务及数据需求建模

业务处理模型(Business Process Model,BPM)帮助识别、描述和分解业务流程,可以分析不同层级的系统,关注控制流(执行顺序)或数据流(数据交换)。BPM 是 PowerDesigner 建模工具的核心模块之一。表 8-1 列出了 BPM 模型中的主要图例,下面用 BPM 来表达需求分析。

表 8-1　BPM 模型中的主要图例

对　象	工具图标	说　明
Process		处理过程
Flow(Resource Flow)	→	连接过程、起点、终点的流程(连接资源的流程)
Start	●	流程中的起点
End	◉	流程中的终点
Decision	◇	当流程中存在多个路径时的选项
Message	▭	定义过程之间数据的交互
Resource		资源

1. 库房盘点 BPM 图

超市的库房管理人员在该业务流程开始，会根据目前现有的商品清单，对仓库内的商品进行清点。首先库管员手上应该拿有超市的商品名录或系统自动导出的商品清单数据，然后进行商品盘点，最后得到实时的商品盘点数据，如图 8-8 所示。

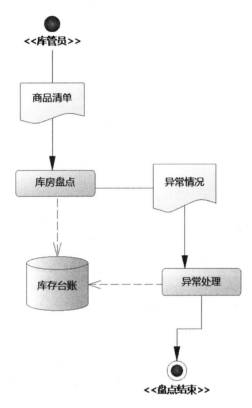

图 8-8　库房盘点 BPM 图

2. 商品采购 BPM 图

通过对校园超市的实际调查分析，了解到校园超市的商品入库管理主要有以下两项管理功能。

（1）入库审核：采购员提交入库单，库管人员负责对商品入库单进行审核，检查入库单填写是否符合要求，产品实际入库数量和金额与入库单上填写的数据是否一致。不合格的入库单返回采购人员，合格的单据转给库管人员登记库存台账。

（2）登记库存台账：库管人员依据合格的入库单登记商品入库台账，记录每一笔入库业务。

校园超市商品采购入库管理 BPM 如图 8-9 所示。

3. 商品销售 BPM 图

商品销售是超市非常重要的一个环节，学生顾客进入超市后，选择自己所需的商品，然后前往收银台进行扫描条形码，寻价并结算，收银员在结算商品的同时会对库存商品进行库存数量的修改，并产生顾客消费的消费清单，后台记录下销售记录为后续的查询统计积累基础业务数据，如图 8-10 所示。

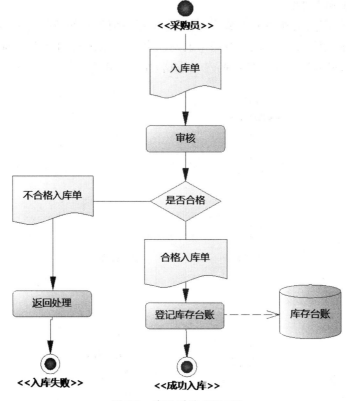

图 8-9　商品采购 BPM 图

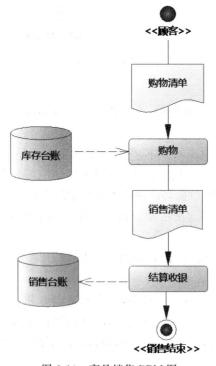

图 8-10　商品销售 BPM 图

8.2.5　功能需求及分析

系统为了满足超市管理的需要，以及上述业务需求和数据流需求，对目前超市的用户角色分为：收银员、采购员、库管员、超市管理员。根据这个角色分配得到如下的角色功能分配结构图。

(1) 采购员的功能分配：库存查询、采购计划、供应商管理、入库申请，如图 8-11 所示。

库存查询主要是采购人员可以自行对库存的商品情况进行实时的查询，以便了解商品的库存情况从而作为采购计划编制的重要参考。

采购计划主要是采购人员对库存商品中存量有亏缺的商品进行采购申请，采购申请中商品供应商必须为系统内部的供应商。

供应商管理主要是系统要对超市所需商品的供应商进行系统管理，这里也涉及超市与这些供应商之间的协议内容。

入库申请主要是采购员在采购计划实施后，要对采购的商品进行编码入库。

(2) 收银员的功能分配：商品收银、商品查询、销售查询、个人销售统计，如图 8-12 所示。

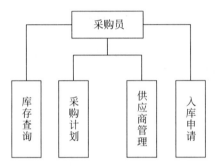
图 8-11　采购员的功能结构图

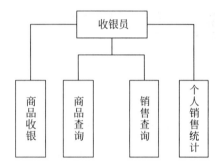
图 8-12　收银员的功能结构图

商品收银主要是对顾客需要购买的商品进行收银结算，在收银过程中需要对商品的数量和商品进行快速的修改。

商品查询主要是对超市的商品进行快速的、多条件的查询，从而了解商品的基本信息。

销售查询主要是对顾客的销售情况进行多维的查询。

个人销售统计主要是收银员可以对个人在值班期间的收银情况进行查询，从而对每个收银员的当日或周期内容的工作量进行统计查询。

(3) 库管员的功能分配：商品查询、库存盘点、库存结算、采购申请，如图 8-13 所示。

商品查询的功能与采购员的商品查询功能类似。

库存盘点主要是库管员获取库存的商品基本清单，同时结合上一周期的商品盘点情况对当下库存的商品情况进行数量以及商品的基本实物情况进行检查盘点，从而获取到商品的最新的属性信息。

库存结算主要是在库存盘点功能得到商品盘点情况后，对商品数量有异常的情况进行真实的商品数据更新。

采购申请主要是在盘点之后对亏缺商品进行采购需求的申请。

(4) 超市管理员的功能分配：用户管理、商品查询、销售统计、库存查询，如图 8-14 所示。

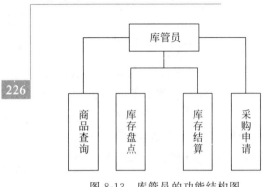

图 8-13　库管员的功能结构图

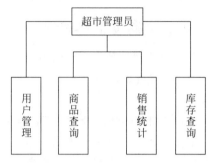

图 8-14　超市管理员的功能结构图

用户管理主要是对系统登录的用户以及系统角色进行管理,并且可以对用户的个人信息和密码进行基本维护。

商品查询与上述的商品查询功能相同。

销售统计主要是从收银员和商品两个大维度对销售情况进行交叉的查询统计,从而获得比如日销售统计、月销售统计、收银员销售统计、某类或某种商品的销售统计等综合性的信息。

库存查询主要是对超市的库存情况进行查询,特别是商品的数量、批次、批次价格、采购价格、上架情况。

8.3　概念结构设计

8.3.1　确定实体和属性

根据前面对超市管理系统的需求分析、数据需求分析以及功能需求分析,系统主要围绕超市的商品管理以及顾客进行消费为主要业务核心,确认如下实体。

实体:商品实体、学生实体、销售单实体、销售清单实体、批次实体、批次明细实体、用户实体、用户类型实体。其中,用下画线标注了实体的码。

商品实体:商品编码、商品名称、供应商、计量单位、库存数量。

商品类型实体:类型编码、类型名称。

这两个实体如图 8-15 所示。

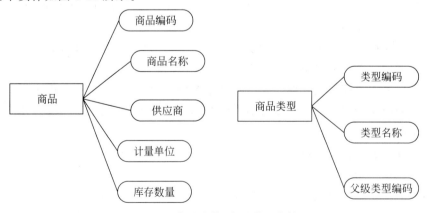

图 8-15　商品实体、商品类型实体

学生实体：学号、姓名、密码、手机号、积分，如图 8-16 所示。

销售单实体：销售单号、销售日期、收银员、折扣率、结算金额，如图 8-17 所示。

图 8-16　学生实体　　　　　　　　　　　图 8-17　销售单实体

销售清单实体：清单号、商品编码、数量、售价，如图 8-18 所示。

批次实体：批次号、批次名称、采购日期、采购员，如图 8-19 所示。

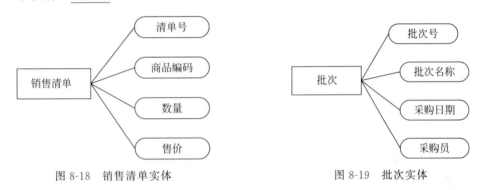

图 8-18　销售清单实体　　　　　　　　　图 8-19　批次实体

批次明细实体：明细号、批次号、商品编码、采购价、采购数量，如图 8-20 所示。

用户实体：用户名、姓名、密码、性别、生日、类型编码。

用户类型实体：类型编码、类型名称。

这两个实体如图 8-21 所示。

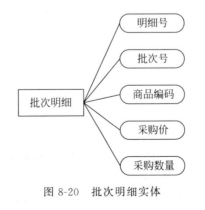

图 8-20　批次明细实体

数据库设计案例——校园超市管理

供应商实体：<u>供应商编码</u>、单位名称、联系人、联系电话、地址，如图 8-22 所示。

库存盘点实体：<u>盘点编码</u>、盘点日期、商品编码、盘点前数量、盘点数量、原由，如图 8-23 所示。

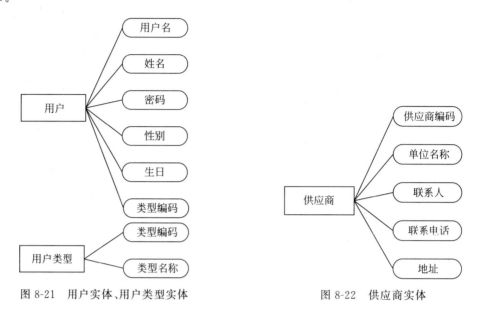

图 8-21　用户实体、用户类型实体　　　　　　图 8-22　供应商实体

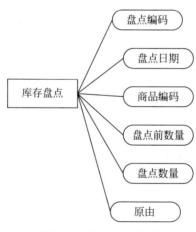

图 8-23　库存盘点实体

8.3.2　集成 E-R 图

通过上述的实体和属性分析，可以得到如图 8-24 所示的超市管理总 E-R 图。

8.3.3　设计 CDM 图

在进行概念模型分析设计中，案例使用 PowerDesigner 这个当下最为流行的建模工具，PowerDesigner 是 Sybase 公司的 CASE（计算机辅助软件工程）工具集，使用它可以方便地对管理信息系统进行分析设计，它几乎包括数据库模型设计的全过程。

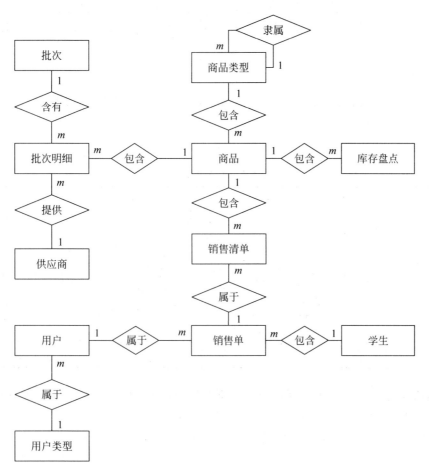

图 8-24 超市管理总 E-R 图

概念数据模型(Conceptual Data Model,CDM),是按用户的需求对数据和信息建模,通常用实体-联系图来表示。CDM 所包含的对象通常并没有在物理数据库中实现。它给出了商业或业务活动中所需要数据的形式化的表示。

在 CDM 图中,实体及属性的表示如图 8-25 所示。

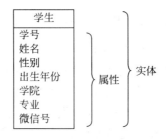

图 8-25 CDM 中实体与属性的表示

在 CDM 中,三种联系的表示如图 8-26 所示。

在开始设计 CDM 之前,首先要了解数据存储常用的数据类型,如表 8-2 所示。

数据库设计案例——校园超市管理

员工	活期存款账户	员工	部门	学生	商品
员工号 员工姓名 员工性别 员工生日 工资	开户行 账号 银行地址 电话	员工号 员工姓名 员工性别 员工生日 工资	部门号 部门名称 部门经理 部门简介	学号 姓名 性别 出生年份 学院 专业 微信号	商品编号 商品名称 商品类型 售价 数量 单位 备注

一对一联系   一对多联系   多对多联系

图 8-26　CDM 中三种联系的表示

表 8-2　常用数据类型

Standard data type	DBMS data type	Content	Comment
Integer	int/INTEGER	32-bit integer	整型
Short Integer	smallint/SMALLINT	16-bit integer	短整型
Long Integer	int/INTEGER	32-bit integer	长整型
Number	numeric/NUMBER	Numbers with a fixed decimal point	数值型
Decimal	decimal/NUMBER	Numbers with a fixed decimal point	数字型
Float	float/FLOAT	32-bit floating point numbers	浮点型
Short Float	real/FLOAT	Less than 32-bit point decimal	短浮点型
Money	money/NUMBER	Numbers with a fixed decimal point	小数类型
Serial	numeric/NUMBER	Automatically incremented numbers	整型(自增)

通过前期的分析,校园超市系统可分为下面三个 CDM(概念数据模型)图模块来进行分析:盘点模块概念模型、采购模块概念模型、销售模块概念模型。

盘点模块主要是对商品的库存信息进行周期性的数量检查盘点,其 CDM 如图 8-27 所示。

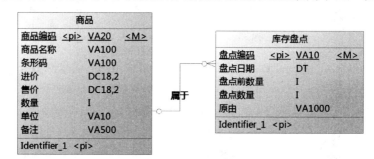

图 8-27　校园超市盘点模块 CDM

根据前面采购需求中所分析的情况,采购模块中包含商品的信息管理,其中包括商品的类型管理,为了能更灵活地管理商品纷繁复杂的类别,商品类别采用一元关系的一对多的联系类型,从而形成树形的类别管理,大大增强了类别管理的灵活性。同时还包括供应商信息的管理、商品采购批次和批次明细管理的功能数据结构。采购模块 CDM 如图 8-28 所示。

商品的销售模块是校园超市中最为核心的业务功能模块,该模块首先包含对学生根据前面采购需求中所分析的情况,采购模块中包含商品的信息管理,供应商信息的管理以及商品采购批次及批次明细管理。销售模块 CDM 如图 8-29 所示。

需要注意上述三个模块 CDM 图中商品实体模型都是共用的,由此可见,商品在校园超市系统中的主要地位。

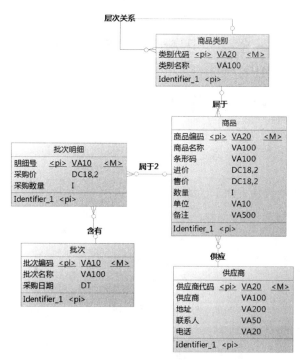

图 8-28 校园超市采购模块 CDM

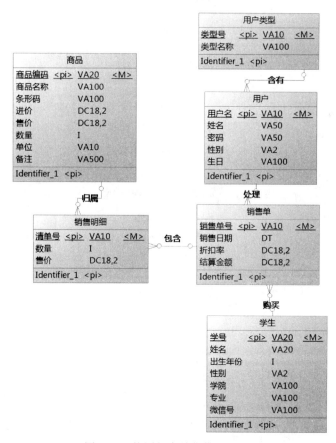

图 8-29 校园超市销售模块 CDM

8.4 逻辑数据库设计

8.4.1 由 CDM 转换生成 PDM

通过 8.3 节已经分析了设计好的 CDM 图,PowerDesigner 工具可以非常方便地进行 PDM(物理数据模型)自动映射生成,下面介绍如何通过 PowerDesigner 自身所带的工具生成 PDM。

图 8-30 是校园超市管理 CDM 总体设计图。

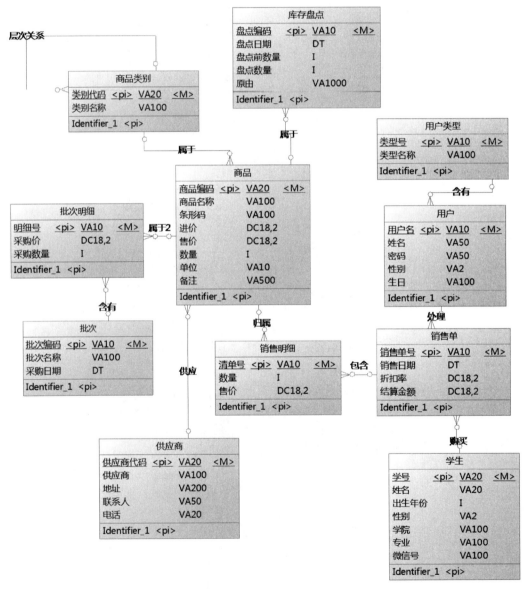

图 8-30 校园超市管理 CDM 总体设计图

PDM（Physical Data Model，物理数据模型）是以常用的 DBMS 理论为基础，将 CDM 中所建立的现实世界模型生成相应的 DBMS 的 SQL 脚本，并利用该脚本在数据库中产生现实世界信息的存储结构，同时保证数据在数据库中的完整性和一致性。在生成 PDM 之前最好对已经设计的 CDM 进行基本的检查，PowerDesigner 能够根据设计的 CDM 排查出 CMD 中存在的错误类（ ✖ ）问题，这类问题将直接导致 PowerDesigner 无法生成 PDM；另外，工具也可以排查出 CDM 中可能存在的一些警告类（ ⚠ ）问题，对于这类问题，设计人员可以根据实际情况选择性地进行排除或忽略。

检查模型操作如图 8-31 所示。

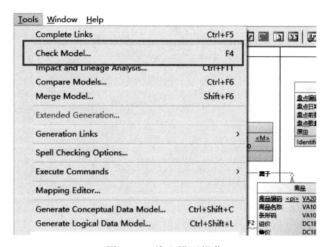

图 8-31　检查模型操作

得到的检查模型结果如图 8-32 所示。

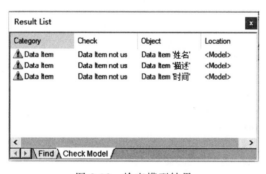

图 8-32　检查模型结果

该检查结果表示，校园超市系统概念数据模型中存在三个警告类问题，都是指模型中存在相同的数据项：姓名、描述、时间。原则上，CDM 中不能存在相同的实体名和相同的数据项名，但为了设计方便和对数据项命名的方便（主要是对数据项命名，系统中的实体名还是必须保持唯一性）。PowerDesigner 默认是不能使用相同的数据项名的，或者即使使用也会采用公用的方式。在设计 CDM 的时候需要将默认的设置进行修改，如图 8-33 所示。

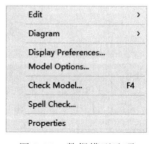

图 8-33　数据模型选项

单击 Model Options 命令,弹出如图 8-34 所示的对话框。

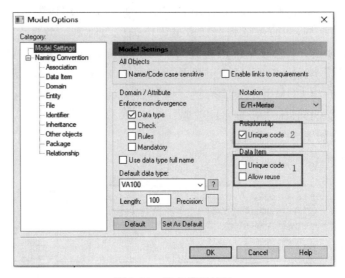

图 8-34 检查模型结果

图 8-34 中标 1 处的两个复选框,取消勾选表示概念模型中可以出现相同的数据项命名,并且不共享不公用。

图 8-34 中标 2 处的复选框,取消勾选表示概念模型中可以出现相同的联系命名,同时不共享不公用。

下面继续前往 PDM 生成的路线,通过如图 8-35 所示的操作进行 PDM 模型的生成。

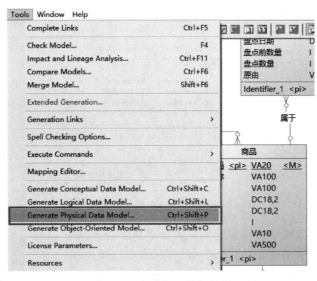

图 8-35 生成物理数据模型

单击 Generate Physical Data Model 菜单项,得到如图 8-36 所示的窗体。

在上面 PDM 生成参数设置中,DBMS(数据库管理系统)选择对应的选项,这里选择 Microsoft SQL Server 2008,设置 Name 和 Code,然后单击"确定"按钮,从而得到如图 8-37 所示的校园超市管理 PDM。

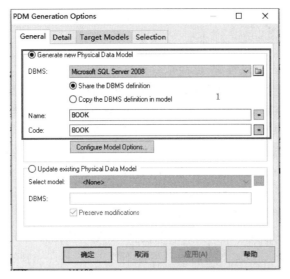

图 8-36　物理数据模型生成参数设置

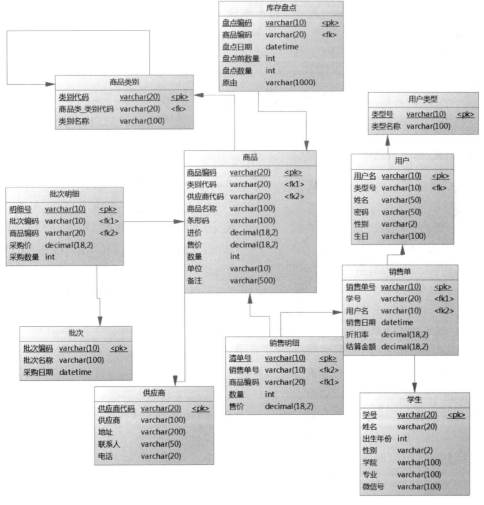

图 8-37　校园超市管理 PDM

数据库设计案例——校园超市管理

8.4.2 对 PDM 图进行优化

由于在设计 CDM 图的过程中,已经结合概念结构设计方法对实体自身属性集、实体与实体之间的联系进行了优化,所以由 CDM 图生成的 PDM 图能直接满足物理表的创建。但对于有些实体之间的多对多联系,可以进一步进行关系优化。如销售单实体与商品实体之间的多对多联系,按照从概念结构向关系模式转换的原则,多对多联系生成物理模型时会生成三个表,在校园超市系统的 CDM 图中为了优化关系,直接加入了一个销售明细实体来替代这个多对多联系,这样可以保证在生成的 PDM 图中有三个表。这样处理的好处是销售明细表中的主键可以由数据库设计人员自行定义,而不是由销售单表和商品表的主键共同组成,为后期的开发提供了数据操作的便利。

在校园超市管理系统中还存在类似的其他情况,基本优化策略如下。

(1) CDM 图中实体与实体之间的关系尽量不要出现一对一的联系,如果有则需要进行优化。

(2) CDM 图中实体与实体之间的关系如果是多对多的情况,按照关系模式理论,可以直接在 CDM 图中对关联实体用普通实体来代替。

(3) 可以在 PDM 图中对某些主码,如果需要自增的,可以进行自增设置,从而简化主码的设置管理和维护。

8.5 数据库的生成

8.5.1 建立 ODBC 数据源

ODBC 是微软公司支持开放数据库服务体系的重要组成部分,它定义了一组规范,提供了一组对数据库访问的标准 API,这些 API 是建立在标准化版本 SQL(Structed Query Language,结构化查询语言)基础上的。ODBC 位于应用程序和具体的 DBMS 之间,目的是能够使应用程序端不依赖于任何 DBMS,与不同数据库的操作由对应的 DBMS 的 ODBC 驱动程序完成,从而实现对数据库的访问。

下面就如何使用 Windows 10 操作系统建立 ODBC 数据源进行详细介绍。

首先进入 Windows 控制面板,如图 8-38 所示。

选中"系统和安全",系统会弹出如图 8-39 所示的界面。

选中"系统和安全"窗口中的"管理工具",进入如图 8-40 所示的界面。

选择所需要的 ODBC 数据源位数,这里以 64 位为例建立数据源,双击 ODBC 数据源(64 位),进入如图 8-41 所示的界面。

可以直接在"用户 DSN"选项卡中单击右侧的"添加"按钮创建新数据源,如图 8-42所示。

选择对应的数据源驱动程序类型,这里选择 SQL Server 驱动程序,即会弹出"创建到 SQL Server 的新数据源"对话框,如图 8-43 所示。

图 8-38　Windows 控制面板

图 8-39　系统和安全

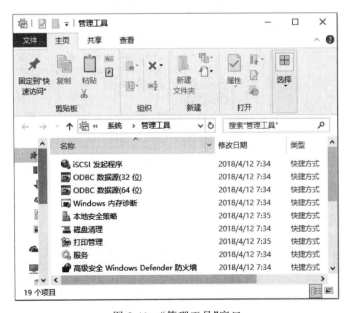

图 8-40　"管理工具"窗口

数据库设计案例——校园超市管理

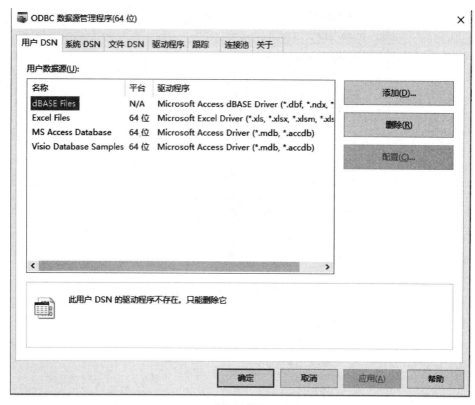

图 8-41　数据源管理程序

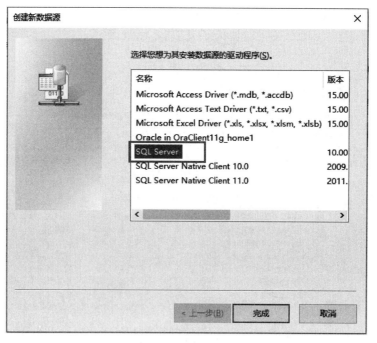

图 8-42　创建新数据源

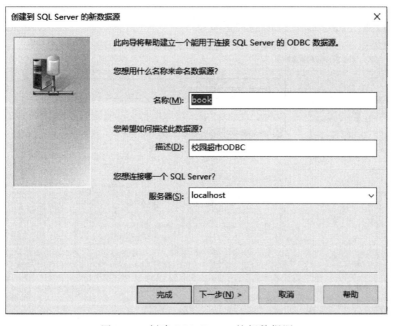

图 8-43　创建 SQL Server 的新数据源

在对话框的配置项中输入数据源的名称(可以用户自定义命名),"描述"是对该数据源的基本功能进行文字性的描述,服务器信息根据本地或远程服务器的服务器地址信息进行填写,如果是本地安装可以填写"localhost,"然后再单击"下一步"按钮,如图 8-44 所示。

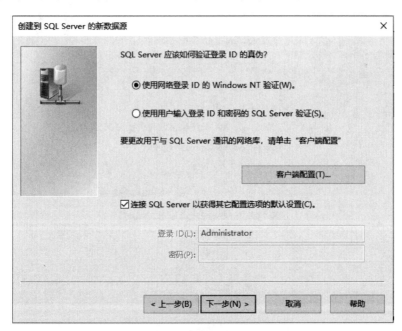

图 8-44　设置数据源连接用户信息

该对话框主要是对数据库如果有用户验证的,则需要在此处对连接数据库信息的用户信息进行配置,也可以使用本地 Windows 身份验证来连接数据库。

在图 8-45 中的下拉列表框中,可以根据实际数据库情况选择对应的数据库,然后单击"下一步"按钮,弹出如图 8-46 所示的对话框。

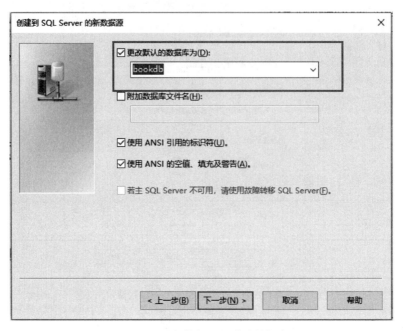

图 8-45　选择数据源的默认数据库

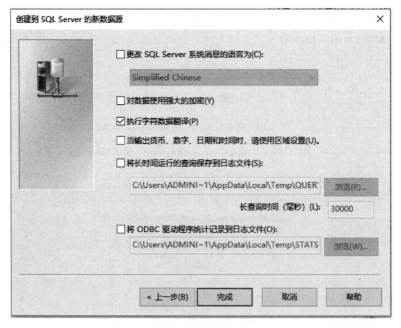

图 8-46　数据库语言等信息配置

继续单击"完成"按钮,如图 8-47 所示。

单击"测试数据源"按钮可以对配置的 ODBC 数据源进行测试,如果配置信息无误,即可得到如图 8-48 所示的结果。

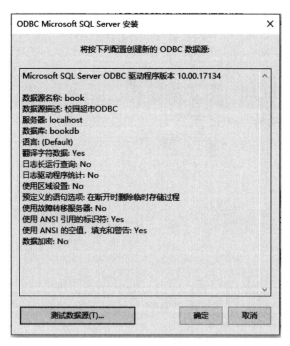

图 8-47　测试数据源

图 8-48　测试成功

8.5.2　生成数据库

　　校园超市系统的 PDM 图已经自动完成,接下来 PowerDesigner 继续可以通过本身软件提供的功能直接生成对应数据库管理系统(DBMS)的建表 SQL 语句。

　　首先要选择对应的 DBMS,校园超市系统采用的是 SQL Server 2012,此处就选择 Microsoft SQL Server 的 DBMS,如 Microsoft SQL Server 2008,如图 8-49 所示。

　　然后选择 PowerDesigner 菜单 Database 中的 Generate Databse 命令,如图 8-50 所示。

　　弹出如图 8-51 所示的窗口,该窗口要对数据库生成的参数进行设置,General 选项卡中主要是对生成的 SQL 文件路径进行设置。

　　在 Options 选项卡里主要是设置数据库中哪些对象需要生成以及生成对应的 SQL 语句,如图 8-52 所示。

　　最终得到创建数据库的 SQL 脚本如程序清单 8-1 所示。

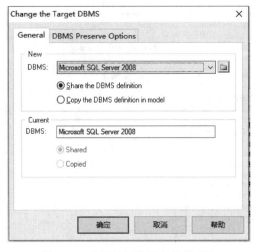

图 8-49　选择目标数据库管理系统

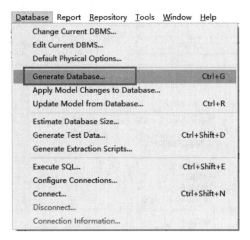

图 8-50　生成数据库

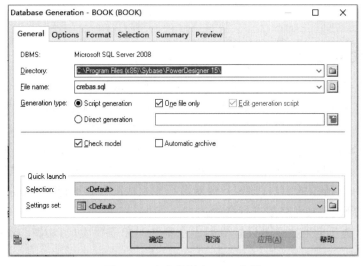

图 8-51　生成数据库 SQL 路径

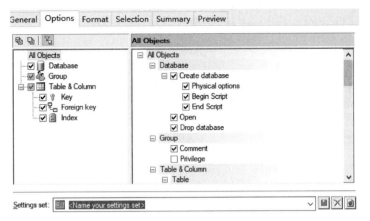

图 8-52　SQL 语句生成设置

程序清单 8-1：数据库创建 SQL 语句

```
/ * ============================================================ * /
/ * Table: Batch                                               * /
/ * ============================================================ * /
create table Batch (
    BatchNO                varchar(10)             not null,
    BatchName              varchar(100)            null,
    BatchDateTime          datetime                null,
    constraint PK_BATCH primary key nonclustered (BatchNO)
)
go


/ * ============================================================ * /
/ * Table: Category                                            * /
/ * ============================================================ * /
create table Category (
    CategoryNO             varchar(20)             not null,
    Cat_CategoryNO         varchar(20)             null,
    CategoryName           varchar(100)            null,
    constraint PK_CATEGORY primary key nonclustered (CategoryNO),
    constraint FK_CATEGORY_HAS_CATEGORY foreign key (Cat_CategoryNO)
        references Category (CategoryNO)
)
go


/ * ============================================================ * /
/ * Table: Supplier                                            * /
/ * ============================================================ * /
create table Supplier (
    SupplierNO             varchar(20)             not null,
    SupplierName           varchar(100)            null,
    Address                varchar(200)            null,
    Contacts               varchar(50)             null,
```

数据库设计案例——校园超市管理

```
        Telephone              varchar(20)              null,
        constraint PK_SUPPLIER primary key nonclustered (SupplierNO)
)
go


/* =============================================================== */
/* Table: Goods                                                 */
/* =============================================================== */
create table Goods (
        GoodsNO                varchar(20)              not null,
        CategoryNO             varchar(20)              null,
        SupplierNO             varchar(20)              null,
        GoodsName              varchar(100)             null,
        BarCode                varchar(100)             null,
        InPrice                decimal(18,2)            null,
        SalePrice              decimal(18,2)            null,
        Number                 int                      null,
        Unit                   varchar(10)              null,
        Comment                varchar(500)             null,
        constraint PK_GOODS primary key nonclustered (GoodsNO),
        constraint FK_GOODS_BELONG_CATEGORY foreign key (CategoryNO)
            references Category (CategoryNO),
        constraint FK_GOODS_SUPPLY_SUPPLIER foreign key (SupplierNO)
            references Supplier (SupplierNO)
)
go


/* =============================================================== */
/* Table: BatchDetail                                           */
/* =============================================================== */
create table BatchDetail (
        BatchDetailNO          varchar(10)              not null,
        BatchNO                varchar(10)              null,
        GoodsNO                varchar(20)              null,
        PurchasePrice          decimal(18,2)            null,
        PurchaseNum            int                      null,
        constraint PK_BATCHDETAIL primary key nonclustered (BatchDetailNO),
        constraint FK_BATCHDET_TAKE_BATCH foreign key (BatchNO)
            references Batch (BatchNO),
        constraint FK_BATCHDET_HAS2_GOODS foreign key (GoodsNO)
            references Goods (GoodsNO)
)
go


/* =============================================================== */
/* Table: Student                                               */
/* =============================================================== */
create table Student (
        SNO                    varchar(20)              not null,
        SName                  varchar(20)              null,
        BirthYear              int                      null,
```

```
    Gender              varchar(2)              null,
    College             varchar(100)            null,
    Major               varchar(100)            null,
    WeiXin              varchar(100)            null,
    constraint PK_STUDENT primary key nonclustered (SNO)
)
go


/* ============================================================ */
/* Table: UserType                                          */
/* ============================================================ */
create table UserType (
    TypeNO              varchar(10)             not null,
    TypeName            varchar(100)            null,
    constraint PK_USERTYPE primary key nonclustered (TypeNO)
)
go


/* ============================================================ */
/* Table: SysUser                                           */
/* ============================================================ */
create table SysUser (
    UserCode            varchar(10)             not null,
    TypeNO              varchar(10)             null,
    UserName            varchar(50)             null,
    Password            varchar(50)             null,
    Gender              varchar(2)              null,
    Birth               varchar(100)            null,
    constraint PK_SYSUSER primary key nonclustered (UserCode),
    constraint FK_SYSUSER_HAS4_USERTYPE foreign key (TypeNO)
        references UserType (TypeNO)
)
go


/* ============================================================ */
/* Table: SaleOrder                                         */
/* ============================================================ */
create table SaleOrder (
    SaleNO              varchar(10)             not null,
    SNO                 varchar(20)             null,
    UserCode            varchar(10)             null,
    SaleDateTime        datetime                null,
    Discount            decimal(18,2)           null,
    Amount              decimal(18,2)           null,
    constraint PK_SALEORDER primary key nonclustered (SaleNO),
    constraint FK_SALEORDE_BUY_STUDENT foreign key (SNO)
        references Student (SNO),
    constraint FK_SALEORDE_DO_SYSUSER foreign key (UserCode)
        references SysUser (UserCode)
)
go
```

```
/* ============================================================= */
/* Table: SaleDetail                                             */
/* ============================================================= */
create table SaleDetail (
    SalDetailNO          varchar(10)          not null,
    SaleNO               varchar(10)          null,
    GoodsNO              varchar(20)          null,
    Num                  int                  null,
    Price                decimal(18,2)        null,
    constraint PK_SALEDETAIL primary key nonclustered (SalDetailNO),
    constraint FK_SALEDETA_BELONG2_GOODS foreign key (GoodsNO)
        references Goods (GoodsNO),
    constraint FK_SALEDETA_HAS3_SALEORDE foreign key (SaleNO)
        references SaleOrder (SaleNO)
)
go


/* ============================================================= */
/* Table: StockCheck                                             */
/* ============================================================= */
create table StockCheck (
    CheckNO              varchar(10)          not null,
    GoodsNO              varchar(20)          null,
    CheckDateTime        datetime             null,
    PreNum               int                  null,
    Num                  int                  null,
    Reason               varchar(1000)        null,
    constraint PK_STOCKCHECK primary key nonclustered (CheckNO),
    constraint FK_STOCKCHE_BELONG3_GOODS foreign key (GoodsNO)
        references Goods (GoodsNO)
)
go
```

小　结

本章主要以校园超市为例,从数据库设计的基本步骤着手,进行案例式的数据库设计。首先分析校园超市的基本行业背景和校园超市的策略方案,然后从需求的角度对校园超市的现状进行分析调研,借助分析设计工具对校园超市的基本业务流程和数据流程进行分析绘制,同时也利用 PowerDesigner 的 BPM 图来对校园超市的业务及数据进行分析设计,并得到校园超市的基本功能组织结构。

需求分析完成后,为了能将现实世界转换为机器世界,进而对校园超市的概念结构进行设计分析,并得到 E-R 图和 PowerDesigner 的 CDM 图,然后借助计算机辅助开发工具 PowerDesigner 由 CDM 图直接生成 PDM 物理模型,通过确定数据库 DBMS 后,就可以将 PDM 图直接生成数据库的建表 SQL 语句,从而完成数据库的最终设计实现。

习　题

设计题

1. ATM 自动取款机是银行在银行营业大厅、超市、商业机构、机场、车站、码头和闹市区设置的一种小型机器，利用一张信用卡大小的胶卡上的磁带[或芯片卡上的芯片]记录客户的基本户口资料，让客户可以通过机器进行提款、存款、转账等银行柜台服务。其业务主要如下。

(1) 客户将银行卡插入读卡器，读卡器识别卡的真伪，并在显示器上提示输入密码。客户通过键盘输入密码，取款机验证密码是否有效。如果密码错误提示错误信息，如果正确，提示客户进行选择操作的业务。

(2) 客户根据自己的需要可进行存款、取款、查询账户、转账、修改密码的操作。

(3) 在客户选择后显示器进行交互提示和操作确认等信息。

(4) 操作完毕后，客户可自由选择打印或不打印凭条。

(5) 银行职员可进行对 ATM 自动取款机的硬件维护和添加现金的操作。

根据以上描述，请完成下列任务。

(1) 绘制 ATM 管理系统的 E-R 图。

(2) 根据 E-R 图绘制 CDM 图和 PDM。

(3) 生成银行 ATM 管理系统的数据库。

2. 现为某个学校运动会比赛设计数据库，有如下实体：运动员(运动员编号，运动员姓名，运动员性别，所属系)；项目(项目编号，项目名称，项目日期，项目时间，比赛地点)。存在如下语义：一个项目有多个运动员参加，一个运动员可以参加多个项目，每个运动员参加项目均有名次和积分。

根据以上信息，完成下列任务。

(1) 设计 CDM。

(2) 以 SQL Server 2012 为 DBMS，完成 PDM，对表有以下要求。

① 各个表上要合理定义主码、外码约束。

② 运动员的性别取值限定为"男、女"，不允许为空值。

③ 积分要么为空值，要么为 6,4,2,0，分别代表第一、二、三名和其他名次的积分。

(3) 生成数据库并将 SQL 脚本并保存为 SQL 文件。

实　验

一、实验目的

掌握数据库设计基本方法和基本步骤，包括需求分析，概念结构设计，逻辑结构设计和物理结构设计。能够利用 PowerDesigner 等工具自动生成数据库模式 SQL 语句，能够在数据库管理系统中执行相应的 SQL 语句，创建所设计的数据库。

二、实验平台

操作系统：Microsoft Windows XP 及以上。

数据库管理系统：Microsoft SQL Server 2012。

设计工具：PowerDesigner 12 版本及以上，Visio 软件等。

三、实验素材介绍

以下为 CD 租借连锁店管理系统开发需求调查文字。

市内某家大型 CD 租借连锁店有许多员工，每个员工只能服务于一家租借店；每个员工有工号、姓名、性别、年龄、政治面貌等属性；每家店日常工作主要有：租借、归还、逾期罚款等（租借人首先要办理租借卡，租借卡分为年卡、月卡和零租卡）。具体操作流程如下。

(1) 租借：根据租借人提供的 CD 租借单，查阅库存，如果有，则办理租借流水账（记录租借记录单号、租借人卡号、租借日期、CD 编码、数量、归还日期、经办员工号）；如果没有相应的 CD，则可根据租借人的要求办理预约登记（记录预约登记单号、租借卡卡号、CD 编码、数量、经办员工号），当有 CD 时，及时通知租借人。

(2) 归还：根据租借人提供的所还 CD，检查 CD 是否完好，如果完好，则办理归还登记（记录归还单号、租借人卡号、归还日期、CD 编码、数量、经办员工号），如果有损坏的 CD，办理赔偿登记（记录赔偿单号、租借卡卡号、赔偿日期、赔偿 CD 编码、数量、金额、经办员工号），并把赔偿通知单通知给租借人。

(3) 逾期罚款通知：查询逾期未还的 CD，及时通知租借人，并进行相应的罚款登记（记录罚款单号、租借卡卡号、罚款日期、罚款金额、经办员工号）。

四、实验内容

(1) 需求分析：根据该 CD 连锁店的业务需求调查文字，利用 PowerDesigner 绘制该 CD 连锁店管理系统的 BPM 模型。

(2) 概念结构设计：利用 Visio 工具绘制该 CD 连锁店概念模型的 E-R 图；根据该 CD 连锁店的业务需求调查文字以及前面绘制的 E-R 图，利用 PowerDesigner 工具，设计该连锁店管理系统合理的 CDM 模型。

(3) 逻辑结构设计：掌握在 PowerDesigner 环境中把 CDM 正确转换为 PDM，并对 PDM 进行必要的优化；根据该 CD 连锁店的业务需求调查文字以及前面需求分析和概念结构设计所完成的工作，利用 PowerDesigner，设计该连锁店管理系统合理的 PDM 模型。

(4) 数据库生成：连接 SQL Server 数据库，利用 PDM 生成物理数据库，并存放数据库文件和生成数据库文件的 SQL 脚本。

第9章 数据库应用开发

9.1 数据库应用系统的开发方法和一般步骤

9.1.1 数据库应用系统的开发方法

数据库应用系统的开发方法是指开发管理信息系统所遵循的步骤,是在系统开发的过程中的指导思想、逻辑、途径和工具等的集合。在过去许多管理信息系统开发失败的案例中,一个重要原因是开发方法不当。这是由于管理信息系统的开发是一个庞大的系统工程,它涉及组织的内部结构、管理模式、计算机技术、经营管理过程等各个方面。为了获得科学的方法和工程化的开发步骤,确保整个开发工作能够顺利进行,人们在长期的系统开发实践中不断总结经验教训,得出很多种开发方法,这些处于不断发展中的开发方法有助于管理信息系统的成功开发。比较常见的开发方法有结构化系统开发方法(生命周期法)、原型法、面向对象开发方法等。

1. 结构化系统开发方法

20 世纪 70 年代,西方发达国家吸取了以前系统开发的经验教训,总结出了结构化系统开发方法(Structured System Development Methodology)。它是自顶向下的结构化方法、工程化的系统开发方法和生命周期方法的结合,是迄今为止开发方法中最传统、应用最广的一种开发方法。

1) 结构化系统开发方法的基本思想

结构化概念最早是用来描述结构化程序设计方法的。结构化方法不仅提高了编程效率和编程质量,而且大大提高了程序的可读性、可测试性、可修改性和可维护性。"结构化"的含义是"严格的、可重复的、可度量的"。后来,这种思想被引入 MIS 开发领域,逐步形成结构化系统分析与设计方法。

结构化系统开发方法的基本思想是,将结构与控制加入到项目中,以便使活动在预定的时间和预算内完成。用系统工程的思想和工程化的方法,按用户至上的原则,结构化、模块化、自顶向下地对系统进行分析与设计。

2) 结构化系统开发方法的五大阶段

在结构化的系统开发方法中,信息系统的开发应用,也符合系统生命周期的规律。随着企业和组织工作的需要,外部环境的变化,对信息的需求也会相应地增加,这就要求设计和建立更新的信息系统。系统投入使用后一段时期内,可以在很大程度上满足企业管理者对信息的需求。但随着时间的推移,由于企业规模或信息应用范围的扩大或设备老化等原因,信息系统又逐渐不能满足需求了。这时企业对信息系统又会提出更高的要求。周而复始,循环不息。这种方法将整个开发过程划分成五个首尾相连的阶段,称为结构化系统开发的生命周期,即系统规划、系统分析、系统设计、系统实施、系统运行五个阶段,如图 9-1 所示。

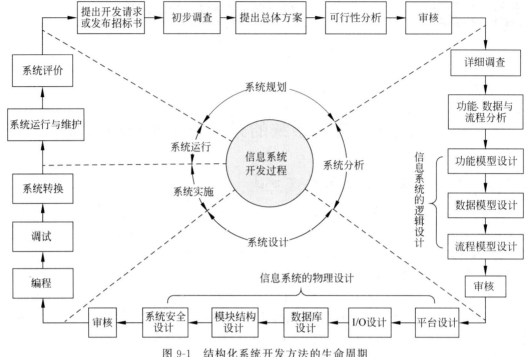

图 9-1 结构化系统开发方法的生命周期

(1) 系统规划阶段。首先,根据用户的系统开发请求,对企业的环境、目标现行系统的状况进行初步调查,其次,依据企业目标和发展战略,确定信息系统的发展战略,对建设新系统的需求做出分析和预测,明确所受到的各种约束条件,研究建设新系统的必要性和可能性。最后,进行可行性分析,写出可行性分析报告,可行性分析报告审议通过后,将新系统建设方案及实施计划编成系统规划报告。

(2) 系统分析阶段。根据系统规划报告中所确定的范围,对现行系统进行详细调查,描述现行系统业务流程,分析数据与数据流程、功能与数据之间的关系,确定新系统的基本目标和逻辑功能,即提出新系统逻辑模型,并把最后成果形成书面材料——系统分析报告。

(3) 系统设计阶段。根据新系统的逻辑模型,具体设计实现逻辑模型的技术方案,即提出新系统的物理模型,进行总体结构设计、代码设计、数据库/文件设计、输入/输出设计和模块结构与功能设计,形成系统设计说明书。

(4) 系统实施阶段。根据系统设计说明书,进行软件编程(或者是选择商品化应用产品,根据系统分析和要求进行二次开发)设计、调试和检错、硬件设备的购入和安装、人员的培训、数据的准备和系统试运行。

(5) 系统运行维护阶段。进行系统的日常运行管理、维护和评价三部分工作。如果试运行结果良好,则送管理部门指导组织生产经营活动;如果存在一些小问题,则对系统进行修改、维护或是局部调整等;若存在重大问题(这种情况一般是运行若干年之后,系统运行的环境已经发生了根本的改变时才可能出现),则用户将会进一步提出开发新系统的要求,这标志着旧系统生命的结束,新系统的诞生。

3）结构化系统开发方法的特点

（1）树立面向用户的观点。系统开发是直接为用户服务的，因此，在开发的全过程中要有用户的观点，一切从用户利益出发。应尽量吸收用户单位的人员参与开发的全过程，加强与用户的联系、统一认识，加速工作进度，提高系统质量，减少系统开发的盲目性和失败的可能性。

（2）自顶向下的分析与设计和自底向上的系统实施。按照系统的观点，任何事情都是互相联系的整体。因此，在系统分析与设计时要站在整体的角度，自顶向下地工作。但在系统实施时，先对最底层的模块编程，然后一个模块、几个模块地调试，最后自底向上逐步构建整个系统。

（3）严格按阶段进行。整个 MIS 开发过程划分为若干个工作阶段，每个阶段都有明确的任务和目标，各个阶段又可分为若干工作和步骤，逐一完成任务，从而实现预期目标。这种有条不紊的开发方法，便于计划和控制，基础扎实，不易返工。

（4）加强调查研究和系统分析。为了使系统更加满足用户要求，要对现行系统进行详细的调查研究，尽可能弄清现行系统业务处理的每一个细节，做好总体规划和系统分析，从而描述出符合用户实际需求的新系统逻辑模型。

（5）先逻辑设计后物理设计。在进行充分的系统调查和分析论证的基础上，弄清用户要"做什么"，并将其抽象为系统的逻辑模型，然后进入系统的物理设计与实施阶段，解决"怎么做"的问题。这种做法符合人们的认识规律，从而保证系统开发工作的质量和效率。

（6）工作文档资料规范化和标准化。根据系统工程的思想，管理信息系统的各个阶段性的成果必须文档化，只有这样才能更好地实现用户与系统开发人员的交流，才能确保各个阶段的无缝连接。因此必须充分重视文档资料的规范化、标准化工作，充分发挥文档资料的作用，为提高 MIS 的适应性提供可靠保证。

4）结构化系统开发方法的优缺点

这种方法强调将系统开发项目划分成不同的阶段。每个阶段都有明确的起始和完成的进度安排，对开发周期的各个阶段进行管理控制。在每个阶段的末期，要对该阶段的工作做出常规评价。对当前阶段的任务是否有需要修改和返工的部分，任务完成符合要求后，是否进入下一阶段继续开发等问题要及时做出决策。开发过程要及时建立诸如数据流程图、实体-联系图以及各种文档。这些文档对系统投入运行后的系统维护工作十分重要。由于它及时对各阶段的工作进行评价，从而能对各阶段的工作任务符合系统需求和符合组织标准提供有力的保证措施。总之，采用这种方法有利于系统结构的优化，设计出的系统比较容易实现而且具有较好的可维护性，因而得到了广泛的应用。

但是，这种方法开发过程过于烦琐，周期过长，工作量太大。在系统开发未结束前，用户不能使用系统，却要求系统开发人员在调查中充分掌握用户需求、管理状况以及可预见未来可能发生的变化，不符合人类的认识规律，在实际工作中难以实施，导致系统开发的风险较大。该方法的另一个缺点是对用户需求的改变反映不灵活。尽管有这些局限性，结构化系统开发法（生命周期法）还是经常应用在大型、复杂的影响企业整体运作的企业事务处理系统（TPS）和管理信息系统（MIS）的开发项目中，也经常应用在政府项目中。

2. 原型法

原型法（Prototyping Approch）是 20 世纪 80 年代随着计算机技术的发展，特别是在关系数据库系统(RDBS)、第4代程序生成语言(4GL)和各种系统开发生成环境产生的基础之上，提出的一种新的系统开发方法。与结构化系统开发方法相比，原型法放弃了对现行系统的全面、系统的详细调查与分析，而是根据系统开发人员对用户需求的理解，在强有力的软件环境支持下，快速开发出一个实实在在的系统原型，并提供给用户，与用户一起反复协商修改，直到形成实际系统。

1) 原型法的基本思想

原型法的基本思想是：在软件生产中，引进工业生产中在设计阶段和生产阶段中的试制样品的方法，解决需求规格确立困难的问题。首先，系统开发人员在初步了解用户需求的基础上，迅速而廉价地开发出一个实验型的系统，即"原型"；然后将其交给用户使用，通过使用，启发用户提出进一步的需求，并根据用户的意见对原型进行修改，用户使用修改后系统提出新的需求。这样不断反复修改，用户和开发人员共同探讨改进和完善，直至最后完成一个满足用户需求的系统。

2) 原型法开发的步骤

(1) 确定用户的基本需求。系统开发人员对组织进行初步调查，与用户进行交流，收集各种信息，进行可行性分析，从而发现和确定用户的基本需求。用户的基本需求包括：系统的功能、人机界面、输入和输出要求、数据库基本结构、保密要求、应用范围、运行环境等。但基本不涉及编程规则、安全问题或期末的处理(如工资管理系统在年终产生的报表)。

(2) 开发一个初始原型。系统开发人员根据用户的基本需求，在强有力的工具软件支持下，迅速开发一个初始原型，以便进行讨论，并从它开始迭代。通常初始原型只包括用户界面，如数据输入屏幕和报表，但初始原型的质量对生成新的管理信息系统至关重要。如果一个初始原型存在明显缺陷，就会导致重新构造一个新原型。

(3) 使用和评价系统原型。用户通过对原型的操作、检查、测试和运行，获得对系统最直接的感受，不断发现原型中存在的问题，并对功能、界面(屏幕、报告)以及原型的各个方面进行评价，提出修改意见。

(4) 修改原型。根据上一阶段所发现的问题，系统开发人员和用户共同修正、改进原型，得到最终原型。第三阶段和第四阶段需要多次反复，直至用户满意为止。

(5) 判定原型完成。判定原型是否完成就是判断有关用户的各项需求是否最终实现。如果已经实现，则进入整理原型，提供文档阶段，否则继续修改。

(6) 整理原型，提供文档。整理原型，提供文档是把原型进行整理和编号，并将其写入系统开发文档资料中，以便为下一步的运行、开发服务。其中包括用户的需求说明、新系统的逻辑方案、系统设计说明、数据字典、系统使用说明书等。所开发出的系统和相应的文档资料必须得到用户的检验和认可，如图9-2所示。

3) 原型法的优点

由于原型法不需要对系统的需求进行完整的定义，而是根据用户的基本需求快速开发出系统原型，开

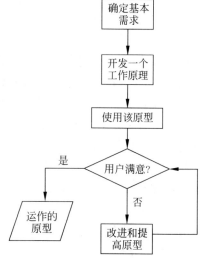

图 9-2 原型法开发的阶段

发人员在与用户对原型的不断"使用-评价-修改"中,逐步完善对系统需求的认识和系统的设计,因而,它具有如下优点。

(1) 原型法符合人类认识事物的规律,更容易使人接受。人们认识任何事物不可能一次完全解决,认识和学习过程都需要循序渐进,人们总是在环境的启发下不断完善对事物的描述。

(2) 改进了开发人员与用户的信息交流方式。由于用户的直接参与,能及时发现问题,并进行修改,这样就清除了歧义,改善了信息的沟通状况。它能提供良好的文档、项目说明和示范,增强了用户和开发人员的兴趣,从而大大减少设计错误,降低开发风险。

(3) 开发周期短、费用低。原型法充分利用了最新的软件工具,丢弃了手工方法,使系统开发的时间、费用大大减少,效率和技术等大大提高。

(4) 应变能力强。原型法开发周期短,使用灵活,对于管理体制和组织结构不稳定、有变化的系统比较适合。由于原型法需要快速形成原型和不断修改演讲,因此,系统的可变性好,易于修改。

(5) 用户满意程度提高。由于原型法以用户为中心来开发系统,加强了用户的参与和决策,向用户和开发人员提供了一个活灵活现的原型系统,实现了早期的人-机结合测试,能在系统开发早期发现错误和遗漏,并及时予以修改,从而提高了用户的满意程度。

4) 原型法的缺点

尽管原型法有上述优点,但是它的使用仍有一定的适用范围和局限性,主要表现在以下几个方面。

(1) 不适合开发大型管理信息系统。对于大型系统,如果不经过系统分析来进行整体性规划,很难直接构造一个原型供人评价。而且容易导致人们认为最终系统过快产生,开发人员忽略彻底的测试,文档不够健全。

(2) 原型法建立的基础是最初的解决方案,以后的循环和重复都在以前的原型基础上进行,如果最初的原型不适合,则系统开发会遇到较大的困难。

(3) 对于原基础管理不善,信息处理过程混乱的组织,构造原型有一定的困难。而且没有科学合理的方法可依,系统开发容易走上机械地模拟原来手工系统的轨道。

(4) 没有正规的分阶段评价,因而对原型的功能范围的掌握有困难。由于用户的需求总在改变,系统开发永远不能结束。

(5) 由于原型法的系统开发不是很规范,系统的备份、恢复,系统性能和安全问题容易忽略。

3. 面向对象法

面向对象法(Object Oriented,OO)是一种认识客观世界,从结构组织模拟客观世界的方法。面向对象法产生于 20 世纪 60 年代,在 20 世纪 80 年代后获得广泛应用。它一反那种功能分解方法只能单纯反映管理功能的结构状态,数据流程模型(DFD)只是侧重反映事物的信息特征和流程,信息模拟只能被动迎合实际问题需要的做法,而面向对象的角度为人们认识事物,进而为开发系统提供了一种全新的方法。这种方法以类、继承等概念描述客观事物及其联系,为管理信息系统的开发提供了全新思路,成为现在比较流行的开发方法之一。

1) 面向对象法的基本思想

OO 方法认为:客观世界是由许多各种各样的对象所组成的,每种对象都有各自的内部状态和运动规律,不同对象之间的相互作用和联系就构成了各种不同的系统。设计和实现一个客观系统时,如果能在满足需求的条件下,把系统设计成由一些不可变的(相对固定)部分组成的最小集合,这个设计就是最好的。因为它把握了事物的本质,因而不再会被周围环境(物理环境和管理模式)的变化以及用户没完没了的变化需求所左右,而这些不可变的部分就是对象。客观事物都是由对象组成的,对象是在原来事物基础上抽象的结果。任何复杂的事物都可以通过对象的某种组合而构成。

2) 面向对象法的开发过程

按照 OO 方法的基本思想,可将其开发过程分为以下四个阶段。

(1) 系统调查和需求分析。对所要研究的系统面临的具体管理问题以及用户对系统开发的需求进行调查研究,弄清目的是什么,给出前进的方向。

(2) 面向对象分析阶段(Object-Oriented Analysis,OOA)。在繁杂的问题领域中抽象地识别出对象及其行为、结构、属性等。

(3) 面向对象设计阶段(Object-Oriented Design,OOD)。根据面向对象分析阶段的文档资料,做进一步的抽象、归类、整理,运用雏形法构造出系统的雏形。

(4) 面向对象实现阶段(Object-Oriented Programming,OOP)。根据面向对象设计阶段的文档资料,运用面向对象的程序设计语言加以实现。

3) 面向对象法的特点

面向对象法是以对象为中心的一种开发方法,具有以下特点。

(1) 封装性(Encapsulation)。在 OO 方法中,程序和数据是封装在一起的,对象作为一个实体,它的操作隐藏在行为中,状态由对象的"属性"来描述,并且只能通过对象中的"行为"来改变,外界一无所知。可以看出,封装性是一种信息隐蔽技术,是面向对象法的基础。因此,OO 方法的创始人 Coad 和 Yourdon 认为面向对象就是"对象+属性+行为"。

(2) 抽象性。在面向对象法中,把抽出实体的本质和内在属性而忽略一些无关紧要的属性称为抽象。类是抽象的产物,对象是类的一个实体。同类中的对象具有类中规定的属性和行为。

(3) 继承性。继承性是指子类共享父类的属性与操作的一种方式,是类特有的性质。类可以派生出子类,子类自动继承父类的属性与方法。可见,继承大大地提高了软件的可重用性。

(4) 动态链接性。动态链接性是指各种对象间统一、方便、动态的消息传递机制。

4) 面向对象法的优缺点

面向对象的方法更接近于现实世界,可以很好地限制由于不同的人对于系统的不同理解所造成的偏差;以对象为中心,利用特定的软件工具直接完成从对象客体的描述到软件结构间的转换,解决了从分析和设计到软件模块结构之间多次转换的繁杂过程,缩短了开发周期,是一种很有发展潜力的系统开发方法。

但是,它需要一定的软件基础支持才可以应用,并且在大型 MIS 开发中不进行自顶向下的整体划分,而直接采用自底向上的开发,很难得出系统的全貌,会造成系统结构不合理,各部分关系失调等问题。

面向对象系统开发的趋势:分析和设计更加紧密难分。由于重用性提高,程序设计比重越来越小,系统测试和维护得到简化和扩充,开发模型越来越注重对象之间交互能力的描述。

9.1.2 数据库应用系统开发的一般步骤

数据库应用系统开发一般主要分为以下七个步骤。

(1) 规划：规划的主要任务就是做必要性及可行性分析。规划阶段的工作成果是写出详尽的可行性分析报告和数据库应用系统规划书。内容应包括：系统的定位及其功能、数据资源及数据处理能力、人力资源调配、设备配置方案、开发成本估算、开发进度计划等。

(2) 需求分析：需求分析大致可分成三步来完成，即需求信息收集、需求信息的分析整理和需求信息的评审。需求分析阶段的工作成果是写出一份既切合实际又具有预见的需求说明书，并且附以一整套详尽的数据流图和数据字典。

(3) 概念模型设计：概念模型不依赖于具体的计算机系统，它是纯粹反映信息需求的概念结构。建模是在需求分析结果的基础上展开，常常要对数据进行抽象处理。常用的数据抽象方法是"聚集"和"概括"。

E-R 方法是设计概念模型时常用的方法。用设计好的 E-R 图再附以相应的说明书可作为阶段成果。概念模型设计可分三步完成，即设计局部概念模型、设计全局概念模型和概念模型的评审。

(4) 逻辑结构设计：逻辑设计阶段的主要目标是把概念模型转换为具体计算机上DBMS 所支持的结构数据模型。

逻辑设计的输入要素包括：概念模式、用户需求、约束条件、选用的 DBMS 的特性。

逻辑设计的输出信息包括：DBMS 可处理的模式和子模式、应用程序设计指南、物理设计指南。

(5) 物理结构设计：物理设计是对给定的逻辑数据模型配置一个最适合应用环境的物理结构。

物理设计的输入要素包括：模式和子模式、物理设计指南、硬件特性、OS 和 DBMS 的约束、运行要求等。

物理设计的输出信息主要是物理数据库结构说明书。其内容包括物理数据库结构、存储记录格式、存储记录位置分配及访问方法等。

(6) 程序编制及调试：在逻辑数据库结构确定以后，应用程序设计的编制就可以和物理设计并行地展开。

程序模块代码通常先在模拟的环境下通过初步调试，然后再进行联合调试。联合调试的工作主要有以下几点：建立数据库结构，调试运行，装入实际的初始数据。

(7) 运行和维护：数据库正式投入运行后，运行维护阶段的主要工作如下。

① 维护数据库的安全性与完整性。按照制定的安全规范和故障恢复规范，在系统的安全出现问题时，及时调整授权和更改密码。及时发现系统运行时出现的错误，迅速修改，确保系统正常运行。把数据库的备份和转储作为日常的工作，一旦发生故障，立即使用数据库的最新备份予以恢复。

② 监察系统的性能。运用 DBMS 提供的性能监察与分析工具，不断地监控系统的运行情况。当数据库的存储空间或响应时间等性能下降时，立即进行分析研究找出原因，并及时采取措施改进。例如，可通过修改某些参数、整理碎片、调整存储结构或重新组织数据库等方法，使数据库系统保持高效率地正常运作。

③ 扩充系统的功能。在维持原有系统功能和性能的基础上,适应环境和需求的变化,采纳用户的合理意见,对原有系统进行扩充,增加新的功能。

9.2 数据库应用系统体系结构

信息系统平台模式大致分为 4 种:主机终端模式、文件服务器模式、客户机/服务器模式(Client/Server,C/S)和浏览器/服务器模式(Browser/Server,B/S)。

主机终端模式由于硬件选择有限,硬件投资得不到保证,已被逐步淘汰。而文件服务器模式只适用于小规模的局域网,对于用户多、数据量大的情况就会产生网络瓶颈,特别是在互联网上不能满足用户要求。因此,现代企业 MIS 系统平台主要考虑的是 C/S 模式和 B/S 模式。

9.2.1 C/S体系数据库应用系统

C/S 模式产生于 20 世纪 80 年代。在这种结构中,网络中的计算机分为两个有机联系的部分:客户机和服务器。服务器通常采用高性能的 PC、工作站或小型计算机,并采用大型数据库系统,如 Oracle、Sybase、Informix 或 SQL Server。客户机由功能一般的微型计算机担任,客户端需要安装专用的客户端软件,它可以使用服务器中的资源。该模式结构的应用原理如图 9-3 所示。

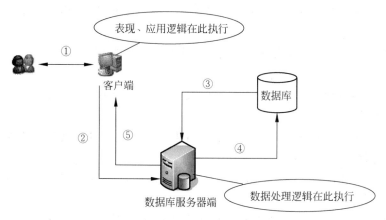

图 9-3　客户机/服务器模式原理

C/S 模式的工作原理如下。
(1) 首先由客户向客户端计算机发出请求,请求创建、增删某条记录或者多条记录。
(2) 客户端将指令传到服务器端。
(3) 数据库服务器只从数据库表中读取请求的行和列。
(4) 数据库服务器根据客户端的要求对数据库中的记录进行修改(创建、增删改等)。
(5) 服务器端对客户端请求进行响应,只返回需要的行和列。

C/S 结构的优点是能充分发挥客户端 PC 的处理能力,很多工作可以在客户端处理后再提交给服务器。对应的优点就是客户端响应速度快。具体表现在以下两点。
(1) 应用服务器运行数据负荷较轻。最简单的 C/S 体系结构的数据库应用由两部分组成,即客户应用程序和数据库服务器程序。二者可分别称为前台程序与后台程序。运行数据库服务器程序的机器,也称为应用服务器。一旦服务器程序被启动,就随时等待响应客户程序发来的请求;客户应用程序运行在用户自己的计算机上,对应于数据库服务器,可称为客户计算机,当需要对数据库中的数据进行任何操作时,客户程序就自动地寻找服务器程序,并向其发出请求,服务器程序根据预定的规则做出应答,送回结果,应用服务器运行数据负荷较轻。

（2）数据的存储管理功能较为透明。在数据库应用中,数据的存储管理功能是由服务器程序和客户应用程序分别独立进行的,并且通常把那些不同的（不管是已知还是未知的）前台应用所不能违反的规则,在服务器程序中集中实现,例如,访问者的权限中编号不可以重复、必须有客户才能建立订单这样的规则。所有这些,对于工作在前台程序上的最终用户,是"透明"的,他们无须过问（通常也无法干涉）背后的过程,就可以完成自己的一切工作。在客户机/服务器架构的应用中,前台程序不是非常"瘦小",麻烦的事情都交给了服务器和网络。

C/S 模式的主要缺点如下。

（1）应用逻辑必须在所有客户机上进行复制和维护,可能涉及成千上万个客户端的应用软件安装。

（2）设计人员必须为版本升级做计划,提供控制,以确保每个客户端都运行业务逻辑的最新版本,并确保其他软件不会干扰业务逻辑。

（3）应用逻辑分布在客户端,客户机发出数据请求,服务器端返回结果。当客户数目激增时,大量的数据传输也会增加网络负载,导致服务器的性能因为无法进行负载平衡而下降。

9.2.2 B/S 体系数据库应用系统

B/S 模式,即浏览器/服务器模式,是一种从传统的二层 C/S 模式发展起来的新的网络结构模式。其本质是三层结构 C/S 模式。B/S 模式主要由客户机、Web 服务器和数据服务器组成,其结构如图 9-4 所示。

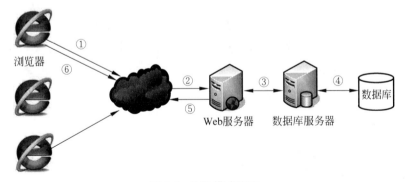

图 9-4　B/S 模式原理

B/S 模式的工作原理如下。

（1）客户端运行浏览器软件,浏览器向 Web 服务器提出 HTTP 查询请求,请求的方式分为 POST 和 GET。对于 GET 请求,浏览器其实是一个 URL 请求,变量名和内容都包含在 URL 中,形式如 http://www.url.com/index.asp?id=123;对于 POST 请求,浏览器将生成一个数据包将变量名和它们的内容捆绑在一起,并发送到服务器。

(2) Web 服务器接受客户端请求后,如果是对静态页面的请求,就将静态页面发送给客户端;如果是请求的内容需动态处理,请求将转交给动态处理程序如 aspx,jsp 等进行相应处理。

(3) 若在处理过程中遇到与数据库有关的指令,由 Web 服务器交给数据库服务器来解释执行。

(4) 数据库服务器根据请求对数据库中的记录进行修改(创建、增删改等)或返回请求的行和列信息,并将数据处理结果返回给 Web 服务器。

(5) Web 服务器生成返回页面并将结果打包成 HTTP 响应返回给浏览器。

(6) 最后由浏览器对 Web 服务器的响应进行解析,并在屏幕上显示 HTML 输出。

B/S 模式的主要优点如下。

(1) 简化了客户端。它无须像 C/S 模式那样在不同的客户机上安装不同的客户应用程序,而只需安装通用的浏览器软件。不但可以节省客户机的硬盘空间与内存,而且使安装过程更加简便,网络结构更加灵活。

(2) 简化了系统的开发和维护。系统的开发者无须再为不同级别的用户设计开发不同的应用程序,只需把所有的功能都实现在 Web 服务器上,并就不同的功能为各个组别的用户设置权限就可以了。各个用户通过 HTTP 请求在权限范围内调用 Web 服务器上不同的处理程序,从而完成对数据的查询或修改。相对于 C/S,B/S 的维护具有更大的灵活性。

(3) 使客户的操作变得更简单。对于 C/S 模式,客户应用程序有自己特定的规格,使用者需要接受专门培训。而使用 B/S 模式时,客户端只是一个简单易用的浏览器软件。B/S 模式的这种特性还使信息化环境维护的限制因素更少。

(4) B/S 结构特别适合于网上信息发布,使得传统的信息管理系统的功能有所扩展,这是 C/S 模式无法实现的。

鉴于 B/S 相对于 C/S 的先进性,B/S 模式逐渐成为一种流行的信息化环境平台。

B/S 模式的主要缺点如下。

(1) 企事业单位或部门是一个有结构、有管理、有确定任务的有序实体,而 Internet 面向的却是一个无序的集合,B/S 必须适应长期在 C/S 模式下的有序需求方式。

(2) 传统的工作中已经积累了各种基于非 Internet 技术上的应用,与这些应用连接是 Intranet 一项极其重要而繁重的任务。缺乏对动态页面的支持能力,没有集成有效的数据库处理功能,安全性难以控制,好的集成工具不足等,也是 B/S 目前存在的问题。

9.2.3 数据库应用系统体系结构选择

在传统的 C/S 下已经积累了大量的应用和信息,而这些信息还在广泛地使用。B/S 结构适用于信息发布,而对于如在线事务处理应用则不尽如人意。在实际进行网络数据库应用系统的开发时,系统分析员可以根据系统的特点,灵活地选择不同的信息化环境平台及采用哪一种体系结构。

(1) 适合采用 C/S 结构的应用系统的特点。

① 安全性要求高。

② 要求具有较强的交互性。

③ 使用范围小、地点相对固定。

④ 要求处理大量数据。

(2) 适合采用 B/S 结构的应用系统的特点。

① 使用范围广、地点灵活。

② 功能变动频繁。

③ 安全性、交互性要求不同。

(3) B/S 与 C/S 的混合模式。

将 B/S 和 C/S 两种模式的优势结合起来，即形成 B/S 和 C/S 的混合模式。对于面向大量用户的模块采用三层 B/S 模式，在用户端计算机上安装运行浏览器软件，基础数据集中放在高性能的数据库服务器上，中间建立一个 Web 服务器作为数据库服务器与客户机浏览器的交互通道。而对于系统模块安全性要求高、交互性强、处理数据量大、数据查询灵活时，则使用 C/S 模式，这样就能充分发挥各自的长处，开发出安全可靠、灵活方便、效率高的数据库应用系统。

9.3　数据库访问技术

9.3.1　ODBC

开放数据库连接(Open Database Connectivity，ODBC)是为解决异构数据库间的数据共享而产生的，现已成为 WOSA(The Windows Open System Architecture，Windows 开放系统体系结构)的主要部分和基于 Windows 环境的一种数据库访问接口标准。ODBC 为异构数据库访问提供统一接口，允许应用程序以 SQL 为数据存取标准，存取不同 DBMS 管理的数据；使应用程序直接操纵 DB 中的数据，免除随 DB 的改变而改变。用 ODBC 可以访问各类计算机上的 DB 文件，甚至访问如 Excel 表和 ASCII 数据文件这类非数据库对象，这部分内容在第 8 章有详细介绍。

9.3.2　ADO.NET

ADO.NET 的名称起源于 ADO(ActiveX Data Objects)，是一个 COM 组件库，用于在以往的 Microsoft 技术中访问数据。之所以使用 ADO.NET 这个名称，是因为 Microsoft 希望表明，这是在.NET 编程环境中优先使用的数据访问接口。

ADO.NET 可让开发人员以一致的方式存取资料来源(例如 SQL Server 与 XML)，以及透过 OLE DB 和 ODBC 所公开的资料来源。资料共用的消费者应用程序可使用 ADO.NET 来连接至这些资料来源，并且撷取、处理及更新其中所含的资料。

ADO.NET 可将资料管理的资料存取分成不连续的元件，这些元件可分开使用，也可串联使用。ADO.NET 也包含 .NET Framework 资料提供者，以用于连接资料库、执行命令和撷取结果。这些结果会直接处理、放入 ADO.NET DataSet 中以便利用机器操作（Ad Hoc）的方式公开给使用者，与多个来源的资料结合，或在各层之间进行传递。DataSet 也可以与.NET Framework 资料提供者分开使用，以便管理应用程序本机的资料或来自 XML

的资料。

ADO.NET 类别（Class）位于 System. Data. dll 中，而且会与 System. Xml. dll 中的 XML 类别整合。

ADO.NET 可为撰写 Managed 程式码的开发人员提供类似于 ActiveX Data Objects（ADO）提供给组件对象模型（Component Object Model，COM）开发人员的功能。建议使用 ADO.NET 而非 ADO 来存取.NET 应用程序中的资料。

ADO .NET 会提供最直接的方法，让开发人员在 .NET Framework 中进行资料存取。

9.3.3　JDBC

JDBC(Java DataBase Connectivity，Java 数据库连接)是一种用于执行 SQL 语句的 Java API，可以为多种关系数据库提供统一访问，它由一组用 Java 语言编写的类和接口组成。JDBC 提供了一种基准，据此可以构建更高级的工具和接口，使数据库开发人员能够编写数据库应用程序，同时，JDBC 也是个商标名。

有了 JDBC，向各种关系数据发送 SQL 语句就是一件很容易的事。换言之，有了 JDBC API，就不必为访问 Sybase 数据库专门写一个程序，为访问 Oracle 数据库又专门写一个程序，或为访问 Informix 数据库又编写另一个程序等，程序员只需用 JDBC API 写一个程序就够了，它可向相应数据库发送 SQL 调用。同时，将 Java 语言和 JDBC 结合起来使程序员不必为不同的平台编写不同的应用程序，只需写一遍程序就可以让它在任何平台上运行，这也是 Java 语言"编写一次，处处运行"的优势。

9.4　SQL Server 2012 数据库开发技术

随着计算机网络技术的发展，绝大部分的计算机应用成为基于网络的应用，因而多层体系结构数据库技术得到广泛应用。数据库应用系统的开发，已经由一体的开发分离为服务器端数据库的开发、客户端应用程序的开发以及中间件的设计等部分。FoxBASE、FoxPro 等小型数据库管理系统，已经无法满足发展着的技术的需要，SQL Server、Oracle、Sybase 等大型数据库管理系统迅速取而代之。这些大型数据库管理系统，既支持服务器端数据库的开发，同时又作为数据库服务器，负责完成数据库数据的存储管理、安全管理、并发控制、事务管理、完整性维护、查询优化等工作。

PowerBuilder、Delphi、Visual Basic、Visual C++ 等开发工具负责完成客户端应用程序的开发，客户端应用程序负责数据请求、数据表现、菜单和用户界面等功能的实现。SQL Server 是微软公司的数据库服务器产品，Microsoft SQL Server 2012 是其最新版本，以其易操作及友好的界面，赢得了广大用户的青睐。Oracle 数据库系统是 Oracle 公司开发的关系数据库产品，以其开放性和分布处理能力，获得了较高的市场占有率。PowerBuilder 8.0 是 Sybase 公司推出的开发工具，用于开发多层结构的企业级应用系统，该工具功能全面、性能优异。本书从实用的角度出发，系统地介绍了数据库应用系统的开发方法，有机地将服务器端和客户端的设计结合在一起。

Microsoft SQL Server 2012 是微软发布的新一代数据平台产品，全面支持云技术与平台，并且能够快速构建相应的解决方案实现私有云与公有云之间数据的扩展与应用的迁移。

SQL Server 2012 包含企业版（Enterprise）、标准版（Standard）、Web 版、开发者版（Developer），另外新增了商业智能版（Business Intelligence）。

9.4.1 SQL Server 2012 数据库系统架构

SQL Server 2012 功能模块众多，但是从总体来说可以将其分成两大模块：数据库模块和商务智能模块。

数据库模块除了数据库引擎以外，还包括以数据库引擎为核心的 Service Broker、复制、全文搜索等功能组件。而商务智能模块由集成服务（Integration Services）、分析服务（Analysis Services）和报表服务（Reporting Services）三大组件组成。

数据库引擎是整个 SQL Server 2012 的核心所在，其他所有组件都与其有着密不可分的联系。SQL Server 数据库引擎有 4 大组件：协议（Protocol）、关系引擎（Relational Engine，包括查询处理器，即 Query Compilation 和 Execution Engine）、存储引擎（Storage Engine）和 SQLOS。任何客户端提交的 SQL 命令都要和这 4 个组件进行交互。

协议层接受客户端发送的请求并将其转换为关系引擎能够识别的形式。同时，它也能将查询结果、状态信息和错误信息等从关系引擎中获取出来，然后将这些结果转换为客户端能够理解的形式返回给客户端。

关系引擎负责处理协议层传来的 SQL 命令，对 SQL 命令进行解析、编译和优化。如果关系引擎检测到 SQL 命令需要数据就会向存储引擎发送数据请求命令。

存储引擎在收到关系引擎的数据请求命令后负责数据的访问，包括事务、锁、文件和缓存的管理。

SQLOS 层则被认为是数据库内部的操作系统，它负责缓冲池和内存管理、线程管理、死锁检测、同步单元和计划调度等。

9.4.2 SQL Server 2012 数据库应用项目开发相关技术

1. ASP.NET

ASP.NET 不仅是 Active Server Page（ASP）的下一版本，还是统一的 Web 开发平台，用来提供开发人员生成企业级 Web 应用程序所需的服务。ASP.NET 的语法在很大程度上与 ASP 兼容，同时它还提供一种新的编程模型和结构，用于生成更安全、可伸缩和稳定的应用程序。可以通过在现有 ASP 应用程序中逐渐添加 ASP.NET 功能，随时增强该 ASP 应用程序的功能。ASP.NET 是一个已编译的、基于.NET 的环境，可以用任何与.NET 兼容的语言（包括 Visual Basic .NET、C♯和 JScript .NET）创作应用程序。另外，任何 ASP.NET 应用程序都可以使用整个.NET 框架。开发人员可以方便地获得这些技术的优点，其中包括托管的公共语言运行库环境、类型安全、继承等。ASP.NET 技术具有简洁的设计和实施，完全面向对象，具有平台无关性且安全可靠，主要面向互联网。此外，强大的可伸缩性和多种开发工具的支持，语言灵活，也让其具有强大的生命力。ASP.NET 以其良好的结构及扩展性、简易性、可用性、可缩放性、可管理性、高性能的执行效率、强大的工具和平台支持和良好的安全性等特点成为目前最流行的 Web 开发技术之一。而采用 ASP.NET 语言的网络应用开发框架，目前也已得到广泛的应用，其优势主要是为搭建具有可伸缩性、灵活性、易维护性的业务系统提供了良好的机制。

ASP.NET 开发技术具有如下特点。

(1) 多语言支持。这是 ASP.NET 的重要新特性之一,主要表现在所支持的编程语言种类多和单个语言功能强两个方面。首先,ASP.NET 为 Web 应用提供一种类似于 Java 编译技术的"二次编译技术"——中间语言(Microsoft Intermediate Language,MSIL)执行架构,先将 ASP.NET 应用编译成 MSIL,再将 MSIL 编译成机器语言执行。这样,只要能被编译成 MSIL 的编程语言都可以用来编写 ASP.NET 应用。其次,ASP.NET 所支持的编程语言是指这种语言的功能全集(而不是子集),所以,ASP.NET 中每种编程语言的功能要比 ASP 中使用的 VBScript 和 JavaScript 更为强大。

(2) 增强的性能。在 ASP.NET 中,页面代码是被编译执行的,它利用提前绑定、即时编译、本地优化和缓存服务来提高性能。当第一次请求一个页面时,CLR 对页面程序代码和页面自身进行编译,并在高速缓存中保存编译结果的副本。当第二次请求该页面时,就直接使用缓存中的结果(无须再次编译)。这就大大提高了页面的处理性能。

(3) 类和命名空间。ASP.NET 包含一整套有用的类和命名空间(Namespaces)。命名空间被用作一种有组织的机制—— 一种表示可用于其他程序和应用的程序组件的方法。命名空间包含类。和类库一样,命名空间可以使 Web 应用程序的编写变得更加容易。HtmlAnchor、HtmlControl 以及 HtmlForm 是 ASP.NET 中的几个类,它们被包含在 System. Web. UI. HtmlControl 空间中。

(4) 服务器控件。ASP.NET 提供了许多功能强大的服务器控件,这大大简化了 Web 页面的创建任务。这些服务器控件提供从显示、日历、表格到用户输入验证等通用功能,它们自动维护其选择状态,并允许服务器端代码访问和调用其属性、方法和事件。因此,服务器控件提供了一个清晰的编程模型,使得 Web 应用的开发变得简单、容易。

(5) 支持 Web 服务。ASP.NET 提供了强大的、标准化的 Web 服务支持能力,通过使用 Internet 标准,可以将一个 Web 服务和其他 Web 服务集成在一起。Web 服务提供了构建分布式 Web 应用的基本模块。ASP.NET 允许使用和创建 Web 服务。

(6) 更高的安全性。与 ASP 相比,在支持常规 Windows 验证方法的基础上,ASP.NET 还提供了 Passport 和 Cookie 两种不同类型的登录和身份验证方法。同时,ASP.NET 还采用了基于角色的安全模式,为不同角色的用户指定不同的安全授权。另一方面,ASP.NET 还使得创建基于页面的身份验证工作变得更为简单。

(7) 良好的可伸缩性。在 ASP. NET 中,允许使用跨服务器会话(Cross-Server Sessions),其会话状态可以被另一台机器或另一个数据库上的其他进程所维护。随着信息处理和传输流量的增加,可以为系统添加更多的 Web 服务器。

(8) 无 Cookie 会话。即使在浏览器不允许使用 Cookie 的情况下,ASP.NET 仍然能够使用户使用会话状态。与带 Cookie 的会话不同,无 Cookie 会话是通过 URL 将会话标识(Session ID)传递到 ASP.NET 页面的。

2. MVC

MVC 最早由 Trygve Reenskaug 在 1978 年提出,是施乐帕罗奥多研究中心(Xerox PARC)在 20 世纪 80 年代为程序语言 Smalltalk 发明的一种软件设计模式,MVC 模式把软件系统分为三个基本部分:模型(Model)、视图(View)和控制器(Controller),其代表的意义如下。

M：Model 主要是存储或者是处理数据的组件。Model 其实是实现业务逻辑层对实体类相应的数据库操作，如 CRUD。它包括数据、验证规则、数据访问和业务逻辑等应用程序信息。

V：View 是用户接口层组件。主要是将 Model 中的数据展示给用户。aspx 和 ascx 文件被用来处理视图的职责。

C：Controller 处理用户交互，从 Model 中获取数据并将数据传给指定的 View。

MVC 能够将 ASP.NET 应用程序的视图、模型和控制器进行分开，开发人员能够在不同的层次中进行应用程序层次的开发，例如开发人员能够在视图中进行页面视图的开发，而在控制器中进行代码的实现。

1）ASP.NET WebForm 开发模式

（1）处理流程。

在传统的 WebForm 模式下，当我们请求一个例如 http://localhost/index.aspx 的 URL 时，WebForm 程序会到网站根目录下去寻找 index.aspx 文件，并由 index.aspx 页面的 CodeBehind 文件（.cs 文件）进行逻辑处理，其中或许也包括到数据库去取出数据，然后再由 index.aspx 页面来呈现给用户，如图 9-5 所示。

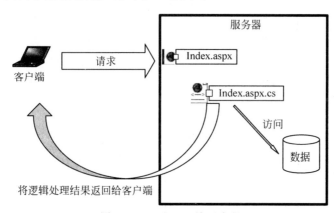

图 9-5　WebForm 处理流程

由此可见，在 WebForm 模式下一个 URL 请求的是在服务器与该 URL 对应路径上的物理文件（ASPX 文件或其他），然后由该文件来处理这个请求并返回结果给客户端。

（2）开发方式。

① 服务器端控件。

② 一般处理程序＋HTML 静态页＋AJAX。

③ 一般处理程序＋HTML 模板引擎。

2）ASP.NET MVC 开发模式

（1）处理流程。

ASP.NET MVC 处理流程如图 9-6 所示。在 ASP.NET MVC 中，客户端所请求的 URL 是被映射到相应的 Controller 去，然后由 Controller 来处理业务逻辑，或许要从 Model 中取数据，然后再由 Controller 选择合适的 View 返回给客户端。前面运行的 ASP.NET MVC 程序访问的 http://localhost/Home/Index 这个 URL，它访问的其实是 HomeController 中的 Index 这个 Action。

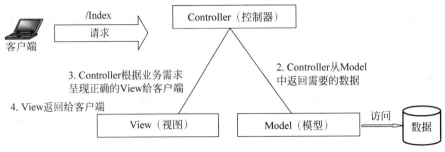

图 9-6　ASP.NET MVC 处理流程

（2）显著特点。

① 2009 年第一个开源项目版本发布，至今已过去 10 年，发展逐渐完善。

② 更加简洁，更加接近原始的"请求-处理-响应"。

③ 更加、更多的新特点，社区活跃。

④ 不会取代 WebForm。

⑤ 底层跟 WebForm 都是一样的，只是管道上不同的处理而已。

3. jQuery

jQuery 是一个快速、简洁的 JavaScript 框架，是继 Prototype 之后又一个优秀的 JavaScript 代码库（或 JavaScript 框架）。jQuery 设计的宗旨是"Write Less，Do More"，即倡导写更少的代码，做更多的事情。它封装 JavaScript 常用的功能代码，提供一种简便的 JavaScript 设计模式，优化 HTML 文档操作、事件处理、动画设计和 AJAX 交互。

jQuery 具有以下特点。

（1）轻量级、体积小，使用灵巧（只需引入一个 JS 文件）。

（2）强大的选择器。

（3）出色的 DOM 操作的封装。

（4）出色的浏览器兼容性。

（5）可靠的事件处理机制。

（6）完善的 AJAX。

（7）链式操作、隐式迭代。

（8）方便的选择页面元素（模仿 CSS 选择器更精确、灵活）。

（9）动态更改页面样式/页面内容（操作 DOM，动态添加、移除样式）。

（10）控制响应事件（动态添加响应事件）。

（11）提供基本网页特效（提供已封装的网页特效方法）。

（12）快速实现通信（AJAX）。

（13）易扩展，插件丰富。

9.5　C♯.NET＋SQL Server 2012 开发校园超市实例

在第 8 章中已经针对校园超市管理系统的数据库设计进行了详细的讲解，本章将从数据库应用系统开发的角度对该案例进行介绍。

9.5.1 需求分析

校园超市管理系统的总功能结构图如图 9-7 所示。

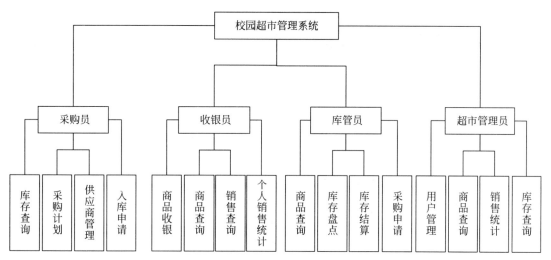

图 9-7 校园超市管理系统的总功能结构图

系统分为四种不同的角色,每种角色对应了不同的功能。

9.5.2 系统总体架构设计

校园超市管理系统的总体架构设计如图 9-8 所示。

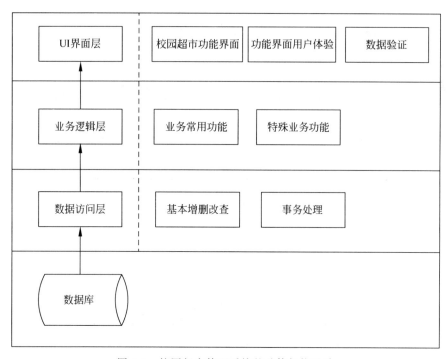

图 9-8 校园超市管理系统的总体架构设计

9.5.3　数据库设计

校园超市管理系统所涉及的核心表及表结构如表 9-1～表 9-5 所示。

表 9-1　Category 表

序号	列　名	数据类型	长度	小数位	标识	主码	外码
1	CategoryNO	varchar	20	0		是	
2	Cat_CategoryNO	varchar	20	0			是
3	CategoryName	varchar	100	0			
4	Description	varchar	500	0			

表 9-2　Goods 表

序号	列　名	数据类型	长度	小数位	标识	主码	外码
1	GoodsNO	varchar	20	0		是	
2	SupplierNO	varchar	20	0			
3	CategoryNO	varchar	20	0			是
4	GoodsName	varchar	100	0			
5	BarCode	varchar	100	0			
6	InPrice	decimal	9	2			
7	SalePrice	decimal	9	2			
8	Number	int	4	0			
9	Unit	varchar	10	0			
10	Comment	varchar	500	0			

表 9-3　SaleBill 表

序号	列　名	数据类型	长度	小数位	标识	主码	外码
1	GoodsNO	varchar	20	0		是	是
2	SNO	varchar	20	0		是	
3	HappenTime	datetime	8	3			
4	Number	int	4	0			

表 9-4　Student 表

序号	列　名	数据类型	长度	小数位	标识	主码	外码
1	SNO	varchar	20	0		是	
2	SName	varchar	20	0			
3	BirthYear	int	4	0			
4	Gender	varchar	2	0			
5	College	varchar	100	0			
6	Major	varchar	100	0			
7	WeiXin	varchar	100	0			

表 9-5 Supplier 表

序号	列　　名	数据类型	长度	小数位	标识	主码	外码
1	SupplierNO	varchar	20	0		是	
2	SupplierName	varchar	100	0			
3	Address	varchar	200	0			
4	Contacts	varchar	50	0			
5	Telephone	varchar	20	0			

9.5.4 系统基础模块设计

系统的目标就是对应用系统的所有对象资源和数据资源进行权限控制,例如应用系统的功能菜单、各个界面的按钮、数据显示的列和各种行级数据进行权限的操控。相关对象主要有用户、角色和权限。它们之间的关系都为多对多。

1. 用户

应用系统的具体操作者,根据所分配到的角色拥有不同的权限功能,一个用户可以拥有多个角色。用户在系统管理中的基础信息应该有账号、姓名、性别、登录密码、角色、联系方式等,一般的用户管理界面如图 9-9 和图 9-10 所示。

	账户	姓名	性别	手机	超市	部门	岗位	创建时间	允许登录
1	1111	大牛	男	18983419362	乐康超市	财务部	库存管理员	2017-07-13	正常
2	1095	朱永慧	男	15004206414	乐康超市	营销部	库存管理员	2016-07-20	正常
3	1112	冯素梅	男	15008170814	乐康超市	人事部	营销人员	2016-07-20	正常
4	1113	高士勤	男	18803237005	乐康超市	人事部	上架人员	2016-07-20	正常
5	1114	韩坚强	男	13306174097	乐康超市	人事部	库存管理员	2016-07-20	正常
6	1115	胡新红	女	18902684965	乐康超市	人事部	采购人员	2016-07-20	正常
7	1116	季明兰	女	18005632057	乐康超市	财务部	上架人员	2016-07-20	正常
8	1010	白玉芬	女	15202701761	乐康超市	营销部	收银员	2016-07-20	正常
9	1011	陈国祥	男	18707385959	乐康超市	营销部	上架人员	2016-07-20	正常
10	1012	陈艳华	女	13105056538	乐康超市	营销部	上架人员	2016-07-20	正常
11	1013	邓海燕	女	18305105175	乐康超市	营销部	上架人员	2016-07-20	正常
12	1014	纪海燕	女	15702775754	乐康超市	营销部	上架人员	2016-07-20	正常

图 9-9 用户信息展示主界面

2. 角色

为了对许多拥有相似权限的用户进行分类管理,定义了角色的概念,例如,系统管理员、管理员、用户、访客等角色。每个角色拥有不同权限功能,将角色赋给用户使其拥有系统的不同功能权限。一般的角色管理界面如图 9-11 和图 9-12 所示。

3. 权限

即系统的功能菜单,权限具有上下级关系,是一个树状的结构,它主要与角色直接产生关系,一个角色可以分配多个功能菜单。一般的系统菜单管理界面如图 9-13 和图 9-14 所示。

图 9-10　用户修改界面

	角色名称	角色编号	角色类型	归属机构	创建时间	有效
1	超级管理员	administrators	系统角色	乐康超市	2016-07-10	⬤
2	系统管理员	system	系统角色	乐康超市	2016-07-10	⭕
3	系统配置员	configuration	业务角色	乐康超市	2016-07-10	⬤
4	系统开发人员	developer	业务角色	乐康超市	2016-07-10	⬤
5	内部员工	innerStaff	业务角色	乐康超市	2016-07-10	⬤
6	档案管理员	archvist	业务角色	乐康超市	2016-07-10	⬤
7	访客人员	guest	其他角色	乐康超市	2016-07-10	⬤
8	测试人员	tester	业务角色	乐康超市	2016-07-10	⬤
9	客服人员	services	业务角色	乐康超市	2016-07-10	⬤

图 9-11　角色管理主界面

图 9-12　角色权限分配界面

	名称	连接
1	▼ 系统管理	
2	部门管理	/SystemManage/Organize/Index
3	角色管理	/SystemManage/Role/Index
4	岗位管理	/SystemManage/Duty/Index
5	用户管理	/SystemManage/User/Index
6	数据字典	/SystemManage/ItemsData/Index
7	系统菜单	/SystemManage/Module/Index
8	▼ 会员管理	
9	会员列表	/SystemManage/Customer/Index
10	会员充值	/SystemManage/Recharge/Index
11	▼ 商品管理	
12	商品列表	/SystemManage/Merch/Index
13	商品分类	/SystemManage/Category/Index

图 9-13　菜单管理界面

上级	系统管理	▲	名称	用户管理
连接	父节点		目标	框架页 ▼
	系统管理			
图标	部门管理		排序	4
	角色管理			
选项	岗位管理		☐ 允许编辑　☐ 允许删除	
介绍	用户管理			
	数据字典			
	系统菜单			

确认　关闭

图 9-14　菜单修改界面

9.5.5　用户登录模块

（1）新建登录控制器：在项目的 Controllers 文件下右击选择"添加"→"控制器"，并命名为 LoginController，模板选择"空 MVC 控制器"，然后单击"确定"按钮，如图 9-15 和图 9-16 所示。

（2）新建 LoginController 控制器对应的视图：将光标移进默认新建的 Index 方法内部，然后右击选择"添加视图"，视图名称默认为 Index，不需要母版页，如图 9-17 和图 9-18 所示。

（3）在新建的 Index 视图中引入插件 JS、CSS，HTML 页面结构布局和登录的 JavaScript 脚本。脚本代码如程序清单 9-1 所示。

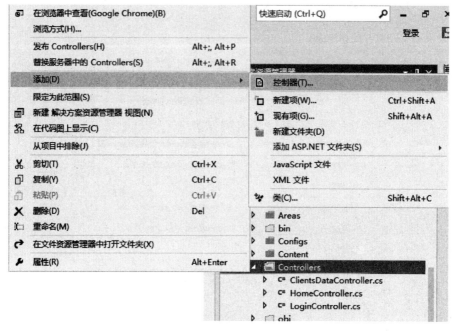

图 9-15　新建控制器

图 9-16　控制器命名

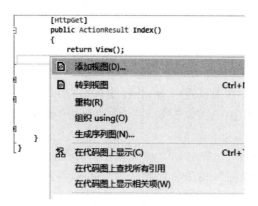

图 9-17　新建视图

图 9-18　视图设置

程序清单 9-1：前端用户登录 JavaScript

```
< script type = "text/javascript">
        (function ( $ ) {
            $ . login = {
                formMessage: function (msg) {
                    $ ('. login_tips'). find('. tips_msg'). remove();
                    $ ('. login_tips'). append('< div class = "tips_msg">< i class = "fa fa -
question - circle"></i>' + msg + '</div>');
                },
                loginClick: function () {
                    var $ username = $ (" # txt_account");
                    var $ password = $ (" # txt_password");
                    var $ code = $ (" # txt_code");
                    if ( $ username. val() == "") {
                        $ username. focus();
                        $ . login. formMessage('请输入用户名/手机号/邮箱.');
                        return false;
                    } else if ( $ password. val() == "") {
                        $ password. focus();
                        $ . login. formMessage('请输入登录密码.');
                        return false;
                    } else if ( $ code. val() == "") {
                        $ code. focus();
                        $ . login. formMessage('请输入验证码.');
                        return false;
                    } else {
```

```
                                    $("#login_button").attr('disabled','disabled').find('span').html
("loading…");
                              debugger;
                            $.ajax({
                                url: "/Login/CheckLogin",
                                data: { username: $.trim($username.val()), password: $.md5
($.trim($password.val())), code: $.trim($code.val()) },
                                type: "post",
                                dataType: "json",
                                success: function (data) {
                                    if (data.state == "success") {
                                        $("#login_button").find('span').html("登录成功,正
在跳转…");

                                        window.setTimeout(function () {
                                            window.location.href = "/Home/Index";
                                        }, 500);
                                    } else {
                                        $("#login_button").removeAttr('disabled').find('span').
html("登录"),

                                        $("#switchCode").trigger("click");
                                        $code.val('');
                                        $.login.formMessage(data.message);
                                    }
                                }
                            });
                        }
                    },
                    init: function () {
                        $('.wrapper').height($(window).height());
                        $(".container").css("margin-top", ($(window).height() -
$(".container").height()) / 2 - 50);
                        $(window).resize(function (e) {
                            $('.wrapper').height($(window).height());
                            $(".container").css("margin-top", ($(window).height() -
$(".container").height()) / 2 - 50);
                        });
                        $("#switchCode").click(function () {
                            $("#imgcode").attr("src", "/Login/GetAuthCode?time=" +
Math.random());
                        });
                        var login_error = top.$.cookie('nfine_login_error');
                        if (login_error != null) {
                            switch (login_error) {
                                case "overdue":
                                    $.login.formMessage("系统登录已超时,请重新登录");
                                    break;
                                case "OnLine":
                                    $.login.formMessage("您的账号已在其他地方登录,请重新
登录");

                                    break;
                                case "-1":
                                    $.login.formMessage("系统未知错误,请重新登录");
                                    break;
                            }
```

```
                top. $ .cookie('nfine_login_error','', { path: "/", expires: -1 });
            }
            $ ("#login_button").click(function () {
                $ .login.loginClick();
            });
            document.onkeydown = function (e) {
                if (!e) e = window.event;
                if ((e.keyCode || e.which) == 13) {
                    document.getElementById("login_button").focus();
                    document.getElementById("login_button").click();
                }
            }
        }
    };
    $ (function () {
        $ .login.init();
    });
})(jQuery);
</script>
```

后端在 LoginController 里用 C# 编写前端请求的 checkLogin 代码,如程序清单 9-2 所示。

程序清单 9-2:登录请求的后端方法代码(Controller 层)

```
[HttpPost]
[HandlerAjaxOnly]
public ActionResult CheckLogin(string username, string password, string code)
{
    LogEntity logEntity = new LogEntity();
    logEntity.F_ModuleName = "系统登录";
    logEntity.F_Type = DbLogType.Login.ToString();
    try
    {
        if (Session["nfine_session_verifycode"].IsEmpty() || Md5.md5(code.ToLower(), 16) !=
Session["nfine_session_verifycode"].ToString())
        {
            throw new Exception("验证码错误,请重新输入");
        }

        UserEntity userEntity = new UserApp().CheckLogin(username, password);
        if (userEntity != null)
        {
            OperatorModel operatorModel = new OperatorModel();
            operatorModel.UserId = userEntity.F_Id;
            operatorModel.UserCode = userEntity.F_Account;
            operatorModel.UserName = userEntity.F_RealName;
            operatorModel.CompanyId = userEntity.F_OrganizeId;
            operatorModel.DepartmentId = userEntity.F_DepartmentId;
            operatorModel.RoleId = userEntity.F_RoleId;
            operatorModel.LoginIPAddress = Net.Ip;
            operatorModel.LoginIPAddressName = Net.GetLocation(operatorModel.
```

```
LoginIPAddress);
            operatorModel.LoginTime = DateTime.Now;
            operatorModel.LoginToken = DESEncrypt.Encrypt(Guid.NewGuid().ToString());
            if (userEntity.F_Account == "admin")
            {
                operatorModel.IsSystem = true;
            }
            else
            {
                operatorModel.IsSystem = false;
            }
            OperatorProvider.Provider.AddCurrent(operatorModel);
            logEntity.F_Account = userEntity.F_Account;
            logEntity.F_NickName = userEntity.F_RealName;
            logEntity.F_Result = true;
            logEntity.F_Description = "登录成功";
            new LogApp().WriteDbLog(logEntity);
        }
        return Content(new AjaxResult { state = ResultType.success.ToString(), message =
"登录成功." }.ToJson());
    }
    catch (Exception ex)
    {
        logEntity.F_Account = username;
        logEntity.F_NickName = username;
        logEntity.F_Result = false;
        logEntity.F_Description = "登录失败," + ex.Message;
        new LogApp().WriteDbLog(logEntity);
        return Content(new AjaxResult { state = ResultType.error.ToString(), message = ex.
Message }.ToJson());
    }
}
```

（4）最终运行效果如图 9-19 所示。

图 9-19　登录界面

9.5.6 校园超市销售模块

校园超市销售模块的实现分为以下几个部分。

(1) 如上述新建收银销售控制器和对应视图,并在前端页面引入相关插件和 HTML 布局。在将商品信息从数据库加载出来之前,需先设计出商品信息展示出来的样式。这里存放商品信息(主要为商品类别和商品详细)的 HTML 布局代码如程序清单 9-3 所示。

程序清单 9-3:销售收银界面展示商品信息的 HTML 代码

```
< div class = "product">
    < div class = "pro_sort">
        < div class = "swiper - container">
            < div id = "ss" class = "swiper - wrapper">
                < div class = "swiper - slide" style = "width:170px; margin - right:10px;" sid =
"all">所有分类</div>
            </div>
        </div>
        < script >
            var swiper = new Swiper('.swiper - container', {
                slidesPerView: 5,
                paginationClickable: true,
                spaceBetween: 20,
                freeMode: true
            });
            $ (".swiper - slide:eq(0)").css("background", " # ff6666");
            $ (".swiper - slide:eq(0)").css("color", " # fff");
        </script >
    </div >

    < div class = "pro_lst" style = "overflow:auto;height:600px;">

    </div >
</div >
```

(2) 加载基础数据。前端布局和样式设计完成后下一步便是利用 AJAX 请求后端写好的方法获取相关的商品信息,再根据前端所设计的 HTML 和 CSS 结合 AJAX 从后端获取到的数据动态拼接 HTML。前端的 AJAX 和 JS 代码如程序清单 9-4 所示。

程序清单 9-4:销售收银界面展示商品信息的 HTML 代码

```
//获取商品详细列表
function getprolist(sid) {
    $ .post("@Url.Action("GetPro")", { sid: sid }, function (data) {
        var obj = JSON.parse(data);
        var str = "";

        for (var i = 0; i < obj.length; i++) {
```

```
                str += "<a id='cp_" + obj[i].F_Id + "'img='" + obj[i].F_Img + "'count='" +
    obj[i].F_Inventory + "'name='" + obj[i].F_FullName + "'price='" + obj[i].F_Price + "'" +
                " onclick=\"checksp(this.id)\"><img src='" + obj[i].F_Img + "'/>" +
                "<div class='r'><div class='pro_name'>" + obj[i].F_FullName + "</div>" +
                "<div class='pro_info'>" +
                "<label onclick=\"alert(1);\">" + obj[i].F_Inventory + "</label><div>
    库</div>" +
                "<label>¥" + obj[i].F_Price + "元</label></div></div></a>";

            }

            $(".pro_lst").html(str);
        });
    }


    //获取商品类别
    function getCatgoryList() {
        $.post("@Url.Action("GetCategoryList")", function (data) {
            var obj = JSON.parse(data);
            for (var i = 0; i < obj.length; i++) {
                if (obj[i].F_ParentId == '0')
                    $("#ss").append('<div class="swiper-slide" style="width:170px;margin-
    right:10px;" sid="'+ obj[i].F_Id + '">'+ obj[i].F_FullName + '</div>');

            }
        })
    }
```

后台代码如程序清单 9-5 所示。

程序清单 9-5：销售收银界面后台代码

```
public ActionResult GetCategoryList()          //获取商品类别信息
{

    var data = categoryApp.GetList2();

    return Content(data.ToJson());
}


public ActionResult GetPro(string sid)          //获取商品详细信息
{
    var data = merchApp.GetList8(sid);
    return Content(data.ToJson());
}
```

（3）效果如图 9-20 所示。

（4）实现单击商品类别界面展示相应类别商品信息。首先用 jQuery 绑定类别单击事件以便获取单击的类别 id，再将获取到的 id 通过 AJAX 传递给后台，后台处理程序根据接

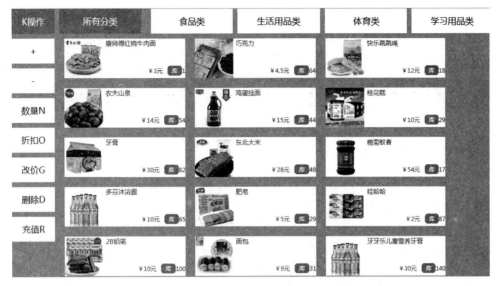

图 9-20　商品展示

收的类别 id 从数据库筛选对应的商品信息，再返回给前端。前端代码如程序清单 9-6 所示。

程序清单 9-6：前端 JS 代码

```
$("♯ss").on('click','.swiper-slide', function () {
    $(".swiper-slide").css("background", "♯fff");
    $(".swiper-slide").css("color", "♯000");
    $(this).css("background", "♯ff6666");
    $(this).css("color", "♯fff");
    var sid = $(this).attr("sid");
    getprolist(sid);                          //根据类别 id 获取商品数据
})
```

（5）实现单击商品列表的商品，左侧的购物栏自动添加对应的商品信息，并且下方能合计出所选择商品的总金额。这里需要注意的有两个地方：①如果左侧的购物栏已经有了所选择的对应商品，则只需在数量上自动增加；②如果所要购买的商品大于库存数则显示警告并无法购买。前端代码如程序清单 9-7 所示。

程序清单 9-7：前端 JS 代码

```
<img src='" + $("♯" + pid).attr("img") + "'/>" +
        "<div class=\"sp_l_info\">" +
        "    <div class=\"sp_t\">" +
        "        <label class=\"none\">" + ($("♯" + pid).attr("name").length > 20 ?
$("♯" + pid).attr("name").substring(0, 20) : $("♯" + pid).attr("name")) + "</label>" +
        "        </div>" +
        "        <div class=\"sp_t\">" +
```

```
                    "                              < label class = \"spl_l\">¥</label>" +
                    "                                < label class = \"spl_l\">" +  $ ("#" + pid).attr("
price") + "</label>" +
                    "                              < label class = \"spl_l\">元</label>" +
                    "                              < label class = \"spl_r\">" + "1" + "</label>< label class =
\"spl_r\">数量：</label>" +
                    "                          </div>" +
                    "                      </div>" +
                    "                  </a>";
                // --- 计算金额
                var money = parseFloat( $ ("#money").val());
                money += parseFloat( $ ("#" + pid).attr("price"));
                $ ("#money").val(money);
                $ ("#hjje").html("¥" + money);
                $ ("#hjje").attr("je", money);
                var zk = parseFloat( $ ("#zhekou").attr("zk")) / 100;
                $ ("#yinshou").html("¥" + zk * money);
                $ ("#yinshou").attr("ys", (zk * money));
                // --- 将动态拼接的商品信息加入购物栏显示出来
                $ (".splist").append(str);
            } else {// --- 先判断商品列表显示出来的库存数是否小于要购买的商品数
                var zs = $ ("#lcp_" + pid.split('_')[1]).attr("count");
                var count = $ ("#lcp_" + pid.split('_')[1] + " label:eq(4)").html();
                if (parseFloat(zs) < (parseFloat(count) + 1)) {
                    $.modalMsg("库存不足!", "warning");
                    return false;
                }
                $ ("#lcp_" + pid.split('_')[1] + " label:eq(4)").html((parseFloat(count) + 1));
                // --- 计算金额
                var money1 = parseFloat( $ ("#money").val());
                money1 += parseFloat( $ ("#" + pid).attr("price"));
                $ ("#money").val(money1);
                $ ("#hjje").html("¥" + money1);
                $ ("#hjje").attr("je", money1);
                var zk1 = parseFloat( $ ("#zhekou").attr("zk")) / 100;
                $ ("#yinshou").html("¥" + zk1 * money1);
                $ ("#yinshou").attr("ys", (zk1 * money1));
            }

        }
```

（6）效果如图 9-21 所示。

（7）实现结算（购买）功能。需要注意以下几点：①如果左侧的购物栏为空，则提示未选择商品，无法结算；②实现最基础的购买需要捕捉并存储购买单号，购买人信息（id，姓名），购买商品信息（名称，数量，金额），购买时间，折扣等；③因为需要向后台传递较多信息，所以这里的 AJAX 最好使用 Post 请求方式，在 AJAX 里面有几种常见的简写方式，分别是 $.post、$.get、$.getJson，这里可以使用 $.post；④当结算成功后需要刷新页面商品信息的库存数量。前端核心代码如程序清单 9-8 所示。

图 9-21 购物栏商品展示

程序清单 9-8：前端 JS 代码

```
// --- 结算功能
function jiesuan() {
    if ( $ (".splist a").size() == 0) {
        $.modalMsg("请选择商品!", "warning");
        return false;
    }

    var orderno = "@ViewData["orderno"]";
    var userid = $ ("#userid").val();
    var username = $ ("#username").text();
    var money = $ ("#yinshou").attr("ys");
    var discount = $ ("#zhekou").attr("zk");
    var sjmoney = $ ("#hjje").attr("je");
    var hyye = parseFloat( $ ("#userye").attr("ye"));
    if (userid != 0) {
        if (hyye < money) {
            $.modalMsg("会员余额不足!", "warning");
            return false;
        }
    }
    var count = [];
    var count = [];
    var id = [];
```

```
        var je = [];
        var name = [];
         $(".splist a").each(function () {
            id.push( $ (this).attr("id").split('_')[1]);
            count.push( $ (this).find("label:eq(4)").html());
            je.push( $ (this).find("label:eq(2)").html());
            name.push( $ (this).find(".none").html());
        });
         $.post("@Url.Action("Addorder")", {
            money: money, userid: userid, spids: id.join(','), name: name.join(','), username:
username, count: count.join(','),
            prices: je.join (','), discount: discount, orderno: orderno, sjmoney: sjmoney,
hyye: hyye
        }, function (row) {
            if (row == 1) {
                $.modalMsg("结算成功!", "success");
                setTimeout(fresh, 2000);
            } else {
                $.modalMsg("结算失败!", "error");
                setTimeout(fresh, 2000);
            }
        });
    }
    // --- 刷新界面,更新商品库存信息
    function fresh() {
        location.reload();
    }
```

后台 Controller 代码如程序清单 9-9 所示。

程序清单 9-9：后台 Controller 代码

```
public int Addorder(double money, string userid, string spids, string name, string username,
string count, string prices,
        string discount, string orderno, double sjmoney, double hyye)
    {
        SaleListEntity saleListEntity = new SaleListEntity();
        CustomerEntity customerEntity = new CustomerEntity();

        string[] countlist = count.Split(',');
        string[] pricelist = prices.Split(',');
        string[] fullname = name.Split(',');
        string[] merchid = spids.Split(',');
        string keyvalue = "";
        int mount = 0;
        double profit = 0;
        string Object = "散客消费";
        if (userid != "0")
        {
            Object = username;
```

```
            customerEntity.F_Balance = Convert.ToDecimal(hyye - money);
            customerApp.SubmitForm(customerEntity, userid);        //会员消费账户扣费
        }
        string MetricUnit = "个";
        var data = new List<MerchEntity>();
        ArrayList alist = new ArrayList(countlist);
        ArrayList alist2 = new ArrayList(pricelist);
        foreach (object obj in alist)
        {
            mount += Convert.ToInt16(obj);
        }
        saleListEntity.F_Amount = mount;
        saleListEntity.F_SaleId = orderno;
        saleListEntity.F_Img = "/Content/img/samples/order.png";
        saleListEntity.F_Sum = Convert.ToDecimal(money);
        saleListEntity.F_Object = Object;

        for (int i = 0; i < fullname.Length; i++)
        {
            DetailSaleEntity detailSaleEntity = new DetailSaleEntity();
            MerchEntity merchEntity = new MerchEntity();
            detailSaleEntity.F_SaleId = orderno;
            detailSaleEntity.F_FullName = fullname[i];
            detailSaleEntity.F_MetricUnit = MetricUnit;
            detailSaleEntity.F_Price = Convert.ToDecimal(pricelist[i]);
            detailSaleEntity.F_Amount = Convert.ToInt16(countlist[i]);
            detailSaleEntity.F_Sum = Convert.ToDecimal(pricelist[i]) * Convert.ToDecimal
(countlist[i]);
            detailSaleApp.SubmitForm(detailSaleEntity, keyvalue);
            data = merchApp.GetList3(merchid[i].ToString());
            merchEntity.F_Inventory = data[0].F_Inventory - Convert.ToInt16(countlist[i]);
            merchApp.SubmitForm(merchEntity, merchid[i].ToString());
            profit = profit + Convert.ToDouble(data[0].F_Price - data[0].F_UnitCost) *
Convert.ToDouble(countlist[i]);
        }
        saleListEntity.F_Profit = Convert.ToDecimal(profit);
        saleListApp.SubmitForm(saleListEntity, keyvalue);        //生成销售单

        return 1;
    }
}
```

9.5.7　校园超市后台进货模块

校园超市后台进货模块的实现分为以下几个部分。

（1）进货主界面。这里模仿的是一个小型超市的进货管理，涉及的业务如下：进货不单单是在系统的商品列表界面实现基础的增加修改商品功能，而是在已有的进货商品信息中实现再次的可批量进货操作。它可以根据已有库存商品信息从不同类别中筛选或根据商品信息查找出想要进货的商品。在这里面，商品的供应商和进货后商品的存放地（仓库）扮

演着重要角色。用户可以在用系统操作进货管理模块时选择自己所要进货的供应商和存放进货的仓库。在进货时有两种选择：可以选择将商品马上存入对应仓库或者等待审核通过后再存入仓库。因此，在进货的操作页面可以查看自己的进货情况，进货分为三种状态：待入库、已入库和已退货。三种状态所对应的操作作为：待入库——修改与审核；已入库——查看详细与退货；已退货——查看详细。所实现界面如图 9-22 所示。

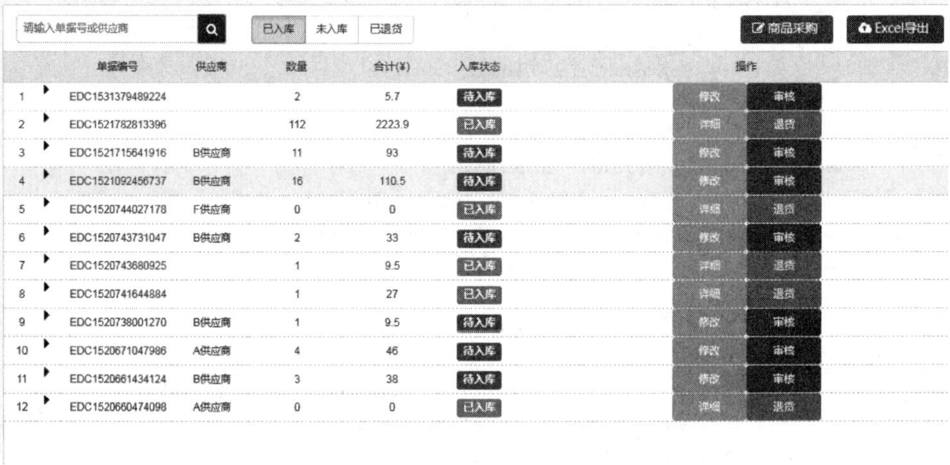

图 9-22　商品展示

（2）功能详解 1——实现单击进货记录，展开子表格查看详细。

使用子表格，涉及 jqGrid 的以下三个选项。

① **subGrid**：首先必须将 jqGrid 的 subGrid 选项设置为 true，默认为 false；当此项设为 true 的时候，Grid 表格的最左边将会添加一列，里面有一个"+"图标，用于展开子格。

② **subGridRowExpanded**：当单击"+"展开子表格时，将触发此选项定义的事件方法。

③ **subGridRowColapsed**：当单击"-"收起子表格时，将触发此选项定义的事件方法。

注：subGridRowExpanded 定义的事件方法函数将会得到以下两个参数。

① **subgrid_id**：子表格的 id。当子表格展开的时候，在主表格中会创建一个 div 元素用来容纳子表格，subgrid_id 就是这个 div 的 id。

② **row_id**：主表格中所要展开子表格的行的 id。

核心代码如程序清单 9-10 所示。

程序清单 9-10：前端 JS 代码

```
function gridList() {
    var $gridList = $("#gridList");
    $gridList.dataGrid({
        url: "/SystemManage/StockBroker/GetGridJson",
        height: $(window).height() - 128,
        colModel: [
            { label:'主码', name:'F_Id', hidden: true },
            { label:'创建时间', name:'F_CreatorTime', hidden: true },
            { label:'入货仓库', name:'F_Store', hidden: true },
```

```javascript
            { label:'单据编号', name:'F_OperationId', width: 120, align:'center'},
            { label:'供应商', name:'F_Supplier', width: 80, align:'center'},
            { label:'数量', name:'F_Amount', width: 100, align:'center', editable: true },
            { label:'合计(¥)', name:'F_Total', width: 100, align:'center'},
            {
                label: "入库状态", name: "F_State", width: 80, align: "center",
                formatter: function (cellvalue, options, rowObject) {
                    if (cellvalue == 1) {
                        return'< span class = \"label label - success\">已入库</span >';
                    } else if (cellvalue == 0) {
                        return'< span class = \"label label - default\">待入库</span >';
                    }
                }
            },

            {
                label: "操作", name: "F_State", width: 80, align: "center",
                formatter: function (cellvalue, options, rowObject) {
                    if (cellvalue == 1) {
                        return "< a class = 'button button - action button - rounded button - small'
onclick = \"stockdetail('" + rowObject.F_OperationId + "','" + rowObject.F_Store + "','" +
rowObject.F_Supplier + "','" + rowObject.F_CreatorTime + "')\">详细</a><a class = 'button button
 - primary button - rounded button - small'onclick = \"returnstock('" + rowObject.F_Id + "','" +
rowObject.F_OperationId + "','" + rowObject.F_Store + "')\">退货</a>";
                    } else if (cellvalue == 0) {
                        return "< a class = 'button button - highlight  button - rounded button -
small'onclick = \"editstock('" + rowObject.F_Id + "','" + rowObject.F_OperationId + "','" +
rowObject.F_Store + "','" + rowObject.F_Supplier + "','" + rowObject.F_CreatorTime + "')\"
>修改</a><a class = 'button button - royal button - rounded button - small'onclick = \"getinfo
('" + rowObject.F_OperationId + "','" + rowObject.F_Store + "')\">审核</a>";
                    }
                }
            }
        ],

        pager: "#gridPager",
        sortname:'F_CreatorTime desc',
        viewrecords: true,
        subGrid: true,
        subGridRowExpanded: function (subgrid_id, row_id) {
            var subgrid_table_id = subgrid_id + "_t";
            var subgrid_pager_id = subgrid_id + "_pgr";
            var a = $("#gridList").jqGrid('getRowData', row_id);
            $("#" + subgrid_id).html("< table id = '" + subgrid_table_id + "'class =
'scroll'></table><div id = '" + subgrid_pager_id + "'class = 'scroll'></div>");

            $("#" + subgrid_table_id).dataGrid({
                url: "/SystemManage/StockBroker/GetGridJson2?keyValue = " + a.F_OperationId,
                colModel: [
                    { label:'主码', name:'F_Id', hidden: true },
```

```
                    { label:'商品名称', name:'F_MerchName', width: 110, align:'center'},
                    { label:'商品编号', name:'F_MerchId', width: 100, align:'center'},
                    { label:'单位', name:'F_MctricUnit', width: 80, align:'center'},
                    { label:'数量', name:'F_Amount', width: 100, align:'center'},
                    { label:'单价(￥)', name:'F_UnitCost', width: 80, align:'center'},
                    { label:'合计(￥)', name:'F_Total', width: 100, align:'center'},
                    ],
                    pager: "#" + subgrid_pager_id,
                    viewrecords: true,
                    sortname:'F_Amount asc',
                });
            }
        })
        $("#time_horizon a.btn-default").click(function () {
            $("#time_horizon a.btn-default").removeClass("active");
            $(this).addClass("active");
            var queryJson = {
                state: $(this).attr('data-value'),
                keyword: $("#txt_keyword").val(),
                flag: "0"
            }
            $gridList.jqGrid('setGridParam', {
                postData: { queryJson: JSON.stringify(queryJson) },
            }).trigger('reloadGrid');

        });
        $("#btn_search").click(function () {
            var queryJson = {
                state: "",
                keyword: $("#txt_keyword").val(),
                flag: "1"
            }
            $gridList.jqGrid('setGridParam', {
                postData: { queryJson: JSON.stringify(queryJson) },
            }).trigger('reloadGrid');
        });
    }
```

后台代码如程序清单 9-11 所示。

程序清单 9-11：获取表格内容的后台代码

```
[HttpGet]
    [HandlerAjaxOnly]
    public ActionResult GetGridJson(Pagination pagination, string queryJson)
                        //--- 获取父表格内容(进货单)
    {

        var data = new
        {
```

```
                rows = stockBrokerApp.GetList(pagination, queryJson),
                total = pagination.total,
                page = pagination.page,
                records = pagination.records
            };
            return Content(data.ToJson());
        }

        [HttpGet]
        [HandlerAjaxOnly]
        public ActionResult GetGridJson2(Pagination pagination, string keyValue)
                            // --- 根据父表格 id 获取子表格内容(进货详细)
        {
            var data = new
            {
                rows = stockBrokerApp.GetList2(pagination, keyValue),
                total = pagination.total,
                page = pagination.page,
                records = pagination.records
            };
            return Content(data.ToJson());
        }
```

（3）实现的效果如图 9-23 所示。

图 9-23　进货内容表格展示

　　（4）功能详解 2——进货功能。实现的功能如下：单击"商品采购"按钮，弹出采购界面，可以选择要进货的仓库以及采购货物的供应商，然后单击"选择"按钮弹出商品列表界面选择要采购的货物，将选择的商品显示在采购界面就可以在上面更改信息，如修改采购数量和进货价格以及删除不想采购的货物。确定进货信息无误后单击"确认进货"按钮完成采购。实现功能的步骤：①首先在采购界面使用 AJAX 获取供应商和仓库的信息；②使用jqGrid 显示所选要采购的商品，并能够在表格的商品信息里直接更改数量、单价；③设置一个选择商品的按钮,单击打开能够查看可以采购的商品列表;④单击要采购的商品将信息传递给采购界面并显示出来,和步骤②相关。

采购界面 Form 代码如程序清单 9-12 所示。

程序清单 9-12:前端 JS 代码

```
< script >
    $ (function () {
        getsupplier();
        getstore();
        gridList();
    })
    var id = 0;
    function gridList() {
        var $ gridList = $ ("#gridList");
        $ gridList.dataGrid({
            datatype: "local",
            height: $ (window).height() - 128,
            colNames: ['商品名称','商品编码','单位','数量','价格','操作'],
            colModel: [
                            { name:'MerchName', width: 120},
                            { name:'MerchId', index:'invdate', width: 100},
                            { name:'MetricUnit', index:'name', width: 70 },
                            { name:'Amount', index:'amount', width: 70, align: "center", editable:
true },
                            { name:'Price', index:'tax', width: 70, align: "center", editable:
true },

                            { name:'act', index:'act', width: 140, align: "center", sortable:
false },
            ],
            editurl:'clientArray',
        });

        $ ("#btn_purchase").click(function () {
            $ .modalOpen({
                id: "Index",
                title: "新增进货",
                url: "/SystemManage/Purchase/Index?frame = " + "Form",
                width: "860px",
                height: "510px",
                btn: null,
            });
        });

        $ ("#sp").on('click','li', function () {
            var text = $ (this).find('a').html();
            var value = $ (this).find('a').attr('data - value');
            $ ("#txt_condition .dropdown - text").html(text).attr('data - value', value)
        });
```

```javascript
        $ ("#st").on('click','li', function () {
            var text = $(this).find('a').html();
            var value = $(this).find('a').attr('data-value');
            $ ("#txt_condition2 .dropdown-text").html(text).attr('data-value', value)
        });
    }


    function getsupplier() {
        $.get("/SystemManage/StockBroker/GetSupplier", function (data) {
            var obj = JSON.parse(data);
            for (var i = 0; i < obj.length; i++) {
                $ ("#sp").append('<li><a href = "javascript:void()" data-value = "' + obj
[i].F_Id + '">' + obj[i].F_FullName + '</a></li>');
            }


        })
    }


    function getstore() {
        $.get("/SystemManage/StockBroker/GetStore", function (data) {
            var obj = JSON.parse(data);
            for (var i = 0; i < obj.length; i++) {
                $ ("#st").append('<li><a href = "javascript:void()" data-value = "' + obj
[i].F_Id + '">' + obj[i].F_StoreName + '</a></li>');
            }
        })
    }

    function addinfo(a, b, c, d) {
        var mydata2 = [
            { MerchName: a, MerchId: b, MetricUnit: c, Price: d, Amount: 1 },
        ];
        for (var i = 0; i < mydata2.length; i++) {
            id = id + 1;
            jQuery("#gridList").jqGrid('addRowData', id, mydata2[i]);
        }
        var ids = jQuery("#gridList").jqGrid('getDataIDs');
        for (var i = 0; i < ids.length; i++) {
            var cl = ids[i];
            jQuery('#gridList').editRow(cl);
            ce = "<a class = 'button button-caution button-small'onclick = \"jQuery('#
gridList').delRowData('"
                + cl + "');\">删除</a>"
            jQuery("#gridList").jqGrid('setRowData', ids[i],
                {
                    act: ce
                });
        }
        checkinput();
    }
```

```
function checkinput() {//检查输入
    $ ('input').bind('keyup', function () {
        var flag = $ (this).attr("name");
        if (flag == "Price") {
            $ (this).val( $ (this).val().replace(/[^\d. ]/g, ""));
                                //清除数字和“.”以外的字符
            $ (this).val( $ (this).val().replace(/^\./g, ""));
                                //验证第一个字符是数字而不是“.”
            $ (this).val( $ (this).val().replace(/\.{2,}/g, "."));
                                //只保留第一个. 清除多余的
            $ (this).val( $ (this).val().replace(".", " $ # $ ").replace(/\./g, "").
replace(" $ # $ ", "."));
            $ (this).val( $ (this).val().replace(/^(\-) * (\d+)\.(\d\d). * $ /,'$1
$2. $3'));
                                //只能输入两个小数
        } else {
            $ (this).val( $ (this).val().replace(/[^\d]/g, ""));
                                //清除数字以外的字符
        }

    });
}
function btn_ensure() {
    document.getElementById('layers').style.display = "";
}
function btn_cancer() {
    document.getElementById('layers').style.display = "none";
}
// --- 确认进货(判断直接入仓库还是待审核)
function btn_SaveOrStock(flag) {
    var ids = $ ("#gridList").jqGrid('getDataIDs');
    for (var i = 0; i < ids.length; i++) {
        var cl = ids[i];
        jQuery('#gridList').saveRow(cl);
    }
    var total = 0;
    var amount = 0;
    var merchid = [];
    var merchname = [];
    var metricunit = [];
    var unitcost = [];
    var num = [];
    var money = [];
    var billId = "EDC" + new Date().getTime();
    for (var i = 0; i < ids.length; i++) {
        var a = $ ("#gridList").jqGrid('getRowData', ids[i]);
        total = total + parseFloat(a.Amount) * parseFloat(a.Price);
        amount = amount + parseInt(a.Amount);
        merchid.push(a.MerchId);
        merchname.push(a.MerchName);
        metricunit.push(a.MetricUnit);
```

```
                unitcost.push(a.Price);
                num.push(a.Amount);
                money.push(parseFloat(a.Amount) * parseFloat(a.Price));
            }

        var supplier = $("#txt_condition .dropdown-text").html() == "选择供应商" ? "" :
$("#txt_condition .dropdown-text").html();
            var store = $("#txt_condition2 .dropdown-text").html() == "选择进货仓库" ? "超
市内部" : $("#txt_condition2 .dropdown-text").html();
        if (ids.length < 1) {
            document.getElementById('layers').style.display = "none";
            $.modalMsg("请选择商品!", "warning");
        } else {
            $.post("/SystemManage/StockBroker/getstockdata", { billId: billId, supplier:
supplier, store: store, amount: amount, total: total, state: 0, merchid: merchid.join(','),
merchname: merchname.join(','), metricunit: metricunit.join(','), num: num.join(','),
unitcost: unitcost.join(','), money: money.join(','), }, function (row) {
                document.getElementById('layers').style.display = "none";
                if (row == 1) {
                    if (flag == 0) {
                        $.modalMsg("采购订单创建成功!", "success");
                        $.currentWindow().fresh();
                        $.modalClose();
                    } else {
                        $.currentWindow().getinfo(billId, store);
                        $.modalClose();
                    }
                } else {
                    $.modalMsg("创建失败!", "error");
                }
            })
        }
    }
</script>
```

（5）进货界面显示效果如图 9-24 所示。

图 9-24　进货界面显示效果

数据库应用开发

打开的商品选择列表界面代码如程序清单 9-13 所示。

程序清单 9-13：前端 JS 代码

```
<script>
    var frame = $.request("frame");
    $(function () {
        $('#layout').layout();
        treeView();
        gridList();
    });
    function treeView() {
        $("#itemTree").treeview({
            url: "/SystemManage/Category/GetTreeJson",
            onnodeclick: function (item) {
                $("#txt_keyword").val('');
                $('#btn_search').trigger("click");
            }
        });
    }
    function gridList() {
        var $gridList = $("#gridList");
        $gridList.dataGrid({
            url: "/SystemManage/Merch/GetGridJson3",
            height: $(window).height() - 96,
            colModel: [
                { label: "主码", name: "F_Id", hidden: true, key: true },
                { label:'名称', name:'F_FullName', width: 90, align:'center'},
                { label:'编号', name:'F_MerchId', width: 150, align:'center'},
                { label:'单位', name:'F_MetricUnit', width: 80, align:'center'},
                { label:'参考价(￥)', name:'F_UnitCost', width: 80, align:'center'},
                {
                    label: "操作", name: "F_CreatorUserId", width: 100, align: "center",
                    formatter: function (cellvalue, options, rowObject) {
                        return "<a class = 'button button-primary button-small'onclick = \"
top.frames[frame].addinfo('" + rowObject.F_FullName + "','" + rowObject.F_MerchId + "','" +
rowObject.F_MetricUnit + "','" + rowObject.F_UnitCost + "')\">选择</a>";
                    }
                }
            ],
        });
        $("#btn_search").click(function () {
            if ($("#itemTree").getCurrentNode())
                var id = $("#itemTree").getCurrentNode().id;
            else
                var id = "";
            $gridList.jqGrid('setGridParam', {
                url: "/SystemManage/Merch/GetGridJson3",
                postData: { categoryId: id, keyword: $("#txt_keyword").val() },
            }).trigger('reloadGrid');
        });
    }
    function btn_purchase() {
```

```
        var keyValue = $("#gridList").jqGridRowValue().F_Id;
        var categoryName = $("#itemTree").getCurrentNode().text;
        $.modalOpen({
            id: "Form",
            title: categoryName + "»商品采购",
            url: "/SystemManage/Purchase/Form?keyValue=" + keyValue,
            width: "700px",
            height: "510px",
            callBack: function (iframeId) {
                top.frames[iframeId].submitForm();
            }
        });
    }
</script>
```

（6）进货商品选择界面效果如图 9-25 所示。

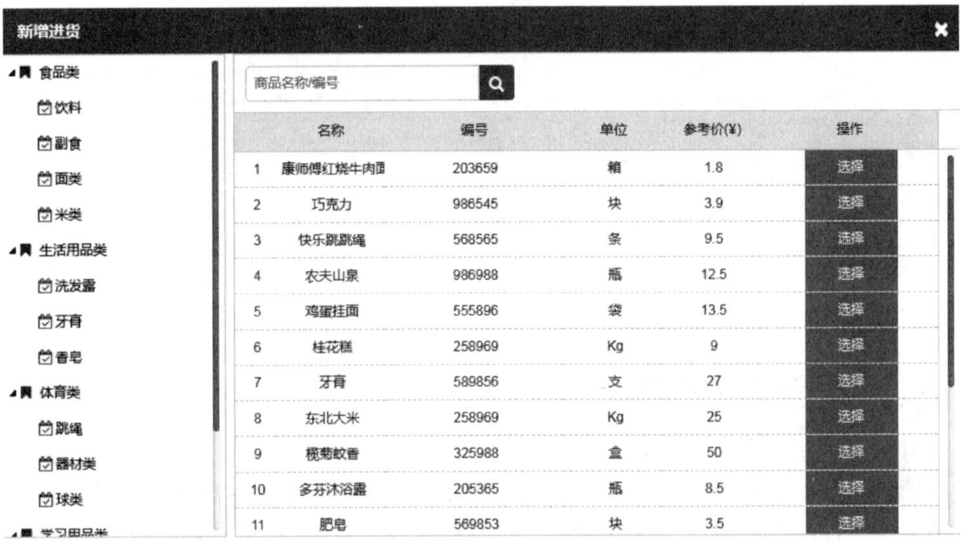

图 9-25　进货商品选择界面效果

后台根据进货选择（入库和待入库）生成进货单据代码如程序清单 9-14 所示。

程序清单 9-14：后台代码

```
//生成入库单据
        public int getstockdata(string billId, string supplier, string store, int amount,
float total, int state, string merchid, string merchname, string metricunit, string num, string
unitcost, string money)
        {
            StockBrokerEntity stockBrokerEntity = new StockBrokerEntity();
            stockBrokerEntity.F_OperationId = billId;
            stockBrokerEntity.F_Supplier = supplier;
            stockBrokerEntity.F_Store = store;
            stockBrokerEntity.F_Amount = amount;
            stockBrokerEntity.F_Total = Convert.ToDecimal(total);
```

```
stockBrokerEntity.F_State = state;
stockBrokerApp.SubmitForm(stockBrokerEntity, "");

string[] merchidlist = merchid.Split(',');
string[] merchnamelist = merchname.Split(',');
string[] metricunitlist = metricunit.Split(',');
string[] numlist = num.Split(',');
string[] unitcostlist = unitcost.Split(',');
string[] moneylist = money.Split(',');

for (int i = 0; i < merchidlist.Length; i++)
{
    StockBrokerEntity stockBrokerEntity2 = new StockBrokerEntity();
                                                          //单据详细内容
    stockBrokerEntity2.F_OperationId = billId;
    stockBrokerEntity2.F_MerchId = merchidlist[i];
    stockBrokerEntity2.F_MerchName = merchnamelist[i];
    stockBrokerEntity2.F_MetricUnit = metricunitlist[i];
    stockBrokerEntity2.F_Amount = Convert.ToInt16(numlist[i]);
    stockBrokerEntity2.F_UnitCost = Convert.ToDecimal(unitcostlist[i]);
    stockBrokerEntity2.F_Total = Convert.ToDecimal(moneylist[i]);
    stockBrokerEntity2.F_State = 10;
    stockBrokerApp.SubmitForm(stockBrokerEntity2, "");
}

return 1;
}
```

9.5.8 校园超市库存模块

校园超市库存模块的实现分为以下部分。

(1) 主界面功能简介。这里的库存默认指超市店铺库存,当前台销售了商品后库存相应减少。所实现的功能为商品信息展示、增加商品、修改商品、查看详细、商品上架与下架以及 Excel 导出。主页面效果如图 9-26 所示。

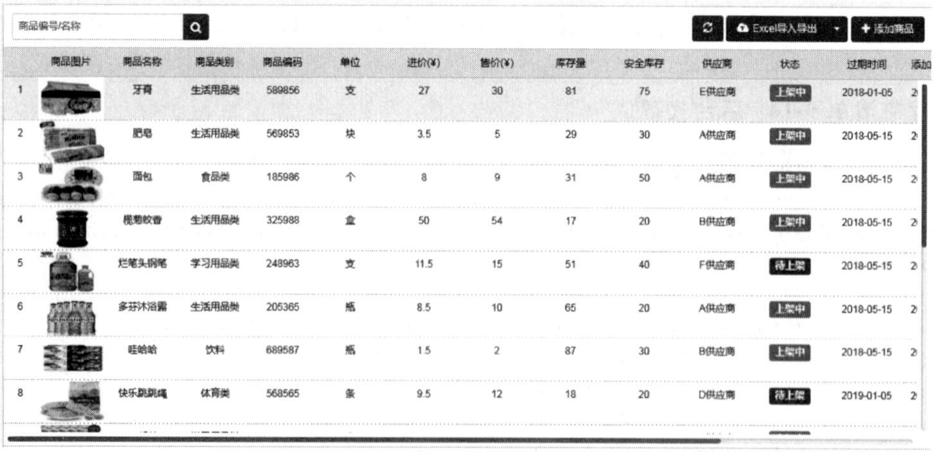

图 9-26　商品库存展示

（2）功能详解——添加与修改商品。因为添加与修改的表单内容都是一致的，所以可以做一个通用页面来实现添加与修改功能，只需根据父页面所传判断值来区别当前用户所使用的是哪一个功能。当用户在新增或修改完成后提交时，父页面会执行所打开页面的提交方法（submitForm）将信息传递给后台保存到数据库。其实现代码如程序清单 9-15 所示。

程序清单 9-15：前端增加修改核心代码

```
// --- 父页面中打开新页面
    function btn_add() {
        $.modalOpen({
            id: "Form",
            title: "新增商品",
            url: "/SystemManage/Merch/Form",
            width: "700px",
            height: "510px",
            callBack: function (iframeId) {
                top.frames[iframeId].submitForm();
            }
        });
    }
function btn_edit() {
        var keyValue = $("#gridList").jqGridRowValue().F_Id;
        $.modalOpen({
            id: "Form",
            title: "修改商品",
            url: "/SystemManage/Merch/Form?keyValue=" + keyValue,
            width: "700px",
            height: "510px",
            callBack: function (iframeId) {
                top.frames[iframeId].submitForm();
            }
        });
    }
// -- 新增或修改页面的提交方法,有父页面调用
    function submitForm() {
        $("#F_Img").val($("#Img")[0].src.substring(21));
        if (!$('#form1').formValid()) {
            return false;
        }
        $.submitForm({
            url: "/SystemManage/Merch/SubmitForm?keyValue=" + keyValue,
            param: $("#form1").formSerialize(),
            success: function () {
                $.currentWindow().$("#gridList").trigger("reloadGrid");
            }
        })
    }
```

后台的新增修改代码如程序清单 9-16 所示。

程序清单 9-16：后台增加修改核心代码

```
[HttpPost]
[HandlerAjaxOnly]
[ValidateAntiForgeryToken]
public ActionResult SubmitForm(MerchEntity merchEntity, string keyValue)
{
    merchApp.SubmitForm(merchEntity, keyValue);
    return Success("操作成功.");
}
```

（3）实现的新增修改界面效果如图 9-27 所示。

图 9-27　商品新增修改展示

（4）功能详解——商品信息的 Excel 导出。导出 Excel 需要 ExcelHelper 类，其实现代码如程序清单 9-17 和程序清单 9-18 所示。

程序清单 9-17：前端代码

```
// 导出 Excel
    function btn_export() {
        $('#file-form').ajaxSubmit({
            type: "GET",
            url:'@Url.Action("ExcelExport")',        //请求的 URL 地址
            dataType:'json',                          //服务器返回数据转换成的类型
```

```
                    success: function (data, responseStatus) {
                        location.href = location.origin + '/' + data;
                    }
                });
        }
```

程序清单 9-18：后台代码

```
//excel 导出
        public string ExcelExport()
        {
            var data = merchApp.GetList5();
            var data2 = categoryApp.GetList();
            var data3 = data2.Join(data, u => u.F_Id, p => p.F_CategoryId, (u, p) => new
{ F_MerchId = p.F_MerchId, F_FullName = p.F_FullName, F_MetricUnit = p.F_MetricUnit, F_Price =
p.F_Price, F_UnitCost = p.F_UnitCost, F_Inventory = p.F_Inventory, F_SafeCount = p.F_
SafeCount, F_ExpirationTime = p.F_ExpirationTime, F_Description = p.F_Description, F_
Category = u.F_FullName }).ToList();
            Dictionary<string, string> cellheader = new Dictionary<string, string> {
                        { "F_MerchId", "商品编码" },
                        { "F_FullName", "商品名称" },
                        { "F_Category", "类别" },
                        { "F_MetricUnit", "单位" },
                        { "F_Price", "售价" },
                        { "F_UnitCost", "进价" },
                        { "F_Inventory", "库存" },
                        { "F_SafeCount", "安全库存" },
                        { "F_ExpirationTime", "过期时间" },
                        { "F_Description", "备注" },

                    };
            string urlPath = ExcelHelper.EntityListToExcel2003(cellheader, data3, "商品列表");
            System.Web.Script.Serialization.JavaScriptSerializer js = new System.Web.
Script.Serialization.JavaScriptSerializer();

            return js.Serialize(urlPath);
        }
```

<h1 style="text-align:center">小　结</h1>

本章主要介绍数据库应用系统的开发步骤，同时介绍 C/S 及 B/S 两种系统体系的应用
系统，然后是阐述数据库访问技术以及 SQL Server 2012 数据库开发技术。

本章采用 C♯ .NET＋SQL Server 2012 进行校园超市实例开发，按照数据库设计开发
的步骤，进行校园超市功能——系统登录、校园超市销售、后台进货模块、超市库存模块的开
发，并附上关键代码。

习　　题

简答题

1. 常见的数据库应用系统的开发方法有哪些？

2. 简述数据库应用系统开发的一般步骤。

3. 什么是 C/S 模式和 B/S 模式？这二者之间的主要区别是什么？

4. 简述 SQL Server 2012 数据库系统架构。

5. MVC 模式把软件系统分为哪三个基本部分？请解释。

附录 A 课程设计

一、课程设计的目的

本课程设计是配合《数据库原理及应用》这本教材而设置的一项实践环节,重点是培养学生分析和解决实际问题的能力。通过课程设计,熟悉数据库设计的基本方法、步骤,数据库设计各阶段的任务和数据库应用系统的开发方法,完成对一个小型数据库应用系统的基本流程的分析、数据库设计、数据库应用系统开发以及相应文档的编写工作,使学生更加深入地掌握数据库系统分析、设计、开发的基本概念和基本方法,熟练掌握数据库设计、开发工具的使用,提高从事数据库系统建设和管理工作的基本技能和开发能力,培养科技学术论文的写作能力。

二、课程设计环境要求

(1) 操作系统:Microsoft Windows XP 及以上。
(2) 数据库管理系统:Microsoft SQL Server 2012。
(3) 设计工具:PowerDesigner 12 版本及以上,Visio 软件等。
(4) 开发工具:ASP.NET 或 JSP 或 PHP 等。

三、课程设计背景资料

本课程设计任务主要是针对医院管理系统进行数据库应用系统的设计和开发,其主要需求信息如下。

1. 医院的组织机构情况

一所医院的主要构成分为两个部分,一是门诊部门,二是住院部门。医院的所有日常工作都是围绕着这两大部门进行的。

门诊部门和住院部门各自下设若干科室,如门诊部门下设口腔科、内科、外科、皮肤科等,住院部门下设内科、外科、骨科等。二者下设的部分科室是交叉的,各科室都有相应的医生、护士,完成所承担的医疗工作。医生又有主任医师、副主任医师、普通医师或教授、副教授、其他之分。

为了支持这两大部门的工作,医院还设置了药库、中心药房、门诊药房、制剂室、设备科、财务科、后勤仓库、门诊收费处、门诊挂号处、问讯处、住院处、检验科室、检查科室、血库、病案室、手术室,以及为医院的日常管理而设置的行政部门等。

其中,药库负责药品的储存、发放和采购;中心药房负责住院病人的药品管理,包括根据处方及医嘱生成领药单,向药库领药,配药并把药品发给相应的病区,以及药房的库存管理和病区余药回收;门诊药房负责门诊病人的药品管理,包括根据处方,按处方内容备药、发药,向药库领药等;制剂室负责药物的配制,并提供给药库;设备科负责医院的医疗设备等的购入和维修等;财务科负责医院中一切与财务有关的业务和工作,进行医院的财务管理;后勤仓库负责医院所有后勤物品的储存和管理;门诊收费处负责门诊病人的处方的划价和收费;门诊挂号处负责门诊病人的挂号事务;问讯处负责向有疑问的就医病人解释相关问题;住院处负责所有就医病人的住院事宜和相关管理;检验科室负责病人的各项检验(如验血等),以及与各项检验相关的管理,药剂取用等;检查科室负责病人的各项检查(如CT检查以及其他放射线检查等),以及与各项检查相关的管理,设备使用与维护等;血库负责医院的各种血型的血液的储存和管理以及血液的采集;病案室负责病人病案的管理和保存;手术室负责病人的手术,手术的安排以及有关手术的相关事宜和器械、制剂、设备等的使用等;行政部门则根据其相应的工作职责进行日常的工作,对医院进行行政方面的管理,以保证医院医疗工作的正常进行和医院的后勤保障。

2. 各部门的业务活动情况

(1) 门诊部门。

首先,门诊病人需要到门诊挂号处挂号(如果病人有需要,可以对所要就诊的相应医科进行查询,可查询该医科的当班医生及其基本情况,然后再去挂号)。如果是初诊病人,要在门诊挂号处登记其基本信息,如姓名、年龄、住址、联系方式等,由挂号处根据病人所提供的信息制成IC卡发放给病人。然后,初诊病人可与复诊病人一样进行挂号和就诊排号,由挂号处处理病人的病历管理。病人缴纳挂号费后,持挂号和收费证明到相应医科就医。

经医生诊疗后,由医生开出诊断结果或者处方,检查或检验申请单,如为处方,则病人需持处方单到门诊收费处划价交费,然后持收费证明到门诊药房取药;如为检查或检验申请单,则病人需持申请单到门诊收费处划价交费,然后持收费证明到检查科室或检验科室进行检查或检验。

当门诊药房接到取药处方后,要进行配药和发药,当药房库存的药品减少到一定量的时候,药房人员应到药库办理药品申领,领取所需的药品,而药房需对药品的出库、入库和库存进行管理。

当检查科室或检验科室接到病人的申请后,对病人进行检查或检验,并将检查或检验结果填入结果报告单,交给病人,各科室所做的检查或检验需记录在案。

病人可持检查或检验的结果再到原医科进行复诊,直至医生开出处方或提出医疗建议,最终病人痊愈离院。

(2) 住院部门。

当病人接到医生的建议需住院治疗或接到医院的入院通知单后,需到住院处办理入院手续,需要登记基本信息,并交纳一定数额的预交款或住院押金。住院手续办理妥当之后,由病区科室根据病人所就诊的医科给病人安排床位,将病人的预交款信息录入进行相应的维护和管理,病区科室还应按照医生开出的医嘱执行,医嘱的主要内容包括病人的用药、检查申请或检验申请。

病区科室应将医嘱中病人用药的部分分类综合统计,形成药品申领单,统一向药库领药,然后将药品按时按量发给住院病人,需对发药情况进行记录,并对所领取的药品进行统一的管理。

病区科室应将医嘱中的检查或检验申请单发给检查科室或检验科室,当相应的科室对申请进行处理并将检查通知发给病区科室后,由病区科室通知病人进行相应的检查或检验。

药库对药品申领单进行处理和对药品进行管理,检查科室和检验科室对于申请、检查以及相应的管理工作与门诊中的部分相同。

当病人需要手术时,首先由病区科室将手术申请提交给手术室,由手术室安排手术日程,进行材料、器械的准备,当准备妥当后,手术室将手术通知发给病区科室,由病区科室通知并安排病人进入手术室,手术室需将手术中的麻醉记录、术中医嘱、材料、器械的使用记录在案。

当病人可以出院时,应先在病区科室进行出院登记,办理出科,然后在住院处办理出院手续,即可出院。

当病人需要转科时,需在病区科室办理转科手续,转入另一病区,由另一病区的病区科室安排病人的床位,并对病人转入的相应资料进行管理。

四、课程设计内容要求

(1)需求分析:通过对以上医院管理数据库应用系统的需求进行分析,充分了解系统的信息要求、处理要求、安全性和完整性要求,并在分析的基础上绘制医院管理系统的BPM图。

(2)概念结构设计:根据需求分析所得到的信息,利用 Visio 工具绘制该医院管理系统的 E-R 图;同时根据该医院管理系统的业务需求描述以及前面绘制的 E-R 图,利用 PowerDesigner 工具,设计该连锁店管理系统合理的 CDM 模型,完成系统的概念结构设计。

(3)逻辑结构设计:根据该医院管理系统的业务需求调查文字以及前面需求分析和概念结构设计所完成的工作,利用 PowerDesigner,设计该连锁店管理系统合理的 PDM 模型,并按照关系规范化理论对模型进行优化。

(4)物理结构设计:进行系统物理环境的设计。

(5)数据库的实现:生成数据库以及生成数据库的 SQL 脚本。

(6)数据库应用系统开发:通过掌握的开发工具(ASP.NET、JSP、PHP 等)结合以上医院管理系统的数据库设计,进行医院管理系统的功能开发。完成如下任务。

① 设计病人挂号界面、医生门诊管理界面。

② 设计药房领药管理界面。

五、课程设计的方式

课程设计可在指导教师的引导和监督下,学生以项目驱动的方式自我管理整个过程。

六、课程设计提交结果要求

课程设计提交的结果主要包含以下纸质文档和电子文档两部分。

1. 应提交的课程设计纸质报告

(1)目录。

(2)项目背景。

(3)需求分析。

(4)概念结构设计。

（5）逻辑结构设计。

（6）物理结构设计。

（7）系统开发实现。

（8）总结。

（9）参考文献。

2. 应提交的电子文档

（1）与纸质报告一致的 Word 电子文件。

（2）设计的 BPM 源文件。

（3）设计的 CDM 源文件。

（4）设计的 PDM 源文件。

（5）生成数据库的 SQL 脚本和数据库文件。

（6）开发数据库应用系统的源文件。

七、课程设计评分标准

课程设计得分可按以下参考细则综合评定。

（1）需求分析工作深入详细，业务分析清晰，业务流程图绘制完整，正确性高，占 25%。

（2）概念结构设计合理，E-R 图和 CDM 设计完整，CDM 的属性及其数据类型合理，且正确性高，占 25%。

（3）由 CDM 转换的 PDM 正确性高，相应的 SQL 脚本生成正确，数据库生成合理，占 20%。

（4）基于数据库设计开发的应用系统功能符合要求，能够正确运行，占 20%。

（5）文档结构完整、合理，提交了相应的电子文档，且与纸质文档内容一致，占 10%。

参 考 文 献

[1]　王珊,萨师煊.数据库系统概论[M].5 版.北京:高等教育出版社,2014.

[2]　徐爱芸,马石安,向华.数据库原理与应用教程[M].北京:清华大学出版社,2011.

[3]　何玉洁,刘福刚.数据库原理及应用[M].北京:人民邮电出版社,2012.

[4]　倪春迪,殷晓伟.数据库原理及应用[M].北京:清华大学出版社,2015.

[5]　王丽艳,郑先锋,刘亮.数据库原理及应用[M].北京:机械工业出版社,2013.

[6]　陈志泊.数据库原理及应用教程[M].北京:人民邮电出版社,2014.

[7]　王预.数据库原理及应用教程[M].北京:人民邮电出版社,2014.

[8]　何玉洁.数据库原理与实践教程——SQL Server[M].北京:清华大学出版社,2015.

[9]　BEN-GAN I. SQL Server 2012 T-SQL 基础教程[M].北京:人民邮电出版社,2013.

[10]　王岩,贡正仙.数据库原理、应用与实践[M].北京:清华大学出版社,2016.

[11]　刘卫国,刘泽星.SQL Server 2008 数据库应用技术[M].北京:人民邮电出版社,2015.

[12]　王能斌.数据库系统教程[M].北京:电子工业出版社,2014.

[13]　雷景生,叶文珺,楼越焕.数据库原理及应用[M].2 版.北京:清华大学出版社,2015.

[14]　SILBERSCHATZ A,KORTH H F,SUDARSHAN S.数据库系统概念(原书第 6 版)[M].杨冬青,
　　　 李红燕,唐世渭,译.北京:机械工业出版社,2012.

[15]　单世民,赵明砚,何英昊.数据库程序设计教程——综合运用 PowerDesigner,Oracle 与 PL/SQL
　　　 Developer[M].北京:清华大学出版社,2010.

[16]　白尚旺.软件分析建模与 PowerDesigner 实现[M].北京:清华大学出版社,2010.

[17]　赵韶平,徐茂生,周勇华,等.PowerDesigner 系统分析与建模[M].2 版.北京:清华大学出版
　　　 社,2010.

[18]　钱进,常玉慧,叶飞跃.数据库设计与开发[M].北京:科学出版社,2017.

图书资源支持

感谢您一直以来对清华版图书的支持和爱护。为了配合本书的使用,本书提供配套的资源,有需求的读者请扫描下方的"书圈"微信公众号二维码,在图书专区下载,也可以拨打电话或发送电子邮件咨询。

如果您在使用本书的过程中遇到了什么问题,或者有相关图书出版计划,也请您发邮件告诉我们,以便我们更好地为您服务。

我们的联系方式:

地　　址:北京市海淀区双清路学研大厦 A 座 701

邮　　编:100084

电　　话:010-83470236　010-83470237

资源下载:http://www.tup.com.cn

客服邮箱:2301891038@qq.com

QQ:2301891038 (请写明您的单位和姓名)

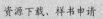
资源下载、样书申请

书圈

扫一扫,获取最新目录

课程直播

微信扫一扫右边的二维码,即可关注清华大学出版社公众号"书圈"。